建设行业专业技术人员继续教育教材

建设行业职业道德

主　编　生青杰
副主编　李　林　饶明奇
　　　　王建立　崔恩杰

黄河水利出版社

内 容 提 要

本书在全面介绍道德、职业道德和社会主义道德基本理论的基础上，结合建设行业的特点，有针对性地阐述了工程建设行业职业道德的特殊规范，指出了加强职业道德修养、提高职业道德水平的具体方法和路径。在编写体例上，采取理论阐释与典型案例相结合的模式，着重选取具有时代性和建设行业特点的道德建设资料，以突出本书的趣味性、可读性和针对性。本书可作为建设行业各类从业人员继续教育教材，也可供建设院校在校学生学习职业道德课程时参考。

图书在版编目（CIP）数据

建设行业职业道德/生青杰主编. —郑州：黄河水利出版社，2006. 7

ISBN 7-80734-090-8

Ⅰ. 建… Ⅱ. 生… Ⅲ. 建筑业-职业道德-高等学校-教学参考资料 Ⅳ. TU

中国版本图书馆 CIP 数据核字(2006)第 077094 号

出 版 社:黄河水利出版社

地址:河南省郑州市金水路 11 号　　邮政编码:450003

发行单位:黄河水利出版社

发行部电话:0371-66026940　　传真:0371-66022620

E-mail:hhslcbs@126.com

承印单位:黄河水利委员会印刷厂

开本:787 mm×1 092 mm　1/16

印张:12.5

字数:289 千字　　印数:1—5 000

版次:2006 年 7 月第 1 版　　印次:2006 年 7 月第 1 次印刷

书号:ISBN 7-80734-090-8/TU·65　　定价:22.00 元

前　言

建筑业是影响、推动国民经济发展的重要支柱产业，通过完成国家重点工程、城市基础设施和城乡住宅建设任务，为国民经济的持续快速发展、城乡面貌的不断改观和人民生活条件的不断改善作出了重要贡献。然而，在肯定成绩的同时，也应当看到，由于现阶段建筑市场尚不规范，工程建设领域仍然存在不少问题，诸如地方保护，行业封锁，招投标活动弄虚作假，“阴阳合同”，勘察、设计、施工单位违法转包、分包工程，不执行工程建设强制性标准，偷工减料，等等，不一而足。建设工程的质量和安全形势依然严峻，一些已投入使用的工程还存在结构上的质量、安全隐患，施工重大伤亡事故时有发生，从而给社会造成了严重损失，使国家有限资源的利用效益大大降低。

德制于内心，法规于外在。近几年来，各级建设行政主管机关在有关部门的支持和配合下，持续开展了整顿规范建筑市场、建设工程项目执法监察和治理建设系统商业贿赂等工作，建筑市场开始逐步走上依法管理的轨道。但是，在当前竞争全球化和市场多元化的大背景下，必须在健全法治的同时，高度重视建设行业的职业道德建设，只有从业人员的职业道德水平提高了，大家爱岗敬业、诚实守信，那么市场的混乱局面才能从根本上得到改变，最终形成规范有序的工程建设市场竞争态势。

为了帮助工程建设从业者更好地进行职业道德修养教育，我们组织有关专家编写了这本《建设行业职业道德》。本书在全面介绍道德、职业道德和社会主义道德基本理论的基础上，结合建设行业的特点，有针对性地阐述了工程建设行业职业道德的特殊规范，指出了加强职业道德修养、提高职业道德水平的具体方法和路径。在编写体例上，采取理论阐释与典型案例相结合的模式，着重选取具有时代性和建设行业特点的道德建设资料，以突出本书的趣味性、可读性和针对性。本书可作为建设行业从业人员继续教育的职业道德读本，也可供建筑类院校在校学生学习职业道德课程时参考。

本书由生青杰任主编，各章编写分工为：第一、第二章由生青杰编写；

第三章由王建立编写；第四章由李林编写；第五章由崔恩杰编写；第六章由饶明奇编写。全书由生青杰统稿。本书在编写过程中，得到河南省建设厅及河南省建设教育协会领导的大力支持，并参考、借鉴职业道德建设方面有关专家的著作、教材和文章，在此一并表示衷心感谢。由于时间仓促和编者水平所限，书中疏漏之处在所难免，敬请专家学者和读者朋友不吝赐教。

编　者

2006 年 5 月

目　录

第一章　道德概述

【学习目标】 道德是人类最古老的行为规范，它伴随着人类社会的发展，在维持社会的和谐稳定方面具有不可替代的作用。通过本章的学习，了解道德的概念、特征、功能等基本知识，认识加强道德建设的重要意义，掌握我国现阶段公民道德规范的实质内涵，具备初步的道德理论知识体系。

第一节　道德的起源、特征和功能

一、道德的起源

道德是人们最熟悉的一种社会现象，每个人处处生活在各种道德关系中，它是做人的根本，也是社会文明进步的基本标志之一。道德在个人的成长与成才、社会的安定与团结、国家的繁荣与富强中发挥着独特的作用。可以说，一切人的活动和关系，都同道德有着这样或那样的联系，都直接或间接地具有某种道德价值。人们在人与人之间各种现实的社会关系中可以感知到的道德的表象形态，称为道德现象。

（一）道德的概念

道德现象不仅跻身于人与人之间的各种社会关系，而且有着丰富多彩的直观表象。如热情助人、尊老爱幼属于道德现象，买东西不排队、挤公共汽车、随地吐痰等也属于道德现象。道德一词在生活中广泛应用，但很少有人能说出其确切涵义。道德一词，无论古代中国还是古代西方国家都有阐述。

在中国最早的古籍中，“道”和“德”是分开使用的。从商朝出土的甲骨文来看，已经有了“德”字。当时“德”的意义比较广泛，有表示站在十字路口目光向前直视之意，似乎与今日之“德”并无关系。到了周朝，“德”的涵义逐渐集中，西周初期的大盂鼎铭文的“德”字，已经明确地包含着按照当时的规范去行事而有所得的意思。到了东汉，刘熙对“德”的解释是：“德者，得也，得事宜也”，意思是说“德”就是把人与人之间的关系处理得合适，使自己和他人都有所得。许慎更明确地说：“德，外得于人，内得于己也”，即“德”就是一个人处理人与人之间的关系时，一方面能够“以善念存诸心中，使身心互得其益”，这就是“内得于己”；另一方面又能够“以善德施之他人，使众人各得其益”，这就是“外得于人”。这些解释说明，从词源的意义上可以看到，在中国古代，当人们自觉地意识到人与人之间道德关系的发生，必须是对人对己双方都有所“得”的时候，也就是人们开始有了关于道德的思考，即对人我之间的道德关系的反思。

所谓“道”，最初是指人走的路。世上本无路，走的人多了，才会形成路，有约定俗成之意，由此引申为做人的道理，之后又进一步表示事物运动、变化的规则、规律。如《易·说卦》：“是以立天之道曰阴与阳，立地之道曰柔与刚，立人之道曰仁与义”；《郑析子·无厚》："夫舟浮于水，车转于陆，此自然道也"；朱熹注："道者，日用事物当行之理"。对"道"的认识、实践而后有所得就称为"德"。

"道""德"二字连用，成为一个概念，始于春秋战国时的《管子》、《庄子》、《荀子》等书。荀况说："故学至乎礼而止矣，夫是之谓道德之极"。荀况不但将"道"和"德"连用，而且赋予了它较为确定的意义，即指人们在社会生活中所形成的道德品质、道德境界和调整人与人之间关系的道德原则及规范。为了维护和调整人们之间的利益关系，在古代，对道德问题的思考，是许多思想家所特别关心的。公元前6世纪的大思想家、大教育家孔丘，在《论语》中集中论述了当时社会中人与人之间的道德范畴、道德原则和各种行为规范。《论语》是中国关于道德理论和规范的开山之作。

在古代西方，道德一词起源于拉丁语"摩里斯"（mores），指风俗和习惯，后来引申为规则和规范、行为品质、善恶评价等方面的意义。西方最早对道德问题进行思考的是古希腊人。公元前5世纪的苏格拉底、柏拉图等，特别注意对善的考察，甚至专门以青年的道德教育作为他们道德思考的主要内容。亚里士多德的《伦理学》是古希腊思想家们伦理思考最卓越的成就，是人类历史上最早以伦理学命名的著作。到了近代，马克思主义伦理学认为，道德作为一种社会范畴，属于上层建筑领域，其中包含着意识形态方面，是一种特定的社会现象。道德现象是由社会经济关系所决定的，用善恶标准去评价的一种社会现象。

随着历史的发展、经济的繁荣、理论水平的提高，道德概念的内容也在不断补充和发展。本书认为，道德是人类社会所特有的现象，是由经济关系决定的，依靠社会舆论、传统习惯、社会教育和人的内心信念去调整人与人、人与社会、人与自然之间的关系，并以善恶标准进行评价的原则、规范和心理意识的总和。

（二）道德基本涵义

首先，道德是人类社会所独有的现象，它所调整的对象与人类的活动紧密相关。每个人都生活在一定的社会环境中。在这个特定的环境中，必然要与他人、社会、自然界之间发生这样那样的关系。这些关系是错综复杂的，往往会产生各种各样的矛盾，如何解决这些矛盾就属于道德调节的范围。自从有了人类社会以后，人与人之间便发生了各种各样的社会关系。这些社会关系随着社会生产力的发展、社会形态的变更而日趋复杂。综合起来看，道德所要调整的社会关系大致可以分为四类：第一类是个人与个人之间的关系，如父母、兄弟姐妹、朋友、师生、同事、同学之间的关系等。第二类是个人与社会集体之间的关系，如个人与单位、个人与社会集团、个人与国家之间的关系。第三类是社会集体之间的关系，如社会单位之间、团体之间、部门之间的关系。第四类是人与自然之间的关系。人与自然之间的关系虽然不是严格意义上的社会关系，但是环境危机的背后是道德危机。当前社会上有些人不讲环境道德，乱扔乱倒废弃物，肆意砍伐森林，破坏生态平衡，势必给子孙后代带来生存危机。说到底，人与自然的关系仍然是人与人（整个人类）之间的关系。

维护生态平衡是市场经济条件下协调人与自然关系应当遵守的基本道德准则。生态伦理学创始人莱奥波尔德指出："当一件事情有益于生物共同体的完善、稳定和美丽时，它是正确的；当它趋向于相反结果时，它就是错误的。"自觉维护地球"生物圈"的生态平衡，这是当今人类应当共同遵守的基本道德原则，也是人类自身生存与发展的大智慧。今天，全球的生态环境正受到破坏，环境污染、资源减少、水土流失、物种灭绝、温室效应等正严重威胁全人类的生存与发展。我们发展经济、提高生产力，绝不能以盲目损害环境、浪费资源、破坏自然生态环境为代价。维护生态平衡，要求人们原则上做到：以人类特有的道德自觉态度协调人与自然的关系，重视自然界权利的内在价值，尊重地球上生命形式的多样性，爱护各种动物和植物，保护自然环境，合理利用自然资源，维护地球生态系统的平衡，促进人、社会与自然环境的协调和可持续发展。这一重要道德原则要维护的是全人类及其子孙后代的利益。

其次，道德是由社会经济关系决定的。道德起源于人类自身生存和发展的需要，起源于人类的社会实践，以符合对实践行为约束的需要。从生产实践中产生的道德，是社会一定经济关系的产物，有什么样的经济关系，就有什么样的社会道德。经济关系所表现出来的利益直接决定道德的原则和规范。恩格斯说："每一个社会的经济关系首先是作为利益表现出来。"因此，我们不能离开利益来研究道德，利益是道德的基础，由经济关系、经济利益所决定的道德，必然随着经济关系的变化而变化。

再次，道德是一种特殊的行为规范。其特殊性表现在道德不像政治、法律、宗教等那样是靠一系列的社会组织、机关、设施来实现的，而是运用社会舆论、传统习惯、教育和人的信念的力量去调整人与人、个人与社会之间关系的。社会舆论是报刊、电台、电视等宣传工具或群体对某人的行为或某些社会现象进行或褒或贬的评论和议论，促使人们按一定的道德规范去行动。传统习惯是一种强大的社会力量，以"合俗"、"不合俗"来评价人们行为的善恶，使人们感到某种道德规范是"应当如此"，从而不自觉地服从某种道德规范的支配。内心信念是指个人的良心、是非善恶观念、光荣和耻辱观念，它是行为者内心的法庭，主要评判行为者自己的一切行为，其作用在于使人们遵行了道德规范时就感到心灵上的满足和快慰，违反了它时就感到不安、歉疚和羞愧，从而积极地影响人们的行为。没有社会舆论、内心信念和传统习惯，道德也就没有办法维护和存在。

最后，道德是以善恶作为评价标准的。人类把握世界的基本方式有三种：科学的方式、道德的方式和艺术的方式。科学是以真假范畴把握世界，艺术是以美丑表现世界，而道德则是通过善恶价值评判世界，即它是将从一定社会的利益中引申出来的生活原则和行为准则作为善恶标准，把世界上的各种事物判断为善的或恶的，在把握善恶的矛盾运动中来调节人们的行为。善恶是价值范畴，它以善恶关系表明个人与个人、个人与集体、集体与集体之间的联系。善恶判断是一种价值判断。在现实生活中，凡是符合一定道德原则和规范的行为或事件，就被评价为善；凡是违背一定道德原则和规范的行为或事件，就被评价为恶。善恶价值的内容也是由社会经济关系决定的。

一般来说，道德的善恶评价标准，一方面是指人的言行的准则，就是说它在人的言论和行为之前作为标准，规范人的行为，告诉人们应该怎样做和不应该怎样做；另一方面，是指判定人的言行善恶的标准，就是说在人的言论和行为之后，作为判断善恶的标准。

[阅读案例]

舍己救人的英雄——河南民工魏青刚

魏青刚，一位普普通通的固始籍外出务工青年，根本就没有想过会和“英雄”这两个字沾上什么边，然而，2005年8月8日那个下午，当他奋不顾身，三次跳进惊涛骇浪中，最终完成救人这一壮举后，“英雄”这个称谓就和他的名字紧紧地联系在一起。

活到30岁，魏青刚没下过海，连他自己都没想到，第一次下海竟是为了救人！

2005年8月8日，肆虐的9号台风“麦莎”慢慢离去，风力逐渐减弱，但其余威依然不减，下午5时许，在山东青岛市海滨，依然可以看到一排排巨浪汹涌而来、猛烈撞击海岸的壮观景象。

此时，在青岛崂山区沙子口麒麟山庄打工的魏青刚，忙完了手头的活后，信步来到位于麒麟山庄对面不远处的沙子口湾海滨广场防浪堤坝，欣赏这排山倒海的壮景。来青岛务工都3年了，他也曾多次到海边走走，却从未见到过这么波澜壮阔的画卷，印象中，他一直觉得青岛的海滨很美，他也曾想过要下到美丽的大海中游上一圈。因手头活计多，再说也没那个心情，就一直没有如愿。想着活到30岁了，自己没下过海，又天天生活在海边，怪遗憾的，哪天找个时间，还是要下去一趟。正在遐想中，忽然，一个巨浪打过来，就在他附近的一个女青年被卷入海中，魏青刚脑子一个激灵：救人！要下去救人！这一念头在他脑海可不是第一次出现，早在他15岁的那年夏天，他在路过家乡固始县武庙集乡魏老楼村龙进冲水库时，看到两个邻村的孩子嬉水，其中一个不小心滑入深水区，他脑子中救人的念头一闪，立即一个猛子扎进去，救上落水的孩子；2000年夏天在信阳市务工期间，一天他走在浉河边，突然听到一声呼救声，他脑海中快速反应的念头还是救人，他水性好，下去后很快就将一名12岁女孩救上岸。

“救人，赶紧下去救人”，魏青刚脑海中闪过这个念头后，便不再有丝毫犹豫，他快速脱下上衣，甩掉鞋子，迎着巨浪，跳进了大海。惊涛骇浪中，魏青刚奋勇救人，一次不行，就二次，二次不行，就三次……

一般到过海中的人，大多领略的是其宽广壮阔的一面，我们在大海安静的时候，也可以在其间嬉戏，对其惊涛骇浪的威力，人们大都避而远之，没有几人敢以身和其相抗。出于救人的本能，魏青刚没有想那么多，等他跳到大海中，才知道大风大浪时的大海，可不像江河湖泊，一个浪头“呼”的一声就盖过了他的头顶，还没等他回个神来，就已经被巨浪卷了回来，重重地摔在岸边浅水区。魏青刚感觉头有点发木，他吐了两口压在喉咙间的咸咸的海水后，瞅着浪头退去的间隙，一个猛子扎进了大海，并幸运地摸索着拽住了落水女青年的衣服，带着她迅速往岸边游。正在这时，又一排巨浪呼啸着压了过来，把他俩一起掀向空中，在空中，魏青刚没能抓住女青年的衣服，等到再次落向海中时，女青年被另一个浪头卷走，不见了踪迹，魏青刚无奈顺着浪势挣扎着自己爬上了岸。

就在魏青刚救人的这几分钟时间里，崂山区沙子口派出所所长杨丕光、教导员刘勇接到落水女青年同伴的报警后，迅速带着民警和救生器具赶到现场，并立即着手研究救人方案。此时，落水女青年随着巨浪向大海深处漂去，正蹲在一边刚缓过一点劲来的小魏看到此情景，很是焦急，他找到民警说：还是让我下去吧，再不下去，恐怕就出事了。民警帮他穿上救生衣，套上救生圈后，他再次跳入波涛汹涌的大海中，却被一个个巨浪淹没，由于落水女青年身穿黑衣，又被一排排巨浪遮挡，魏青刚试着冲进浪中找了几次，也找不到她的身影，时间一分一分地过去，他不停地在浪中四处寻找，体力消耗太大，嘴里又被灌了好几口海水，一个浪头卷来，又把他带回到了岸边……

“看见了，在那儿!”围观的数百名群众高呼着。此时，落水女青年已远离岸边50多米，随着巨浪若隐若现，情况十分危急。已回到岸上的魏青刚顾不上喘气，瞅准落水女青年的位置，第三次跳入大海。他慢慢靠近落水女青年，紧紧地抓住了她的衣服。这一次，他抓住女青年衣服的那只手再也没有松开过，就这么费尽全力，挣扎着拖着女青年往回游，1米、2米、3米……魏青刚咬紧牙关，用尽全力，浪头打来时，他就借着浪势往前漂，等到浪头一减，他就迅速用腿使劲踩着水，往回游，就这么一点点地往岸边挪动，岸上的民警也急速地拖拉救生圈，当魏青刚用尽最后一丝力气将落水女青年推上岸边时，只感到天旋地转，民警硬是死死地拖着才把他扯上了岸。在惊涛骇浪中经历了40分钟的生死较量后，落水女青年终于被营救上岸。

魏青刚奋勇救人的事迹得到青岛和信阳两地政府的充分肯定，两地政府对其英勇壮举给予高度肯定，并迅速掀起宣传、学习英雄事迹的高潮。

河南省省委书记徐光春看了《人民日报》上刊发的有关他的事迹报道后，当即在文章上批示：又是河南民工奋勇救人，省内媒体应认真宣传，信阳市要予以表彰。青岛市市委常委、宣传部长杨军说起他，竖起大拇指：信阳小伙子，好样的！能在风口浪尖中三次救人，他的水性没得说，他的无私无畏精神更是值得我们全市人民学习，小魏是我们的“市民英雄”!

二、道德的特点

道德作为一种意识形态，与政治、法律、哲学、艺术不同，有其自身的特点。

（一）道德依靠社会舆论和个人内心信念等力量发挥作用

道德是由各种各样的规则组成的规范体系。道德不同于其他社会意识的根本特征之一，就在于它的特殊的规范性。

道德规范是一种非制度化的规范。政治规范、法律规范是制度的规范，是经国家、政治团体或阶级以宪法、章程、司法机构等形式表现出来的意志，是特殊的社会制度。而道德规范则不同，它并没有制度化，它是处于同一社会或同一生活环境下的人们在长期的共同生活过程中逐渐积累形成的要求、秩序和理想。

道德规范不使用强制手段强制实施。政治规范、法律规范一般都是由国家制定的，由国家通过检察院、法院、公安局等机构强制执行和保证实施的。遵守它的要求就获得了在社会中生活和行动的权利，否则就会受到惩罚。道德的实施则不同，它不是由国家强制执行的，而是运用社会舆论、传统习惯、教育和人的信念的力量发挥作用的。因此，政治法律规范具有强制性，而道德不具有强制性，它具有很大的调节性。由此可见，道德是一种特殊的行为规范。

（二）道德具有精神内容和实践内容的统一性

马克思曾把人类把握世界的方式分为四种，即科学理论的、艺术的、宗教的和实践精神的。道德是社会意识，是一种思想关系，因此它是一种精神。但道德作为精神又不同于科学、艺术等其他精神，而是一种以指导行为为目的，以形成人们正确的行为方式为内容的精神，因此它又是实践的。道德区别于其他社会意识的根本特征就在于它是一种实践精神。道德存在于人们的意识之中，又表现在人们的现实生活之中，它通过人们处理各种复杂的社会关系表现出来。如：一个道德水准高的干部决不会收受贿赂；一个有道德的人决不会看到别人陷入困境而不尽自己所能伸出援助之手。从某种意义上说，道德实践比道德意识更为重要。一个人的道德意识再高，在没有付诸行动之前，就不能称他是品德高尚的人，衡量一个人道德水平的标志就是看他的道德实践和道德行为。

（三）道德具有渗透社会生活的广泛性

道德与其他上层建筑相比具有广泛的社会性。从纵向看，道德贯穿于人类社会发展的各种形态。道德萌芽于原始社会，私有制下又形成了不同的阶级道德。到了共产主义，随着国家消亡，法律也要消亡，而作为唯一维持社会秩序、调整人类关系的道德不仅不会消亡，可能还要进一步加强，由阶级道德变成人类的共同道德。从横向看，道德存在于社会生活的各个领域、各种社会关系中。大到经济领域、政治领域、文化卫生领域，小到人们的衣、食、住、行，都要面对各种关系，如父子、夫妻、上级与下级、师生等，在处理这些关系时，必须遵循一定的原则和规范，其中道德占有很大比重。

（四）道德具有发展的历史继承性

道德是由经济关系决定的，经济关系的变化必然引起道德的变化。在人类道德史上，一切道德上的兴衰变化，归根到底，无不源于社会经济关系的变革。由于社会经济关系的变革是一个由低级形态向高级形态发展的过程，因而道德也随之发展、提高。这是道德发展的一面。同时，道德如同人类历史不能割断一样，新道德总是从不同的方面继承前人的某些道德传统，因此道德又具有历史继承性的特征。

道德的历史继承性主要表现在三个方面：首先，表现在各个时代的道德中有一些共同的东西，这就是在长期社会发展中形成的各个阶级都应遵守的道德准则。例如孝敬父母、尊敬师长、勿偷盗、勿抢劫等道德规范，是所有社会都提倡的美德，是每一代人都应当遵守的行为规范。其次，表现在不同的社会发展时代、不同阶级之间的道德，也有一些可以继承的内容。例如在封建社会中，像岳飞的“精忠报国”那样的爱国主义精神，包公、海瑞、郑板桥等清官的廉洁奉公、刚正不阿的高尚品德，范仲淹的“先天下之忧而忧，后天下之乐而乐”的豪迈胸怀，对现代的道德建设都有一定借鉴意义。再次，表现在历史上一些思想家的道德修养理论和道德实践方法，对于后代人道德的修养和实践也有一定的启发作用。例如孔子为教育他的弟子提出的“三人行，必有我师焉”的学习要求，曾子提出的“吾日三省吾身，为人谋而不忠乎，与朋友交而不信乎，传不习乎”的自律要求及标准，对后人进行品德修养，就具有启发作用，值得有分析地继承。

（五）道德在阶级社会中具有阶级性

如前所述，道德是由社会经济关系决定的。而在阶级社会中，由于人们所处的经济地位不同，形成了不同的或根本对立的阶级利益。正如马克思所说，“人们自觉或不自觉地，归根到底总是从他们阶级地位所依据的实际关系中，从他们进行生产和交换的经济关系中，吸取自己的道德观念”。因此，不同的阶级利益，必然要形成各个阶级不同的甚至完全对立的道德，道德带有很明显的阶级性。

在原始社会，为了生存，人们共同征服自然，这时的道德观念基本上是一致的。进入阶级社会后，统治阶级为了维护他们的统治，制定了多种规范，如政治规范、法律规范、纪律规范、经济规范、道德规范等，他们用这些规范制约人们的行为。道德就是一定社会、一定阶级的人们提出来的，处理人与人、个人与社会之间各种关系的一种特殊行为规范。不同的阶级有不同的道德，每一阶级的道德都是为本阶级利益服务的，如农民的道德与地主的道德不同，无产阶级的道德与资产阶级的道德不同。在阶级社会进行阶级斗争，道德就成了对立阶级斗争的工具，如封建社会统治者宣扬忠君思想，“君让臣死，臣不得不死”，“普天之下莫非王土，率土之滨莫非王臣”，以此确保皇权的神圣不可侵犯。而农民则提倡“等贵贱、均贫富”、“王侯将相，宁有种乎”、“普天之下皆兄弟，上帝视之皆赤子”的思想。

三、道德的功能

道德的功能是指道德对人自身生存发展和完善的功效及意义。道德的功能主要表现在以下几个方面。

（一）道德的认知功能

所谓道德的认知功能，是指道德能够通过道德判断、道德标准和道德理想等形式，反映个人同他人、同社会的利益关系，向人们指出与现实世界价值关系中的方向，提供进行道德选择的条件和知识。

道德的认知功能是道德成为人们社会生活实践的一股强大的精神激励力量。道德的认知功能一经与生活方式相联系，就转化为对个人来说至关重要的选择功能，道德也就成为生活方式的精神心理基础。在任何一个社会里，个体的生活方式总是千差万别的。如，闲暇时间的利用可以因人而异，有人用来闲逛，有人用来旅游，有人用来读书，有人用来挣钱。一个人之所以选择这种生活方式而不选择别的生活方式，除了社会原因及个人的地位、职业、性别、年龄外，也同个人的道德修养有关。高尚的道德情操，能指导人们选择文明、健康、科学的生活方式。

（二）道德的调节功能

道德的调节功能是指道德具有通过评价等方式来指导和纠正人们的行为和实践活动以达到协调人际关系、维护社会秩序的能力。调节功能是道德的最主要的功能。

道德调节主要以两种方式进行。一种是社会调节，即以社会的道德原则、规范为尺度来评价人们的道德行为，协调人们的道德关系，这是最基本的道德调节方式。例如，对那些不赡养父母、遗弃老人的行为，可以通过婚姻家庭的道德规范及社会舆论和传统习惯进行调节。另一种是道德的自我调节，即以个人的道德思想为尺度来评价社会的道德行为，协调自我在社会中的道德角色及与他人、与社会的道德关系。例如，社会上一些犯罪分子侥幸逃脱法律制裁长达十几年，却由于受到良心的谴责，长期处于精神折磨的痛苦之中，最后主动投案自首。这种行为可以说是道德自我调节的结果。道德的社会调节与自我调节是相互联系、相互影响的关系。

道德的调节功能是将社会的价值观念、价值观念体系转化为个人内心隐秘的命令、良心的召唤和义务的呼声，通过良心和义务的竞合而实现。在社会生活中，这种基于良心与义务的道德命令具有自觉、自律、自为的特点，明显区别于具有强制性的政治命令、军事命令，它表现为一种内在的强制性，是以人们的内心接受或部分接受为前提的。没有道德主体在道德内容、道德结构方面的认同或部分认同，道德的调节功能是不会发生作用的。例如，对于那些婚外同居行为，如果没有认识到这是不道德的行为，那么社会舆论怎么谴责也没有用，这时只能借助于法律的调节手段。

道德调节功能的内在强制性特征，为其在社会领域中发挥作用带来正反两方面的影响。一方面，它可以深入到社会生活的各个领域，广泛地调节人与人之间的关系；另一方面，一些特定的领域它又无法涉及，从而在某些社会现象面前表现得软弱无力。因此，必须正确分析和运用道德的调节功能，并积极地将道德调节同其他社会调节手段结合起来，才能使道德调节功能发挥更大的作用。

（三）道德的教育和激励功能

道德的教育功能是指道德能通过评价和鼓励等方式，造成社会舆论，形成社会风尚，树立道德观念，塑造理性人格，培养人们的道德品质和道德情操。

道德的激励功能是指道德依据社会价值观念、价值观念体系，通过确定道德理想，树立道德榜样，建立道德的鼓励和批评机制，从而激发人们形成良好的道德风貌、道德品行和道德境界，向往、追求和实现完美的道德人格。在社会生活中，道德激励功能的实现与人们的成就感、尊严感、荣誉感的形成和发展息息相关，与人们道德人格的追求、形成和完善不可分离。

[阅读案例]

李学生：农民工的人生壮举

一个英雄的故事到处传诵。在许多城市，农民工是一个庞大的群体。他们默默无闻地辛勤劳动，为城市的建设和发展作出了重要贡献；他们把打工所在地当做第二家乡，不因位卑而忘却社会责任，不因平凡而失去奋斗勇气。李学生就是农民工的优秀代表。他的事迹从一个侧面展示了广大农民工所具有的闪光品质。

李学生的家乡商丘市睢阳区包公庙乡中华楼村，是全区最穷的村子。李学生自幼家境贫寒，为照顾久病的母亲和供养弟弟上学，很早就辍学务农。母亲去世后，十几岁的他便和父亲一起分担起家庭重担。

在苦撑了几年之后，李学生背起简单的行囊，融入打工者的人流。在北京西站磨炼了一年之后，1997 年 10 月，李学生只身来到市场经济发达、个体企业密集的温州市，在鹿城区个体企业金有利鞋厂当了一名学徒。这一干，就是 8 个年头。

英雄的行为从来都不是偶然的。李学生能够在生死关头表现出异乎寻常的勇气，是和他具有高尚的思想品格和道德情操分不开的。他热爱生活，乐观向上，用平常心对待生活和困难，不向贫穷和不幸屈服。他工作勤恳，用感激之情对待工作，用真诚之心对待他人。他为人诚恳朴实，善良厚道，尽其所能济弱帮困，常有扶危救险之举。这种高尚的品德情操赢得人们的尊重。

时间定格在2005年2月20日下午的那一刻，4岁女孩彭媛媛和8岁男孩小瞿正在金温铁路温州市黄龙段马坑隧道口铁轨上玩耍，急促的火车汽笛声使两个小孩惊慌失措，呆立不动。悲剧即将发生的瞬间，过路的李学生箭一样冲上铁路，抓住小瞿甩到路旁，接着又返身冲到另一侧去营救较远的媛媛。就在李学生刚抓到小媛媛的瞬间，带着巨大惯性的火车撞飞了他俩。小媛媛当场罹难，李学生壮烈牺牲，小男孩保住了性命……

他完全可以顿住脚步，判断一下火车的距离和速度，可他没有！他完全可以在救下第一个孩子后，顿住脚步，评估一下再次救人的风险和可能，可他没有！在他人生命的危急关头，李学生用自己的生命完成了一次撼人的壮举。

第二节　加强道德建设的意义

一、加强道德建设是科学治国的一项重要举措

对社会和国家的治理是一个综合的系统工程，需要多种手段互相配合，包括政治手段、法治手段、道德手段、文化手段的互相配合。如果只强调一种手段的作用，是治理不好国家的。在治理国家的各种手段中，道德手段、法治手段最为重要。江泽民同志指出，法律和道德作为上层建筑的组成部分，都是维护社会秩序、规范人们思想和行为的重要手段，它们相互联系、相互补充。对一个国家的治理来说，法治与德治，从来都是相辅相成、相互促进的，二者缺一不可，也不可偏废。法治属于政治建设，属于政治文明；德治属于思想建设，属于精神文明。二者虽然范畴不同，但其地位和功能都是非常重要的。我们应始终注意把法制建设和道德建设紧密结合起来，把依法治国和以德治国紧密结合起来。

道德和法律作为人们的行为规范，对社会关系都有调节作用。但两者的调节作用不同，道德对社会关系的调节主要靠教育的力量、社会舆论和个人内心信念的力量，所以道德要发挥调节社会关系的作用，必须有人的自觉性这个重要条件。而法律则不同，法律对社会关系的调节，主要是以国家机器（警察、法庭、监狱等）为后盾，靠法律制裁这种强制手段起作用的。法律发挥它在调节社会关系中的作用，必须有强有力的国家机器这个条件。法律和道德的不同作用，决定了两者不可相互替代，只有互相配合、相辅相成，才能相得益彰。由此可见，无论道德万能论还是法律万能论都是片面的，因为无论是道德还是法律，在它们单独起作用时，都会表现出它本身的局限性。法律的特点是强调强制和他律；道德的特点是强调自觉和自律。法律重在对人们犯罪后的惩罚，以发挥它的警示作用；而道德重在教育和规劝，提高人们的道德自觉，以避免犯罪。法律着重要求的是人的外部行为的合法性，思想意识领域不是法律调整的对象；而道德所要求的不仅是人的外部行为，它还要求人们行为动机的高尚、善良，对人们行为的“内在”影响，是道德发挥作用的特殊机制。动机与行为、教育与法制，是道德和法律的不同功能，但又是相互补充、不可分割的。

在现代社会的政治生活中，法治是必不可少的，在没有法治的社会中，其正常的生活秩序是不可想象的。但是，法律也不是万能的，因为在极其复杂的社会生活中，特别是对那些微观的生活领域，对那些特殊的人际矛盾，法律无法发挥作用。而且，法律作用的刚性特点，还必须有政治、道德、文化等意识形态因素作基础，否则，它的作用是不可能持久的。所以，如果是法律单独发挥作用，而没有一定的道德舆论相辅佐，那么就常常会由于失去社会的支持而不能达到真正的目的。同样，在治理国家的过程中，如果是道德手段单独发挥作用也是不可能的。道德的约束是软约束，没有法律手段作后盾，道德的作用常常会由于缺乏必要的强制力量而显得软弱无力。对那些没有自觉性的人，对那些明知故犯的人，道德是无能为力的。如对一个黑社会的头目讲道德、讲良心，是不会有丝毫效果的。就是对那些个人道德水准高的人，也无法摆脱制度弊端的影响。因此，在治理国家中，道德和法律必须紧密结合，二者缺一不可。

从历史上看，古代的中国社会主要宣扬以德治国。中国古代德治思想的主体内容，大多包括在中国传统儒家的伦理思想体系之中。从先秦时期到清朝末年，中国古代德治思想由孔子、孟子、荀子等儒学家奠定思想基础和理论框架，经过汉代学者初步进行系统的整理和论证，再经过宋、明以来诸多思想家的理论思辨和逻辑分析，最终形成一个内容庞大、逻辑严谨的思想体系。中国古代德治思想要求国家统治者和社会管理者进行自我修养，陶冶性情，先成为仁德贤明的君主或清正廉洁的官吏，然后再用已修之身去管理国家、社会和人民，实现“齐家、治国、平天下”的政治目的。中国古代德治思想的核心内容是仁民爱物，孔子和孟子学说的主体即是以仁为本、以德治国，要求统治者以宽厚、仁爱之心来管理国家、教化人民，惟其如此，君主才能与天同德。中国古代德治思想还主张秉公执法、廉洁奉公、爱国图强、尊贤惜才、提倡廉政、反对腐败。但是，由于缺少法治做基础，道德便成为政府控制社会各阶层、平衡矛盾冲突的手段，道德被政治化了，它还要担负起本应由法律承担的职责。在这种情况下，道德是不堪重负的，因为道德教化无法改变政治权力的现实运作规则，于是便形成了政治人的双重人格，即他们嘴里高唱礼义廉耻，暗地里却做着一些伤天害理之事。因此，在非法治的国度里，腐败是很普遍的，并且具有整体性特征。它表现为官僚集团一致对下的压榨，对庶民百姓无节制征收赋税，敲诈勒索、搜掠民财。综观古代中国，腐败还具有公开性、猖獗性和贿价不断上涨的特点。

古人云：“君子之德风，小人之德草”，草随风倒。由于中国有“官本位”传统，中国人自古便“以吏为师”。没有法律和制度的有效制约，政治的清明与否，完全依赖于做官者的品德、操守。清正廉明、道德高尚者能够领袖群伦，垂范社会，促进社会风气的好转。相反，如果大部分官员放纵自己的私欲，道德败坏，便直接诱发、刺激了社会风气、公共道德的败坏。由此可见，以德治国只有与依法治国相结合，才能将国家治理好。德治与法治相辅相成、紧密结合，乃治国之道。法治如同做手术，德治如同预防疾病和锻炼身体，两者都很重要，缺一不可。现实社会生活中不乏法治与德治相结合取得成功的范例，如独立以前的新加坡政府，官场腐败不堪，被称为20世纪世界瘟疫。自1959年以来，新加坡政府十分重视对公务员的道德教育，同时对公务员的道德自律的实现，采取了非常严格的制度化管理，很快，一个贪污舞弊成风的政府转变为一个国际上公认的廉洁政府。

总之，法治与德治紧密结合乃是科学的治国之道，加强道德建设是以德治国的重要举措。在实现社会主义现代化的过程中，我们在强调法治的同时，也要强调德治的重要性。加强道德建设，有利于以德治国的实施，是以德治国的重要组成部分。加强道德建设，能够促进广大人民群众道德水平的提高，改善社会道德风尚，使人们能够明辨是非、善恶、美丑，维护社会稳定，从根本上杜绝犯罪的思想根源。道德是通过说服教育、社会舆论发挥作用的。一种强大的社会舆论，能对社会的一些重大问题发生极其重要的影响。它能够在潜移默化中，改变人的性情、气质，转变社会的风气，形成良好的道德氛围。

二、加强道德建设是发展先进文化的重要内容

江泽民同志指出："在当代中国，发展先进文化，就是发展有中国特色社会主义的文化，就是建设社会主义精神文明。"文化是相对于经济和政治而言的概念，精神文明是相对于物质文明而言的概念，二者的主要内容是一致的。社会主义精神文明或文化的内容包括思想道德和教育科学文化两个方面，科学文化建设是培育人的素质的基础，是提高人类有效地征服和利用自然、促进社会现代化和社会全面进步的能力的条件；而思想道德建设培育的则是人的理想和行为规范，决定着整个文化发展的性质和方向，影响着社会政治经济的进步，是整个文化的主要代表和重要标志。思想道德建设的主要内容是道德建设。因此，只有加强道德建设，才能够真正培养出一代又一代有理想、有道德、有文化、有纪律的公民，才能使我们的党和国家始终站在时代的前列，从根本上体现先进文化发展的根本要求。

随着改革开放和社会主义现代化建设巨大成就的取得，我国精神文明建设呈现出积极、健康、向上的态势。

首先，我们坚持以马克思主义为指导思想，用爱国主义、集体主义、社会主义教育人民，大力推进社会主义精神文明建设。改革开放以来，特别是党的十二大以来，我们党在建设物质文明的同时，不断地加强社会主义精神文明建设，并取得了显著效果，社会风气得到明显的改善，并极大地推动了现代化建设的进一步发展。在推进思想教育过程中，我国人民的爱国主义、集体主义思想不断发扬光大，热爱祖国已经成为广大人民群众的自觉要求；为祖国的繁荣富强、为中华民族的振兴、为建设有中国特色的社会主义而努力奋斗，已成为全体公民的共同理想；忠于祖国、忠于人民，已经成为每一个中国公民发自内心的炽热的情感。中华民族的爱国主义思想，正以一种前所未有的凝聚力、亲和力、激励力、辐射力发挥着重要的作用。

其次，全国人民的思想道德素养和教育科学文化素质不断提高，全国人民的精神生活日益丰富，向世界展现了中华民族新的精神风貌。在现实生活中，为人民服务精神不断发扬光大，助人为乐、见义勇为、无私奉献的道德楷模不断涌现，雷锋精神仍然在发挥着重要作用。在各个工作岗位上，崇尚先进、学习先进形成风气；追求科学、文明的生活方式已成时尚；竞争意识、效率意识、民主法制意识和开拓创新精神大大增强，社会道德风尚发生了可喜的变化。

第三，我党坚持发扬全国各民族的优秀文化，积极吸收世界各国文明的先进成果，推动社会主义文化日益繁荣。中国革命道德的优良传统在新时期得到了很好的发扬。延安精神、铁人精神、雷锋精神等在社会生活中以新的面貌有力地改变着社会风尚；不怕艰难、

勇往直前、自力更生、发奋图强、勤俭节约、艰苦朴素的思想和作风，已成为大多数公民的共识。自强不息、厚德载物、诚实守信、尊老敬长、友善互助、敬业乐群、舍己为人等中国古代的传统美德，在新的时期获得了新的时代意义。

总之，经过党和政府坚持不懈的工作，在全国人民的共同努力下，我国的道德建设迈出了新的步伐，符合时代要求的新的道德观念日益深入人心，成为我国道德建设发展的主流。但是，由于历史和现实的种种原因，我国的道德建设仍然面临着新的挑战和新的问题。一方面，从国内来看，随着我国社会主义市场经济的不断发展，我国社会的经济成分、组织形式、就业方式、利益关系和分配方式也日益多样化，其结果也必然会给人们的思想观念、价值取向、文化生活带来多样性。在市场经济发展的过程中，商品交换的法则也容易侵蚀到社会政治生活和人们的道德领域，从而引发有些人见利忘义、自私自利、损公肥私和损人利己的思想，导致一些人的道德素质下降、道德意识薄弱。另一方面，西方敌对势力对中国的意识形态渗透，已经在中国产生一定影响，这从当代中国人多元化的价值观、前所未有的自我意识和某些人对资产阶级生活方式的追求上可以体现出来。这一切，都给中国现阶段的社会主义道德建设带来了新的课题。

正是由于上述种种原因，我国的道德领域确实存在着一些不容忽视，甚至相当严重的问题。

首先，一些人唯利是图的思想恶性膨胀，他们的思想和行为以追逐个人的私利为唯一目的。在经济活动中，见利忘义、坑蒙拐骗、损人利己的现象，不断蔓延，屡禁不止。如银广厦骗局、股市黑幕、会计师事务所造假、认证机构违法等。种种违法行为已成为我国经济发展的严重障碍。一个社会的诚实守信程度，往往是一个社会的政治、经济和文化能否顺利发展的重要基础和条件。为了使我国社会主义市场经济能够正常、有序、健康地发展，为了改善我国的社会风气和提高人民群众的道德水平，必须坚决抵制这种损人利己、见利忘义、坑蒙拐骗的风气，树立诚实守信的道德风尚。

其次，由于一些人受到腐朽思想的腐蚀，把市场经济等价交换的原则渗透到政治生活中来，导致在一些党政干部中发生了以权谋私、贪污受贿、腐化堕落等腐败现象。政治腐败产生的根本原因是私有制度。在以往私有制社会中，一些明智的统治者，虽然也总是极力铲除腐败，但也只能在一定时期内使政治相对清明一些，不可能从根本上解决腐败问题，时至今日，西方发达国家腐败现象也普遍存在。

我国虽然是以公有制为主体的社会主义国家，工人阶级和广大人民群众掌握了国家政权，为铲除政治上的腐败奠定了基础。但是，由于历史和现实的种种原因，我国反腐败的任务还十分艰巨。长达两千多年的封建社会的等级观念，在人们的头脑中还有深远的影响，当今西方资产阶级的腐朽思想和生活方式，也不断腐蚀人们的思想；一些党政机关的工作人员，把为人民服务的宗旨丢在一边，不是做人民的公仆，而是把自己看做是高高在上的老爷。正是在这种内因和外因的结合下，个别党政干部经不起权力、金钱、美色的诱惑，从而陷入了贪污腐败、损公肥私、违法犯罪的泥潭，如身居高职的政府官员频繁落马。要根除腐败，必须深刻认识腐败的历史根源和现实土壤，努力铲除腐败现象滋生的土壤和条件，大力提倡廉洁奉公的精神，大力加强道德建设，培育为官清正的道德品质，从源头上加大预防和解决腐败问题的力度。

第三，封建迷信、歪理邪说危害严重，黄、赌、毒、黑等社会丑恶现象沉渣泛起。新中国成立以来，党和政府一直强调文化教育的重要性，提倡科学、反对迷信，努力建设有中国特色的社会主义新文化，涤荡旧社会遗留下来的落后的、腐朽的文化，抵制资本主义文化的不良干扰，解放和激励了广大干部群众的思想，取得了巨大成绩。但是，由于封建迷信思想有着深远的历史影响，加上我国教育发展的不平衡，以及国内外腐朽思想的侵蚀，近几年来封建迷信以及新中国成立以后已经绝迹的黄、赌、毒、黑等现象，又死灰复燃。李洪志的邪教组织乘机散布各种谎言，蛊惑群众，甚至打着"提高人们道德"的幌子，愚弄人民，其结果是败坏了社会道德，腐蚀了某些人的灵魂，扰乱了正常的秩序，影响了国家的稳定。

第四，在一部分人中是非、善恶、美丑、荣辱界限不清。在任何一个社会中，道德规范的实施和遵守，都必须以正确的道德评价和道德认知标准为前提，也就是说，是非、善恶、美丑、荣辱的界限必须分明。具体来说，就是对什么是道德的、什么是不道德的，必须有一个明确的界限。而现今社会生活中，一些人把自私自利、损人利己看做是道德，把无私奉献看做是傻瓜；把弄虚作假看做是聪明，把诚实守信看做是愚蠢；把挥霍浪费当做时尚，把勤劳节俭当做过时；把投机取巧当做能干，把爱岗敬业当做"傻帽儿"。正由于对善恶、美丑等方面出现错误认知，导致一些人的荣辱观念颠倒和错位。人们行为是由思想意识支配的，正是由于拥有错误的是非观、荣辱观，其行为必然不符合道德规范，而且对社会风气产生不良影响。

三、市场经济的发展要求加强道德建设

市场经济有自己的运行规则，同时也有自己无法克服的弱点。如市场经济的自主原则、求利原则、竞争原则往往造成强调个体利益而忽略整体利益，注重眼前利益而忽略长远利益，追求经济效益而忽略社会公平等。目前，我国的社会主义市场经济建设才刚刚开始，市场经济与社会主义制度的整合还不到位，市场法则尚不健全，导致我们在市场经济建设中还不能十分有效地遏制市场自身运行的弱点，从而使我国市场经济发展对社会主义道德建设产生了一些负面影响。

首先，市场经济原则被泛化。市场经济运作原则只适用于市场经济领域，若将市场经济运作原则扩大到社会生活的一切领域，包括私人生活和公共生活等领域，致使人的尊严、良心等皆变成可以标价买卖的商品。在价值原则上，有些人只求利己而忽略利人；在人际关系上，不能正确处理竞争与互助的关系，从而诱发许多腐败和丑恶现象。

其次，市场经济的某些运行环境，容易滋生腐朽的人生观。市场经济是建立在商品和商品关系充分发展的基础之上的。发达的商品经济使商品流通的媒介——货币显示出巨大的"魅力"，这客观上为享乐主义和拜金主义的流行提供了适宜的温床。同时，市场经济的自主原则突出了市场经济主体的自主性，使人们自觉不自觉地更加关注自我存在和自我价值，注重自我实现和个人自由。尽管这有利于调动个体的积极性，但当人们处理个人与社会的关系时，市场经济所强调的个体性和主体性就可能转化成个人主义。目前，社会上有些人只顾个人利益不讲社会利益，只讲权利不讲义务，损公肥私，损人利己，唯利是图，这都是个人主义在市场经济环境下的表现。

再次，对物质的强烈渴望淡化了人们对精神的追求。自新中国成立到改革开放期间，由于种种原因，人们对物质的欲望受到压抑。这种压抑一旦被解除，会产生强烈反弹。改革开放以来，经济发展和思想解放使人们消除了对物质欲望的禁锢，有些人对物质的追求就走向了另一个极端，他们把追求物质享受作为人生的至高目标，贪得无厌，沉湎于灯红酒绿、醉生梦死的生活方式，忘却了人应有的精神追求，重实利而轻道义。

市场经济是一把双刃剑，它一方面给道德建设以积极影响，焕发人们积极向上的精神，增强人们奋发图强、自力更生、积极进取、注重效率的动力；另一方面，又给道德建设带来负面影响，诱发人们的拜金主义、享乐主义和极端个人主义的思想，腐蚀人们的灵魂，污染社会风气。同时，市场经济的发展又会受政治、文化、道德的制约。道德的滑坡必然会对市场经济的发展带来不利的影响。如目前存在的经济信用失常的状况，就严重阻碍了经济的发展。遵守经济信用是人们在经济交往中的基本行为准则，是市场经济运作的基石，是市场有序化的基本保证。然而我国当前出现了严重的经济信用失常的现象。如伪劣商品与各种假货充斥市场，假商品、假广告、假发票、假合同、假账目、假企业等泛滥成灾。企业信用状况是当前影响企业正常运营和国民经济健康运行的一个突出矛盾，是我国社会主义市场经济发展的一个薄弱环节，也是制约我国企业走向世界、参与国际竞争的一个严重障碍。企业信用下降也是造成经济犯罪的一个重要根源。

市场经济既是法制经济，又是道德经济。市场经济的有序进行和健康发展，需要有与市场经济相适应的道德秩序。我国社会主义市场经济是社会主义制度与市场机制的有机结合，是否具有良好的道德秩序，能否克服道德秩序的混乱，直接关系着我国社会主义市场经济体制能否确立，关系着我国经济发展的成败。市场经济道德秩序的重要内容是“守信”。市场机制、商品、货币、买卖、借贷、合同、金融、证券等，无不体现着信用关系，市场经济本身就是信用经济。那么由这种信用经济的性质所规定的社会道德秩序，只能是“守信”。市场经济发展的历史告诉我们，越是趋于完备，越是竞争激烈的市场制度，越要求人们在道德上守信，排斥无信、欺诈、放纵等不负责任的败德行为。从西方资本主义发家史来看，道德上的无信及由此引发的道德秩序混乱，在向市场经济转轨过程中极易发生。在资本主义市场经济初期，尤其是在产业革命前的商业资本活跃时期，以“背信”为特征的商业欺诈极其普遍，严重扰乱了市场经济道德对市场经济发展的作用。当人们认识到“信誉就是金钱”后，市场经济的道德秩序才得以确立，市场经济才走上正常运行的轨道。我国社会主义市场经济是与社会主义根本制度联系在一起的，我们的市场经济更需要“守信”的道德，更需要道德秩序。近年来，我们党大力加强精神文明建设，在全社会弘扬正气，打击邪气，促进了社会主义市场经济道德秩序的形成。由于我国目前正处于经济体制转换的变革时期，相应配套的法律和管理体制一时难以适应新形势的需要，因此在市场经济中仍然存在一些道德无序现象，并且正在严重损害着我国市场经济的发展。因此，在市场经济条件下加强道德建设，尤其是领导干部的道德建设具有极其重要的意义。

四、科技发展显现道德制约的重要性

邓小平指出，科学技术是第一生产力。在当今社会，科学技术已广泛渗透到经济活动中，渗透到社会生产的各个环节里，成为推动经济发展的决定性因素。科学技术不仅使经济在规模和速度上迅速增长，而且使经济发生着质的飞跃。同时，在经济结构、生产结构、经营方式等方面发生的变革中，科学技术起着重大作用。

科学技术带来了经济的繁荣和发展，它终将推动人类道德的发展，但这一转换不是直线进行的。科学技术如同双刃剑，它一方面造福于人类，另一方面又给人类带来危害。如火药的发明，它既造福于采矿业和筑路业，也成为战争的利器；核能利用，给人类带来了新的能源，也成为毁灭人类的威慑力量（早在20世纪80年代，全球拥有的核弹头已超过5000枚，其威力足以把地球毁灭数次）。

在现今信息时代，科学技术价值的两重性主要表现在以下几个方面：

首先，信息社会可能使人进入孤独世界。在信息社会里，人的交流越来越多地借助电话、传真、网络等现代化手段，它们在使人的交往简便、快捷的同时，也大大降低了人们交往的深度，人际关系变成了现代通讯手段的两个"终端"。现代化交流工具隔膜了人的关系，淡化了人的情感，成为"现代孤独症"的物质诱因。

其次，办公自动化强化了人的精神压力。在信息社会，办公自动化将进一步发展，而办公自动化又使生产的分散化成为发展趋势。二者都对劳动节约和社会发展具有积极意义。但是，办公自动化和生产分散化使人际交往不断减少，人们长期封闭于孤立的工作环境，从事高度集中的脑力劳动，无形之中强化了人的孤独感，不利于人体健康，从而诱发种种心理问题和社会问题。

最后，某些高新科技为不道德和违法行为提供了新的工具。仅从网络技术的飞速发展来看，它在给人类道德提供先进的技术手段和现代理念的同时，也在破坏着人类的道德。网络快速传递的大量乃至泛滥的信息混杂着许多不道德、反道德的内容，如网上传播的色情与暴力，污染毒害人的灵魂，必然导致社会道德水平的下降；网络的快速便利和虚拟易于诱发犯罪，甚至成为直接实施犯罪的工具。目前危害国家和公共安全、侵犯财产、妨碍社会秩序管理、肆意传播计算机病毒等网络犯罪在西方十分普遍，在我国也时有发生，这不但严重制约着网络自身的发展，而且毒化着社会的道德风气。

科学技术的这些"伴生物"，使关注人类健康发展的人们充满担扰。事实上，科学技术带来的社会负面影响，并不在于科学技术本身。科学技术本身没有什么罪过。"罪过"的产生在于如何使用科学技术。在不同价值观的支配下，对同一科学技术有不同的使用目的，并产生不同的使用后果。在狭隘和错误价值观的支配下，滥用科学技术，就会把科学技术变成危害人类的祸患。由此可见，对科学技术而言，以善为用则善，以恶为用则恶。因此，要想充分展示高科技的积极作用，必须防止恶意利用科学技术，这就要求我们应该拥有健康的人生观和价值观，构建新的符合科技时代需要的伦理道德体系。

第三节　我国的公民道德建设

一、公民道德基本规范的提出

加强社会主义思想道德建设，是发展先进文化的重要内容和中心环节。在新的历史条件下，从公民道德建设入手，继承中华民族几千年来形成的传统美德，发扬党领导人民在长期革命斗争与建设实践中形成的优良传统道德，借鉴世界各国道德建设的成功经验和先进文明成果，努力建立与发展社会主义市场经济相适应的社会主义道德体系，对形成追求高尚、激励先进的良好社会风气，保证社会主义市场经济的健康发展，促进整个民族素质的不断提高，全面推进建设有中国特色社会主义伟大事业，具有十分重要的意义。为此，中共中央于2001年9月20日向全社会印发了《公民道德建设实施纲要》，在公民道德建设的指导思想中，以广大人民群众耳熟能详、喜闻乐见的凝练的语言，将我国公民应当遵守、需要在全社会大力倡导的基本道德规范概括为五句话二十个字，即“爱国守法、明礼诚信、团结友善、勤俭自强、敬业奉献”。大力倡导这些规范，是当前我国公民道德建设的一个重点工程。

二、我国公民道德基本规范的意义

二十个字的基本道德规范的提出，是道德建设方面取得的新的重大成果。这些规范第一次系统、集中地作为我国公民的摹本道德规范被提出来，言简意赅，科学准确，易懂易记，切实可行，既继承了中华民族传统美德的精华，包含了我们党领导人民在长期革命斗争和建设中形成的优良传统道德建设的内容，又从社会主义初级阶段广大人民群众的一般道德水准出发，符合社会主义市场经济发展的需要，具有鲜明的时代特色。这是我们党对建立与社会主义市场经济体制相适应的道德体系的最新认识成果，标志着我国公民的道德建设进入一个新的发展阶段。如“诚信”是中国传统道德中的一个有古老历史的道德规范，但“纲要”现在之所以把诚信作为公民的基本道德规范提出来，其现实针对性无疑是建立社会主义市场经济体制的迫切要求。

二十个字的基本道德规范的提出，必将对我国公民道德建设产生极大的推动作用。道德作为社会的一种行为准则，主要是以规范的形式来发挥作用的。在道德领域中，道德规范是人们判别善恶、美丑、荣辱的基本尺度，也是人们在社会生活中选择正确行为方式的基本标准。道德渗透在社会关系的各个方面，有鉴于此，在公民道德建设中既要对不同方面、不同层次的道德规范作通盘考虑，又要在全社会大力倡导，使之家喻户晓，人人皆知，人人皆信，人人皆行。历史和现实都表明，道德在一个社会中的作用大小，并不一定取决于道德规范数量的多少，而往往取决于作为基本道德规范在社会成员中的知晓度、信奉度和践行度。因此，加强公民基本道德规范的制定、宣传和教化对推进全社会的思想道德建设无疑会产生积极的作用。

三、我国公民基本道德规范的基本内涵

（一）爱国守法

1. 爱国

爱国是中华民族的优良传统和崇高美德。爱国指的是热爱自己的祖国。其基本要求包括两个方面内容：一是牢固树立中华民族的意识和国家利益至上的意识，自觉维护国家的独立、统一、尊严和利益；二是为把中国建设成为富强、民主、文明的社会主义国家作出力所能及的贡献。爱国是新时期提高公民道德水平和个体素质的精神动力，是促进中华各民族之间团结、融合的强大凝聚力和共同的精神支柱，是维系中华儿女自尊心、归属感、

责任感的基本价值取向。

爱国主义是一种崇高的思想境界。对祖国的爱是一种博大的爱，热爱祖国的行为是一种崇高的行为。爱国主义的情感和行为，历来都被视为品质高尚的象征。自古以来，中国人民最钦佩和敬重的是那些赤胆忠心、鞠躬尽瘁的爱国者，最痛恨的是那些丧失国格人格、卖国求荣的民族败类。从忧国忧民的屈原，到精忠报国的岳飞；从维护民族利益的林则徐，到民主革命的先行者孙中山；从带领人民推翻三座大山的毛泽东，到实现民富国强、奋力推进祖国统一的邓小平，无不受到万众称颂。

随着社会的发展和进步，热爱祖国的思想和行为更加具有深刻的社会道德意义。爱国已经成为人们衡量和鉴别真、善、美与假、恶、丑的一个重要尺度。人的能力有大小，对祖国的贡献也有不同，但只要他为祖国的安全、稳定和发展尽了一份心，出了应尽之力，他就是一个爱国者，就是一个值得人们尊重的人；相反，一个人再有本事，如果他对自己的祖国没有感情，不关心祖国的前途和命运，不愿为祖国的发展进步尽心出力，他就不是一个爱国者。因此，培育爱国之心、陶冶爱国之情，是历史和时代对每一个人提出的基本要求。

但我们也看到，确有一些人，爱国奉献的精神淡漠了，有的甚至为了蝇头小利，不顾国格、人格，丧失民族气节。因此，我们更要深入进行爱国主义教育，在全社会形成国家和人民利益高于一切的价值取向。

[阅读案例]

抗日英雄杨靖宇

杨靖宇（1905－1940），原名马尚德，字骥生，河南确山李家湾人。

1927年5月杨靖宇加入中国共产党，1929年春，到达东北，化名张贯一，任中共抚顺特别支部书记，组织煤矿工人进行抗日运动。在组织运动中，杨靖宇被日本警察署抓捕入狱两次，受到日本军警的严刑拷打，但其始终不承认自己是共产党员和从事抗日运动。九一八事变后，杨靖宇被营救出狱，并出任中共哈尔滨市道外区区委书记，随后历任中共哈尔滨市市委书记、满洲省省委军委代理书记。1932年，杨靖宇在东北组建了中国工农红军第32军南满游击队，以磐石县红石砬子为根据地从事抗日运动，历任东北人民革命军第1军独立第1师师长兼政委、第1军军长兼政委、东北抗日联军第1军军长兼政委、东北抗日联军第1路军总司令兼政委。组建抗日联军的同时，杨靖宇按照“不击中敌人要害不打”、“对当地人民损害大的不打”的原则，采用“敌合我分，敌进我退，乘敌之虚，各个击破”的战术，与日伪军在冰天雪地的长白山麓展开激烈的斗争，很快建立了濛江（今吉林省靖宇县）、那尔轰、金川（今吉林省辉南县）、河里、辑安（今吉林省集安市）、老岭山区和辽宁老秃顶子山等抗日游击根据地，给日军以沉重打击，极大地推动了东北地区的抗日运动的发展。

日伪军看到抗日联军势力的不断壮大，感到十分恐惧，在1938年下半年调集重兵对抗日联军进行“围剿”，并以万元巨金悬赏杨靖宇头颅。1940年初的50多天里，杨靖宇率抗日联军战士与日军作战40多次，在日军的疯狂“围剿”下，抗日联军陷入困境，几乎弹尽粮绝，战士们只好以草根、树皮充饥，甚至将衣中棉絮掏出来吞咽。日伪军曾千方百计诱其投降，但杨靖宇坚定地表示："为了中华民族的解放事业，头颅不惜抛掉，热血可以喷洒，而忠贞不二的意志是不可动摇的。"

在斗争进入异常艰难状况下，杨靖宇决定将抗日联军编成几股小部队，分散活动，保存实力。杨靖宇率400多名抗日联军战士准在濛江方向突围，因叛徒的告密，日军很快就发现了他们的行踪，为使部队安全转移，杨靖宇决定再一次分散突围，自己率一部分抗日联军战士牵制日伪军。1940年2月23日，经过几次战斗后，杨靖宇负了伤并且身边只剩下几名抗日联军战士。日伪军追踪杨靖宇的血迹，很快将杨靖宇与几名抗日联军战士包围，此时的杨靖宇已经数日粒米未进，以皮带、棉絮充饥，身体虚弱到了极点。敌人的"讨伐队"围了上来，呼喊着要他投降，杨靖宇沉着地掏出双枪向日伪军射击，击毙数名敌人。敌人想抓活的，停止射击高声劝降。他没有应声，乘机烧毁文件，又向敌人开枪射击。敌人活捉杨靖宇的希望落空后，向他进行了疯狂的扫射，杨靖宇身中数弹，壮烈牺牲。杨靖宇牺牲后，日军割下其头颅，又剖开遗体的腹部，发现他的胃里除了没消化的树皮、草根和棉絮外，竟没有一粒粮食，残暴的敌人都感到十分震惊。

为纪念杨靖宇英勇抗日的光荣一生，1946年，中国共产党决定将杨靖宇牺牲的濛江县改名为靖宇县。1949年，郭沫若为杨靖宇题词为："头颅可断腹可剖，烈忾难消志不磨，碧血青蒿两千古，于今赤旗满山河。"1958年2月23日，杨靖宇的遗首和遗体被隆重公祭并合葬在吉林省通化靖宇陵园。中共中央、国务院和毛泽东、刘少奇、周恩来、朱德等党和国家领导人，以及金日成、崔庸健等国际友人分别送了花圈，高度评价了他光辉的战斗一生。

2. 守法

守法不仅仅是法律层面的要求，也是道德层面的要求。守法指的是对法律的遵守。其基本要求包括三方面内容：一是要掌握一定的法律知识，做到学法、知法和懂法；二是要增强法制观念，确立重视法律、自觉依法办事的思想意识；三是要提高用法能力，包括依法规范自己行为的能力，依法参与社会生活的能力，依法保护各种合法行为的能力，依法同各种危害社会的行为作斗争的能力等。作为公民道德规范，守法强调公民遵守法律，更强调对法律的自觉认同。因此，一个有道德的公民，应当积极自觉地学法、懂法和守法。

社会主义的法是社会主义国家的活动准则。依法治国是我们党领导人民治理国家的基本方略。在社会主义社会中，法律是人民意志的集中体现，法律的宗旨是维护社会上绝大多数人的根本利益。尊重和维护社会主义法律的尊严，就是尊重人民的意志，维护人民的根本利益。守法是每一个公民必备的品质，也是实现法治与德治相结合的基础。

（二）明礼诚信

1. 明礼

明礼是指待人接物时言谈举止要讲文明礼貌。明礼作为公民道德规范，基本要求包括两个方面：一是学习和掌握为人处世的基本礼貌、礼节、礼仪规范；二是在公共场合、职业场所和个人家庭生活中，言谈举止都要讲究规范，做到讲文明、有风度。

明礼是公民在现代社会所必须具有的素质。如果你缺乏这一素质，你就难以在社会上立足，更别说取得成功了。比如：有一位外国商人来到我国某市的一家制药厂，洽淡合资办厂事宜。一切都很顺利，就等着签约了，谁知在签约的前夕，那位外国商人突然拒绝与这家制药厂合作了。原来，工厂的厂长在陪同外国商人参观制药车间时，往车间的墙角吐了一口痰，而他这个不文明的举动恰巧被外国商人看到了，外商认为，一个如此不讲文明的厂长是办不好这个制药厂的，于是便改变了原来的决定。

明礼作为现代社会的规范之一，对于提高整个社会的文明程度大有裨益。人们只有在社会交往中养成明礼习惯，增强明礼修养，互尊互敬、互谦互让、和睦相处，形成良好的社会风尚，才能有效地保证社会生活的正常有序进行。

2. 诚信

诚信包括诚和信两方面。诚主要是诚实、诚恳；信主要是讲信用、讲信誉。诚信作为公民道德规范，其基本要求有两方面：一是为人要真诚老实、表里如一，做到尊重客观，不说假话，不许假诺，不做伪证；二是办事要实事求是，讲究信用，做到尊重事实，不弄虚作假，不随意背约。

诚信是人们立身处世的基础性规范，是治国安邦的基本行为准则。孔子讲的“民无信不立”，是指国家的统治者应取信于民，否则就得不到老百姓的支持。把孔子的话引申开来，在个人与社会、个人与个人之间，也可以说是“无信不立”，国家、领导者、家庭和个人当然也都是“无信不立”。今天，在公民道德建设中，我们要大力倡导做老实人、说老实话、办老实事，要弘扬以信待人、以信取人、以信立人的美德。

我国自开始建立社会主义市场经济体制以来，经济发展成就巨大，令世人瞩目。但是在经济领域里，假冒伪劣和欺诈行为十分猖獗，不仅一般的商品假冒伪劣现象严重，甚至连统计、审计、财会和合同，也出现了严重的欺诈现象。可以说，假冒伪劣和欺诈行为已波及当今经济领域的各个角落，人民的利益为之受损，企业的经营为之遭殃，国家的声誉为之败坏。假冒伪劣和欺诈行为的背后，本质上是诚信的危机。一些企业和个人，不是把企业的经营效益和个人的收益寄托在诚信之上，而是放在坑蒙拐骗之上。信用是市场经济的道德前提。没有信用，交换就无法进行。

在一些发达的国家，信用制度比较健全，一个人的身份证丢了还可以补办，而信用坏了就寸步难行，如果发生贷款不还、借款赖账的行为，无异于自断生路。诚实守信在经济领域里是不可或缺的道德品质，但又并不局限在经济领域。在政治领域，在生活领域，在朋友、情侣、家庭、亲戚、邻里之间都要守信用。否则，这世界就充满了谎言、欺骗、背叛、表里不一、两面三刀，那时我们还能相信谁？可见，诚实、诚恳、忠诚，言必信、行必果，忠于信仰、坚持操守，这些品德在市场经济社会是非常宝贵的。

（三）团结友善

1. 团结

团结是指为了实现共同的理想或目标，人们心往一处想，劲往一处使，从而形成的向心力和凝聚力。团结作为公民道德规范，其基本要求包括两方面：一是人与人之间要相互关心、相互爱护、相互帮助，提倡先人后己，把方便让给别人，将困难留给自己，提倡助人为乐的集体主义精神；二是在追求共同理想目标的基础上，公民通过弘扬集体主义精神和团队精神，形成各个行业、各个部门、各个单位、各个人群的凝聚力，最终汇集为全民族、全社会的凝聚力。

一个相互敌视、分崩离析、内战连绵的民族和国家绝不可能自立于世界民族之林。伟大的革命先行者孙中山先生为了改变旧中国“一盘散沙”的落后状况，带领革命党人付出毕生的努力。中国共产党继承了孙中山一生未竟的事业，把中国人民团结在一起，驱走了帝国主义列强，打败了凶残的日本侵略者，解放了全中国，建立了社会主义新中国，使中国人民走上了富强的道路。历史和现实告诉我们，团结则兴，不团结则衰；团结则存，不团结则亡。中华民族的复兴、社会主义现代化建设的成功、全体人民的幸福，都需要全体中国公民加强团结，友善相处。

2. 友善

友善是指要善待别人、善待社会、善待自然，要乐善好施，宽容大度。作为公民道德规范，其基本要求是：一要学会宽容，学会谅解，在与人交往时要有宽广豁达的胸怀，以德报怨，宽以待人；二要尊重他人，关爱他人，在与他人相处时要平等相待，在他人需要帮助时，要及时地伸出友爱之手；三要培养良好的个性，增强人际交往的吸引力。

团结友善，这一品德在当今时代有着重要的现实意义。当今社会虽然分工越来越细，但又是一个有机联系的整体。每一种工作都与其他工作紧密地联系在一起，任何工作离开了他人的配合与协作都无法正常地运转。既然任何岗位和工作都不是孤立存在，而是处于与其他岗位和工作有机联系的整体之中，那么，就应树立同舟共济、精诚团结的“团队精神”，杜绝钩心斗角、互相倾轧现象的发生，坚信众志成城、万众一心才能干好各自的本职工作，成就我们共同的事业。团结就是力量，人和才能政通。“天时不如地利，地利不如人和”。只有大家齐心协力，才能创造出辉煌的业绩。

（四）勤俭自强

1. 勤俭

勤俭是指人们对劳动、工作的一种积极态度和对生活消费的一种自我约束。勤俭作为公民道德规范，一方面要求人们热爱劳动，积极参加社会劳动，勤奋努力，不怕苦累，用自己的双手创造自己美好的生活；另一方面要确立以俭朴为荣、以奢侈为耻的道德观念，注重节俭生活方式的养成。古人认为“勤能补拙，俭以养廉”。一个人要在事业上取得成就，最重要的一条就是做到持之以恒，不断努力。中国古代思想家荀子在《劝学》中也说：“锲而舍之，朽木不折，锲而不舍，金石可镂”。这些古训告诫和劝勉人们，只有勤奋努力，坚持不懈，才能得到事业的成功。就“俭以养廉”来说，也包含着深刻的人生经验和哲理。俭朴不是吝啬，而是一种节制。宋代著名的政治家范纯仁是一个封建社会的清官，他说：“惟俭可以助廉”。他的一生，对他人总是慷慨无私、解囊相助，而自己的生活，则一直十分俭朴。一个在生活上厉行节俭和注重节约的人，就不会被各种物质欲望所引诱，也不易被一些腐朽思想所腐蚀。一个人在俭朴的生活中，最容易培养和形成一种淡薄享受和廉洁奉公的思想品德。

从我国当前的许多腐败受贿的事例来看，几乎所有的腐败分子都同他们个人追求奢侈、贪图享受等有着内在的联系。

2. 自强

自强是一种自尊自信，是一种坚韧不拔、勇于同困难和挫折作不懈斗争的人生态度和生命精神。自强是指通过自己的不懈努力，完善、充实、提高自身。自强作为公民道德规范，其基本要求有三方面：一是要自重，要尊重自己的人格，在任何情况下，都能够坚持自己的操守，严肃认真地履行自己的职责；二是要自立，要依靠自己的力量，在生活和事业上努力奋斗，创造美好的生活，促进国家的发展；三是要自信，要善于克制自己，战胜自己的弱点，激励自己不断前进。

老子说："胜人者有力，自胜者强"。在人的一生中，总是要遇到各种各样的挑战，承受来自不同方面的压力，引起思想和情感上的变化。如何在这种情况下，保持理智，作出正确的选择，克服一切干扰，这是事业成功的关键。要做到自强，就必须要能自胜。也正是在这个意义上，古人才强调，战胜了别人，只能算是有力，还不能算是强，只有能战胜了自己的各种弱点，从始到终，都能勇往直前，这才算是强者。

一个人是这样，一个国家也是这样，只有厉行发奋图强和勤俭节约的方针，把勤俭和自强结合起来，动员全体人民自力更生和勤俭节约，才能达到自强和振兴的目的。

当然，提倡勤劳节俭、艰苦奋斗，并不是反对提高生活水平，也不是要求人们都去做不食人间烟火的"苦行僧"，而反对的是奢侈享乐之风。"奢靡之始，危亡之渐"。其实，每个社会成员，必须有正当的物质和精神享受，如果失去这种享受，就会失去对美好未来的追求，也必然失去或减少为祖国现代化建功立业的动力源泉。但是，人要追求正当享受，就必须付出巨大的努力，进行艰苦创业。不爱劳动，不付出艰苦努力就想获得优厚的报酬，即使能够得到，也是暂时的，甚至会遭人唾弃。从这个意义上讲，一个人追求正当享受的满足程度，应该与其艰苦创业精神成正比。我们必须用艰苦奋斗精神来推动现代化建设，改善人们的物质生活。要以诚实劳动的态度和手段，踏踏实实地劳作，干好本职工作，创造价值，从而去获取利益和财富，争取美好的生活。

（五）敬业奉献

1. 敬业

敬业是指用一种恭敬严肃的态度对待自己的工作，认真负责，兢兢业业，精益求精，甚至在必要时不惜以身殉职。敬业作为公民道德规范，基本要求包括两个方面：一是热爱自己的本职工作，忠实地履行岗位责任，做到干一行、爱一行、干好一行；二是加强自身的学习，在业务上精益求精，不断提高自身素质，增强职业能力，一个公民如果只有敬业的良好愿望，却缺乏敬业的能力，敬业就无法落到实处。

敬业是社会和谐发展的需要，是个人自我完善的重要途径。敬业使人不断提高技能。一个人越是热爱自己的职业，就越会自觉地钻研业务，掌握职业技能，从而不断提高自己的工作本领。敬业使人在与人打交道的过程中办事公道，公正地对待相关人员。敬业可使人通过自己的职业活动最大限度地服务群众，奉献社会。但是，在现实生活中有些人特别是年轻人心情比较浮躁，对自我缺乏正确的评价，这山望着那山高，随时想"跳槽"，连爱岗都谈不上。在这种情况下，把敬业作为公民基本道德规范，就显得格外重要。敬业与奉献是紧密联系在一起的，一个具有奉献精神的人，必定能够在工作中做到爱岗敬业。

2. 奉献

奉献是指公民为国家、群众、公益事业尽心尽力多作贡献的精神和行为。奉献作为公民道德规范，其基本要求有三个方面：一是切实地承担起自己对社会、对他人的责任和义务，如在自己岗位上尽心尽责地劳动，向社会提供产品和服务，以满足社会、他人的需要，这就是对社会、他人的奉献；二是在处理自己和社会、他人的关系中，勇于、乐于付出，而不求社会、他人的回报；三是为了正义和真理，为了国家和人民的利益而献出自己的一切，甚至不惜牺牲自己的生命，这是奉献最高层次的要求。

奉献是社会主义公民道德的最高境界，也是社会对每一个公民的基本道德要求。在我国，像雷锋、孔繁森、徐虎等同志，之所以受到社会的尊敬，就是因为他们在各自的工作岗位上默默地为社会作出了无私的奉献。今天我们讲奉献，不是讲付出劳动不要报酬，而是讲一种精神，在公与私、义与利、奉献与索取之间，把前者放在首位。如果把自己从事的职业作为谋取个人私利的工具和手段，那么在工作中就会套上无形的枷锁，摆脱不了名利的羁绊，最终将一事无成。只有树立起奉献社会的精神，培养自己对工作岗位的深厚感情，干一行、爱一行、专一行，精益求精，乐于为人民服务，在工作中才会有所建树。

大力倡导上述基本道德规范，是贯彻“三个代表”重要思想、发展先进文化的重要内容，是促进物质文明和精神文明协调发展的重大举措。万丈高楼平地起，只有把基本道德规范建设搞好了，社会主义道德大厦才能建立起来。因此，每个公民都应该自觉遵守，以基本道德规范作为自己的基本行为准则。社会的各个方面，都应该大力倡导，使基本道德规范成为社会生活遵守的基本准则。

思考题：

1. 简述道德的起源、特征和功能。
2. 加强道德建设的有什么重要意义？
3. 简述我国公民道德建设新成果。

第二章　职业与职业道德

【学习目标】人们为了生存和发展，必然要从事某种职业。职业作为一种社会现象，对人们的道德意识和道德行为，对整个社会的道德传统，都产生着重大的影响。通过本章的学习，明确职业、职业道德的基本内涵、特点，了解职业道德的历史演变和社会作用，充分认识职业道德建设对个人、集体及社会的重要意义，从而自觉加强职业道德修养，成为一个优秀的社会从业者。

第一节　职业与职业道德概述

一、职业

（一）职业的概念

职业是人们为了谋求生存和发展，从事有报酬、有专门业务和特定职责的社会活动，通常叫工作岗位。如教师、会计、律师、售货员、秘书，等等。从社会的角度来看，职业是劳动者获得的社会角色；从国家的角度来看，每一种职业都是社会分工中的一个部门；从个人的角度来看，职业则是劳动者谋生的手段，他为社会承担一定的义务和责任，并获得相应的报酬。

社会的发展进程表明，职业不是从来就有的，它是在人类社会出现分工之后而产生的一种社会历史现象，是一种以社会分工和劳动分工为纽带的社会形式和社会关系。每一个健康的成年人，其一生大部分时间都要从事某一种或某几种具有专门业务和特定职责的社会活动，并以此作为自己获得生活资料的主要来源。因此，所谓职业，是指由于社会分工而形成的具有特定专业和专门职责，并以所得收入作为主要生活来源的社会活动。

（二）职业要素

职业在社会生活中，主要体现出三方面的要素：一是职业职责，即每一种职业都包含着一定的社会责任，必须承担一定的社会任务，为社会作出应有的贡献；二是职业权利，即每一种从业人员都有一定的职业业务权利，就是说，只有从事这种职业的人才有这种权利，而在此职业之外的人不具有这种权利；三是职业利益，即每种从业人员都能从职业工作中取得工资、奖金、荣誉等利益。任何一种职业都是职业职责、职业权利和职业利益的统一体。

（三）职业意义

每种职业对其从业人员来说有三种意义：首先，职业是人们谋生的手段。人们通过职业为社会奉献劳动，社会按照一定的标准付给劳动者报酬，这些报酬成为劳动者及其家庭成员生存和发展的主要经济来源。其次，职业是人们与社会进行交往的一种主要渠道。从事一定职业的人，总是以较为固定的内容形式同外界进行交往。再次，职业是一个人实现人生价值的主要场所。每一个人都有自己的理想，理想的实现需要一定的机遇和物质条件，而职业则给每一个从业人员提供了一个施展才干的机会。

职业既是人们谋生的手段，又是人们与社会进行交往的一种主要渠道。在交往中必然涉及到各方面的利益，于是如何调节职业交往中的矛盾问题摆在了人们的面前，这就需要用道德来调节。

二、职业道德

为了确保职业活动的正常进行，必须建立调整职业生活中发生的各种关系的职业道德规范。在日常生活中，我们所见到的各种规章制度、工作守则、劳动规程等就是从事不同职业活动的人们所应遵循的道德准则，也是职业道德的具体形式。

（一）职业道德的概念

所谓职业道德，就是同人们的职业活动紧密联系的符合职业特点所要求的道德准则、规范的总和。职业道德不仅是从业人员在职业活动中的行为标准和要求，而且是本行业对社会所承担的道德责任和义务。职业道德是道德在职业生活中的具体表现。

每个从业人员，不论是从事哪种职业，在职业活动中都要遵守道德。如教师要遵守教书育人、为人师表的职业道德；医生要遵守救死扶伤、治病救人的职业道德；军人要遵守英勇善战、保卫祖国的职业道德；营业员要遵守文明经商、童叟无欺的职业道德，等等。

（二）职业道德的内涵

职业道德的概念包含着三方面内涵。

首先，在内容方面，职业道德总是要鲜明地表达职业义务、职业责任以及职业行为上的道德准则。它不是一般地反映社会道德和阶级道德的要求，而是要反映职业、行业以至产业特殊利益的要求；它不是在一般意义上的社会实践基础上形成的，而是在特定的职业实践的基础上形成的，因而它往往表现为某一职业特有的道德传统和道德习惯，表现为从事某一职业的人们所特有道德心理和道德品质，甚至造成从事不同职业的人们在道德品质上的差异。如人们常说，某人有“军人作风”、“工人性格”、“农民意识”、“干部派头”、“学生味”、“学究气”、“商人习气”，等等。

其次，从调节的范围来看，职业道德主要是用来约束从事本职业的人员。一方面是用来调节从业人员内部关系，加强职业、行业内部人员的凝聚力；另一方面，它也是用来调节从业人员与其服务对象之间的关系，用来塑造本职业从业人员的形象。

再次，从产生的效果来看，职业道德既能使一定社会或阶级的道德原则和规范的“职业化”，又能使个人道德品质“成熟化”。职业道德虽然是在特定的职业生活中形成的，但它决不是离开阶级道德或社会道德而独立存在的道德类型。在阶级社会里，职业道德始终是在阶级道德和社会道德的制约和影响下存在并发展的；职业道德和阶级道德或社会道德之间的关系，就是特殊与一般、个性与共性之间的关系。任何一种形式的职业道德，都在不同程度上体现着阶级道德或社会道德的要求。同样，阶级道德或社会道德，在很大范围上都是通过具体的职业道德形式表现出来的。同时，职业道德主要表现在实际从事一定职业的成人的意识和行为中，是道德意识和道德行为成熟的阶段。职业道德与各种职业要求和职业生活结合，具有较强的稳定性和连续性，形成比较稳定的职业心理和职业习惯，以至于在很大程度上改变人们在学校生活阶段和少年生活阶段所形成的品性，影响道德主体的道德风貌。

（三）职业道德的特点

职业道德是在每个职业实践中形成的行为规范，虽然与道德有着密切的联系，但是职业道德具有自己的特点。

首先，职业道德具有鲜明的行业特定性。

每种职业都担负着一种特定的职业责任和职业义务，由于各种职业的职业责任和义务不同，从而形成各自特定的职业道德的具体规范，有多少种职业分工就会有多少种职业道德。例如，农民深知“民以食为天”的道理，从而形成以农为荣、艰苦朴素、忠诚老实、热爱劳动的职业道德；海员的职业道德则是保证航行的顺利和货物、旅客的安全，当船只遇到危险时，海员要尽力排险，最后离船；教师的职业道德是为人师表、循循善诱、有教无类、诲人不倦，等等。即使在同一行业中，各种具体职业也有其各自更加明确的道德要求。各种职业道德只在特定的职业范围内起作用，只能用来约束从事本行业人员的职业行为。因此，职业道德具有较强的行业性，其适用范围也是有限的。如“百问不厌，有问必答”，对于营业员来说是职业上的美德，而对应保守国家机密的政府官员或公安人员而言却是渎职；医生为了减轻病人的痛苦而说些善意的“假话”，是医生职业道德所允许的，若新闻工作者说假话，则违背了职业道德。

其次，职业道德具有发展的历史继承性。

由于职业具有不断发展和世代延续的特征，不仅其技术世代延续，其管理员工的方法、与服务对象打交道的方法，也有一定的历史继承性。相同的职业，具有基本相同的劳动条件、劳动对象和任务，从业人员接受的职业训练也是大致相同的，随着时间的推移逐渐形成某种特殊的职业心理、职业习惯、职业传统，以及特殊的职业意识和语言，并世代相传。虽然随着生产力的发展和科技的进步，会使职业活动不断细分和深化，但由于职业的基本职能、基本性质没有根本性变化，其职业道德在总体上也不会发生根本性变化。如唐代名医孙思邈在《太医精诚》中阐述的医生职业责任是治病救人，不论贫富、贵贱都一视同仁等，也是今天医生所应奉行的职业道德。如“有教无类”、“学而不厌，诲人不倦”，从古至今始终是教师的职业道德。

第三，职业道德的表达形式多种多样。

由于各种职业道德的要求都较为具体、细致，因此其表达形式多种多样。特别是职业道德的行为准则的表达形式往往比较具体、灵活、多样。它总是从本职业交流活动的实际出发，采用制度、守则、公约、承诺、誓言、条例，以及标语口号之类的形式，这些灵活的形式既便于为从业人员接受和实行，也便于形成一种职业的道德习惯。

第四，职业道德兼有强烈的纪律性。

纪律是一种行为规范，指人们在集体生活中，遵守秩序、执行命令和履行自己职责的一种行为准则。它是保证人们正常进行各种社会活动的必要手段，具有强制性质和约束力，对于违反者可以制裁。纪律是介于法律和道德之间的一种特殊的规范。它既要求人们能自觉遵守，又带有一定的强制性。就前者而言，它具有道德色彩；就后者而言，又带有一定的法律色彩。就是说，一方面遵守纪律是一种美德；另一方面，遵守纪律又带有强制性，具有法令的要求。例如，工人必须执行操作规程和安全规定；军人必须要服从命令、听从指挥，等等。因此，职业道德有时又以制度、章程、条例的形式表达，让从业人员认识到职业道德还具有纪律的规范性。

三、影响职业道德的主要因素

职业道德从它诞生那天起，就受到许多因素的制约和影响。

首先，生产方式是职业道德产生的基础和发展的动力。

生产方式是社会生活所必需的物质资料的谋得方式。它包括生产力和生产关系两个方面。职业从根本上说是满足人的需要的一种实践活动，它的产生源于生产的发展和社会的分工。人们从一开始在不同的职业中劳动，就承担着不同的职业责任，并在交换劳动产品中形成一定责任感和相互交往中的行为惯例。这些行为惯例，对人们的行为起着调节、指导和约束的作用。这是道德的最初表现，也是职业道德的萌芽。随着生产力的发展，人们获得财富的手段也趋向多样化，人类也就有了多样化的职业，从而使人与人之间的职业道德关系愈加复杂化，职业道德随着生产方式的更新而得到发展。如资本主义社会的职业道德较之奴隶社会、封建社会的职业道德要复杂得多。在资本主义社会，出现了上千种职业，从业人员之间的关系发生了变化，作为人们职业行为规范的职业道德在资本主义社会也有了空前的发展。

当今世界东西方经济发展到一个新的阶段，生产的高度社会化要求与之相适应的全新的职业道德。我国已经加入世界贸易组织，世界经济已经融合，世界各国的职业道德也开始融合，共同追求具有符合人性、符合全人类价值的道德规范。总之，社会生产方式从简单到繁杂、从粗到细、从落后到先进的过程，也是职业道德不断变化和进步的过程。

其次，政治制度决定职业道德的类型，影响职业道德观念的确立。

政治是阶级之间、民族之间、社会集团之间基于各自根本利益所发生的相互关系以及与此有关的活动。“政治是经济的集中表现”（《列宁全集》第40卷，第297页），它最直接、最集中地反映着各阶级的经济利益。政治贯穿于社会生活的各个方面，并作为一种现实的力量对经济生活、精神生活以及全部社会生活起着指导和限制作用。政治制度不仅强有力地影响社会的生产关系及生产力的状况，对职业道德的影响也是强大的。不同类型的政治制度，必定产生这一政治制度影响下的职业道德。如奴隶社会的职业道德、封建社会的职业道德、资本主义社会的职业道德、社会主义社会的职业道德，无不带有所属社会政治制度的色彩。政治对人们的价值观、职业道德观产生影响，可以通过政府所颁布的各项政策、法律，也可以通过政府领袖的言行发挥作用。国家制定法律和道德规范，要求人们做一些事，禁止人们做另一些事。任何人虽然都有自己的行为评判标准，然而，必须符合国家政策、法律，这是所有人行动的基点。因此，政治对整个社会的影响，特别是对人们价值观的影响是巨大的。

再次，传统文化造就人的职业道德人格，影响职业道德规范，改造人的习性，促进职业道德的进化和完善。

所谓文化，是一种复合体，它包括知识、信仰、艺术、道德、法律、风俗，以及从社会上学到的能力和习惯。文化蕴含着职业道德，也制约着职业道德，同时还昭示着社会职业道德的水平。作为从事职业活动应该遵守的职业行为准则的职业道德规范，必然受其影响。职业生活中人的正义感、羞耻感和荣誉感、良心以及伟大与渺小、崇高与卑鄙等人格观念都是社会熏陶的结果，是现有文化作用下的产物。职业道德人格是一定社会文化赋予的职业思想、职业性格和职业行为的范式。职业道德人格的高低取决于文化修养的深浅。一个人越是接受先进文化的教化，他的人格就越高尚。

人创造了文化，同时文化又创造了人。文化对人的影响，不仅表现在表面或行动本身的方式，更重要的是由表层深及里层，直到人的灵魂深处，影响人的观念和品格，改造人的习性和气质，使人成为真正意义上的人，从而促进了职业活动中伦理道德的进化、发展和完善。

最后，科学技术扩大了职业道德的范围，给职业道德增加了许多新的内容和新的观念，促使人们职业道德水平的提高。

科学是人们改造自然、改造社会的智慧结晶，是关于自然、社会、思维发展具体规律的知识体系。科学技术是一种强大的社会生产力，它一旦应用于生产和生活服务行业，就会使劳动发生变化，创造出许多新的工作和生活领地，带来各种新的职业，从而扩大了职业道德范围。不仅如此，科学的发展还为各种各样的职业提出了许多新的要求和标准。这些要求和标准，极大地丰富了职业道德内容。如在工业化以前的农业社会，人们按季节计算时间单位，时间要求并不严格，养成了比较松散的时间观念。进入工业社会后，大型现代化工业生产是一种社会性的协作生产，特别是流水作业，强烈要求每个岗位上的人不差一分地准时上班，某些科学技术密集的单位，时间甚至以秒来计算，这迫使人们必须养成守时、惜时的习惯，守时、惜时逐渐成为全社会推崇的修养和美德，随意浪费别人的时间被斥责为不道德。

科技的进步，对职业道德提出了更高的要求。在生产力水平较低的社会，人们的劳动大多以个体的形式进行，社会联系并不紧密，在这种情况下，即使有人不遵守职业道德，其影响也是有限的；而在科技高度发展的社会，生产过程已成为一个相互联系的有机整体，在这种情况下，若有人不遵守职业道德，其不良影响不仅会影响到个人，而且会影响几十个人，甚至整个工作、整个社会，这就促使人们必须遵守职业道德。

四、职业道德的社会作用

职业生活是最基本的实践活动，是一个人一生中最重要的内容。因此，在整个社会的道德体系中，职业道德占有重要的地位。良好的职业道德的形成，是整个道德建设的基础。科学的职业道德观念，对于人们的职业活动，具有积极的导向、调节和激励作用。

（一）职业道德是调节职业利益关系的重要手段

职业道德的基本职能是调节职能。职业道德所调整的职业关系包括两个方面：一是职业集体内部从业人员之间的关系。这种职业关系主要包括各部门之间的关系、同事之间的关系、领导者和被领导者之间的关系。运用职业道德规范约束职业内部人员的行为，要求职业内部的工作者为了同一个目标和正当利益和谐地工作，即各部门之间要互相信任、互相配合、彼此兼顾，以全局利益为重；同事之间要团结一致、平等互助、礼貌相待、和睦相处、减少矛盾、避免纠纷；上下级之间要互相理解、互相支持、减少内耗，共同完成职业职责。另一方面，职业道德又可以调节从业人员和服务对象之间的关系。这种关系就是一定职业的从业人员与该职业以外其他从业人员或社会上其他人员的关系。职业道德要求从业人员从本职业的性质和特点出发，尽职尽责，更好地为他人、为社会服务，尽力满足服务对象的要求，自觉维护职业工作的信誉与尊严。在职业交往中从业人员与服务对象发生矛盾，这些矛盾有的要靠经济的、法律的手段去解决，而不太严重的就要靠道德来调整。如职业道德规定了制造产品的工人要怎样对用户负责，营销人员怎样对顾客负责，医生怎样对病人负责，教师怎样对学生负责，等等。

（二）职业道德是从业者形成高尚职业理想和情操的关键

职业活动是人类最基本的活动，决定和制约着其他各方面的活动；一个人的全部社会活动，大部分是职业活动；一个人对人类社会有无贡献，主要是通过本职工作表现出来；一个人的知识修养、劳动技能、道德品质的提高，离不开职业实践活动。职业道德在社会生活中广泛推行，使人们非常现实地明确了是非、荣辱、善恶的界限，它对个人生活道德的选择、职业理想的形成、人生观和道德理想的确立起着重大的作用。事实证明，各行各业的先进人物之所以能为社会作出出色的贡献，无一不是立足本职工作，在本职工作中严格遵守职业道德。相反，如果一个人在职业生活中养成玩忽职守、自私虚伪、傲慢狭隘、斤斤计较、以权谋私等不良品质，就有可能一生碌碌无为、一事无成，甚至可能步入歧途，身败名裂。职业道德中的爱岗敬业、诚实守信、认真负责、明理大度、顽强坚定、无私奉献等则能使人在成才与事业的道路上不断前进，取得成功。在职业活动中学习、培养和锻炼各种优良品质，形成高尚的职业理想和情操，无论对社会还是对个人都具有十分重要的意义。

（三）良好的职业道德有助于维护和提高本行业的信誉，促进本行业的发展

一个行业、一个企业的信誉，或者说它们的形象、信用和声誉，是指企业及其产品与服务在社会公众中的信任程度。提高企业的信誉主要靠产品的质量和服务质量，而从业人员合乎标准的职业道德水平是产品质量和服务质量的有效保证。行业、企业的发展有赖于高的经济效益，而高的经济效益源于高的员工素质。员工素质主要包含知识、能力、责任心三个方面，其中责任心是最重要的。若从业人员职业道德水平不高，很难生产出优质的产品和提供优质的服务，势必有损于本行业、企业的形象与信誉，影响本行业的发展。在社会主义市场经济不断发展完善、市场竞争日趋激烈的条件下，对建设行业来说，职业道德状况如何，将直接影响本行业、本部门的社会声誉和经济效益，关系到事业的成败。完成一项优质工程，等于树起一座丰碑；留下一项豆腐渣工程，必将败坏整个行业的形象。

（四）良好的职业道德将有力地推动和促进全社会良好道德风尚的形成

社会风尚是人们精神面貌的综合反映，但归根结底是现实社会关系的综合反映。职业道德风貌本身就是社会道德风尚的一个重要方面。职业道德本身受社会风尚制约的同时，也对社会风尚产生影响，人们在自己的职业活动中，能否普遍地遵守职业道德，对于社会生活的稳定、良好的社会风尚的形成，有着直接的关系。如果人们有高尚的职业道德，彼此互相帮助、互相支持、方便他人、热情服务，把为人民服务作为自己工作的目的，那么就会产生出良好的社会关系和社会道德风尚。在社会生活中，人们形象地把商业服务比喻为社会道德风尚的“窗口”，把医务人员称为“白衣天使”，把教师称为“人类灵魂的工程师”，这都是职业道德对社会道德风尚产生积极影响的例证。相反，如果人们不讲职业道德，以次充好、以假乱真、玩忽职守、以权谋私，这些职业生活中的不正之风就会对社会道德风尚产生消极影响，从而产生尔虞我诈、见利忘义等种种不良的社会现象。职业道德状况反映了整个社会的精神文明发展水平，特别是在社会主义社会，如果每个人都把自己的工作看成是社会主义事业的一部分，自觉地按职业道德的要求去做，就会形成互相尊重、互相关心、互相帮助、友爱和谐、公正诚实的良好社会风气，从而有力地推动社会主义精神文明建设的发展。

职业道德是个历史范畴，它随着社会分工的出现而逐步形成，随着社会分工的发展而不断发展。自从人类社会出现分工以来，职业道德经历了萌芽、形成和发展的历史过程，经历了原始社会、奴隶社会、封建社会和资本主义社会四种形态的历史演变，发展到今天的社会主义职业道德。人们对职业道德的认识也经历了一个不断深化的过程。因此，要了解社会主义职业道德的形成和发展，必须系统地考察职业道德产生、形成和发展的历史，全面分析制约职业道德内容和性质的各种因素，只有这样，我们才能认识职业道德的发展规律和历史趋势，更自觉地培养优秀的职业道德品质，促进社会主义物质文明和精神文明建设。

[阅读案例]

任长霞的真情自述：“凡事要做就做到最好”

2001年4月，组织上把我安排在登封市公安局局长这个重要的位置上，我心绪万千，夜不能寐。我不由地在心里默默问自己：自己能干好吗？带几百人的队伍是头一次，从城市到农村开展工作更是头一遭。吃苦倒也不怕，怕的是工作干砸了，无法向党和组织交代，无法向登封63万父老乡亲交差。但自己有股不服输的劲头，凡事不做则已，要做就要做到最好。我下定决心，凭着自己对党的赤胆忠心，对警察事业的无悔追求，对人民群众的深厚感情，我一定会把工作干好，也一定能把这支公安队伍带好。

“不能亲自到现场破案的公安局长，不是好局长”

“不能亲自到现场破案的公安局长，不是好局长。”这是我一贯信奉的工作原则。2001年7月23日6时许，市区嵩阳路南段路新兴街居委会一居民家中，一名歹徒手持匕首挟持户主的两个儿子，索要5万元钱。闻报，我来不及穿袜子，便飞速赶赴现场，同时调集刑警、巡警、武警、交警等150名警力将现场包围，安排了狙击手占据周围制高点，寻机将歹徒击毙，并采取五项措施进行抓捕工作。经过和歹徒60分钟的殊死较量，终将歹徒制伏。当民警押着歹徒走出小巷时，受到了上千名围观群众的热烈欢迎。我的心里无比自豪，这是人民群众对我们公安工作的褒奖，更是人民群众对我们公安工作无言的支持。

上任第三天各种大案要案接踵而至。面对形形色色的重特大案件，我毫不畏惧，擎起斩魔利剑，和犯罪分子展开了一场又一场攻坚战。攻必克，战必胜。“4·15”东金店强奸焚尸案，仅用两天便胜利告破。“4·18”大冶镇火石岭村绑架案，经过和歹徒6天的斗智斗勇较量，转战数千里，终将犯罪嫌疑人缉拿归案。在破案的日子里，我始终战斗在一线，三天三夜没有合眼，困了就披衣来回走走。2001年4月24日凌晨4时许，当凯旋的干警押着嫌疑人走进局大门时，没有休息的我，早已在晨风里迎候多时。此情此景，使同志们备受鼓舞。

“在我这里没有金钱能打通的关节，只有公正的法律”

连破数起大案要案，登封群众振臂欢呼，公安民警斗志昂扬。但我却不敢有一丝一毫的松懈。2001年4月23日深夜，我同往常一样批阅群众的来信，一封普通的群众来信使我异常震惊。登封一老板王松纠集家庭成员在白沙湖一带，横行乡里，草菅人命，殴打无辜，敲诈勒索，致使上百人受到伤害，7人丧命，民怨极大，请求严惩。看完群众的来信，我的心情异常沉重。群众的桩桩冤情、件件苦情，使我的眼在落泪，心在滴血。而这泪这血又化作了压力和动力，我决心要用正义之剑斩邪驱恶，还白沙湖一个明亮的天空。然而要想查清此案，擒获王松，并非易事。王松背景复杂，关系网密集，而且还有市优秀企业家等外衣作包装，更加剧了破案的难度。为避免来自各方的压力，尽快破案，我及时向上级领导做了汇报，并迅速成立了“打黑专案组”，一场打黑除恶、除暴安良的正义之战由此拉开了序幕。4月29日，王松手下的爪牙因参与作案被抓获，正在外出差的王松闻知后迅速赶回登封，决定以钱开道，打通关节，救出打手。得知这一情况，我决定将计就计。5月1日晚9时许，按照预定的安排，王松来到了我办公室。刚一进门，王松便阴阳怪气地说道：“久闻任局长大名，早想登门拜访，无奈事务缠身，直到今天才来，实在惭愧。”看着恶贯满盈的王松，我强压怒火，说道：“你有啥话就直说吧。”王松说：“出差回来，才知道手下人捅了娄子，请任局长高抬贵手，网开一面。”说罢便把一沓钱往桌子上放。我不由拍案而起：“王松，你罪孽深重，不是花几个钱就什么事都能摆平的。在我这里没有金钱能打通的关节，只有公正的法律。”此时早已守候在门外的民警听到拍案信号，立即冲进屋来，将王松一举擒获。

“‘公安’、‘公安’，心中只有‘公’，人民才能‘安’”

我常对民警说：“公安”、“公安”，心中只有“公”，人民才能“安”；“警察”、“警察”，前面为什么加“人民”两字呢？就是让你时刻牢记自己是人民警察，要为人民办实事、办好事，一切让人民群众满意。为做到这一点，我把接待群众上访当做与群众沟通的桥梁。有人戏言：宁上一次战场，不接一次上访。可见搞好信访接待工作的难度。但为了社会的安宁、群众的满意，我制定了局长接待日制度。7月29日是我的接访日，群众听说后，纷纷从乡下赶来。有一次接待日我从上午8时开始，中午没休息，只吃了一个烧饼，喝了一小碗稀饭，直到晚上10点20分，送出最后一个群众。一天下来，我共接待群众124人。嗓子说哑了，嘴唇干裂了，坐得腰酸腿痛。累得真想撂下挑子不干了。但又一想群众从乡下那么远到城里来，有的凌晨4点就来公安局门口排队了；有些地方不通车，群众要步行几十里路；中午为了等着接访，有的群众饭也不吃，有的啃着自己烙的馍，中午连一瓶矿泉水也舍不得喝。他们为了什么？不就是让我给他们解决问题、伸冤解屈吗？

还有一次，我收到了群众的一封来信：那是去年11月份，白坪派出所破获了一起盗牛案，群众为表示感谢给我写了一封信。其中一段是这样写的：

“任局长：给您写这封信的时候，屋子里坐了好多人，大家七嘴八舌，都想争着在信上跟您说知心话，俺乡下人没文化，专门找了个人代笔。冬天天太冷，风大，您要注意保暖，要保重身体，听说您老是下乡，东奔西走的，没有好身体怎么行。另外早晚下乡，路过咱白坪，到家门口别不打招呼，您进家来坐坐，烤烤火，喝杯热茶，听乡亲们说几句掏心窝子的话，任局长，乡亲们心里想着您哪!”

一遍遍读着来信，我的眼睛模糊了，多么朴素的情感。作为一名人民警察，我只是做了一些分内的事，但群众却给了我这么高的信任和关怀，我只有把工作干得更好，才能对得起群众。有人问我：任局长您经常不回家，常常工作到深夜，做为一个男同志也不可能有那么大的精力，你累不累？你是怎么想的？那我就告诉你：人民群众的理解和支持就是取之不尽、用之不竭的工作动力。

第二节　职业道德的历史演变

一、职业道德的萌芽

职业道德萌芽于原始社会。社会发展历程表明，职业作为一种社会现象，是与社会分工和生产内部的劳动分工相联系的。它对人们的道德意识和道德行为、对整个社会的道德习俗和道德传统，都产生着重大的影响。人们在一定的职业生活中能动地表现自己，就形成了一定的职业道德。职业道德的产生是以社会分工为基础的。

人类从古猿转变为真正的人距今有 300 万年的历史。原始社会蒙昧时代的低级阶段是人类的童年，这时人类不会用火，不会制造工具。进入蒙昧时代的高级阶段后，人类学会打制石器工具，并逐渐进入磨制石器工具时期。当时，生产力水平极其低下，人们靠采摘野菜野果、打鱼狩猎为生，男女老幼一起参加这些劳动。没有专门的社会分工，就没有专门的职业，也就不存在职业道德。

分工是从野蛮时代开始的，在野蛮时代的低级阶段，分工完全是自然产生，只存在于男女两性之间。男子打仗、打猎、捕鱼，获取食物的原料，并制作工具；女子管家，制备食物和衣服。到了野蛮时代的中级阶段，一些先进的部落开始驯养动物，种植谷物，最后，终于从野蛮人群中分离出游牧部落。这样，在人类历史上出现了第一次社会大分工，即畜牧业和农业的分离。这次社会大分工的结果，使低下的劳动生产率得以提高，财富不断增加，生产场所逐渐扩大。进入野蛮时代的高级阶段，人们学会了制造金属工具，使得金属加工业开始出现。同时，原始的纺织、制陶等手工业有了发展，生产形式日益多样化。农业除了种植谷物、豆科植物和果树以外，人们开始制作植物油和葡萄酒。于是出现了第二次社会大分工，即手工业和农业的分离。第二次分工与第一次分工相比，在性质上发生了很大变化。如果说第一次社会大分工只是简单的部落内部和部落之间的物品交换，那么第二次大分工就使得交换产品成为社会的必要手段。农业为手工业提供谷物、水果、植物油和葡萄酒，手工业则为农业提供各种金属工具、纺织品、陶器等。这样，就自然而然地形成了不同的职业集团。由于人们长期过着不同的职业生活，从事着不同的职业实践，承担着不同的职业责任，以及同其他职业集团交换劳动产品应有的责任感，于是就形成了不同的劳动习惯、生活习惯，产生了各自的职业利益和需要。在交换劳动产品中形成的一定责任感和相互交往中的行为惯例等，便成为原始部落和原始城镇的风俗习惯。这些风俗习惯对人们的行为起着调节、指导和约束的作用，这就是最早的职业道德。

由此可见，原始社会的职业道德是由职业生活中的风俗习惯逐渐演化而来，是在职业生活中自然而然形成的。当时，人们的思维和语言尚不发达，还不能用丰富多彩的道德观念来把握社会的道德现象，而且也没有更多的语言词汇来描述道德观念和行为，仅从感情和感觉的直观形式上来加以概括。人们仅能区分“好的”和“坏的”、“有利的”和“有害的”、“自己的”和“别人的”等简单概念，职业道德观念贫乏、直观、含混。由于原始社会没有文字记载，职业道德是一代代人通过长期生活经验逐步积累而形成的，并以行为方式如动作、语言，以及民族禁忌、宗教仪式、外在的简单手势、摹仿老人的行为等形式表现出来。

二、职业道德的形成

职业道德的真正形成是在奴隶社会。人类社会进入奴隶社会开始步入文明，奴隶社会是人类历史上第一个以私有制为基础的阶级社会。在原始社会末期，由于生产力的发展，铁器工具的使用，使得生产的剩余物品逐渐增多。社会已有能力养活一部分人，使他们专门从事艺术、科学、商业活动和公共事务的管理活动，从而出现了更加深刻的具有决定意义的第三次社会大分工，即农业和商业，以及脑力劳动和体力劳动的分离。与此同时，人类历史上第一个阶级社会——奴隶社会产生了。于是，不仅出现了调整阶级关系的阶级道德，而且还出现了调整行业和职业关系的职业道德。奴隶社会基本上是以自然经济为主，生产内部的分工仍然不很发达。据战国时期成书的《周礼·考工记》中记载，当时大的职业分工有六种，即王公、士大夫、百工、商旅、农夫、妇功。书中指出，王公（高级统治集团）之职是“坐而论道”；士大夫（官僚和小贵族）之职是“作而行之”；百工（手工业者）之职是“审曲面势，以饬五材，以辨民器”；商旅（坐商行贩）之职是“通四方之珍异”；农夫之职是“饬力以长地材”；妇功（家庭女工）之职是“治丝麻以成之”。其中的百工就有攻木之工七种，攻金之工六种，攻皮之工五种，设色之工五种，刮摩之工五种，共计 30 余种。攻木之工等又分很多种。总之，当时的分工已经相当细致。不同职业分工有不同的职责，也就有不同的职业道德。中国古代著名的思想家孔子曾说：“百工居肆以成其事，君子学以致其道”。意为各种工人居住在其制造场所完成他们的工作，君子则用学习获得道。在古希腊奴隶社会，对职业道德也有明确阐述。古代著名哲学家、思想家柏拉图，在他的著作《理想国》中谈到，哲学家的道德是“智慧”，武士的道德是“勇敢”，自由民的道德是“节制”。当“这三个阶级在国家里面各做各的事，而不互相干扰的时候，便是有了正义”。这里的“智慧”、“勇敢”、“节制”有职业道德的意义，或者说是阶级道德在不同职业中的体现。

总之，奴隶社会的职业及职业道德已显示出比较明晰的特征，比原始社会有了长足的进步。除了农业、畜牧业、手工业以外，还出现了如医生、教师、艺术、军事、官吏等职业，并相应出现各自的职业道德。如被誉为西方医学之父的古希腊著名医生希波克拉底提出了医生应具有的职业道德，他在《誓词》中说，“无论至于何处，遇男或女，贵人及奴婢，我之唯一目的，为病家谋幸福"，"我一定尽我的能力和判断力来医治病人，而不损害他们"，以及"我不得将危害药品给予他人"，等等。我国伟大的思想家、教育家孔子提出了教师应"学而不厌，诲人不倦"、"不耻下问"、"有教无类"等方面的职业道德要求。军事家孙武还提出了作为将帅的职业道德，即"智、信、仁、勇、严"等（《孙子·计篇》）。奴隶社会的统治者比较重视上层社会人们的职业道德，特别是与统治阶级的切身利益有关的职业道德，而对直接从事物质生活资料生产的体力劳动者的职业道德则比较轻视。如我国各朝各代的统治阶级历来奉行"礼不下庶人"的信条，而且鄙视劳动，鄙视劳动者，把劳动看做是卑贱的，只有"小人"才去干的事。在历史文献中反映较多的是有关政治、军事、文化、教育、医学等方面的职业道德。譬如从政为官者的职业道德，历来为统治阶级所重视，我国最早的一部史书《尚书》中，就特别强调"敬德保民"的政治思想。孔子对从政者提出"其身正，不令而行；其身不正，虽令不从"的职业道德要求。再如柏拉图所概括的智慧、勇敢、节制等道德要求，也主要是对统治集团、武士、商人的道德要求，奴隶是不在其中的。在奴隶社会，奴隶没有人身自由，统治阶级根本不把奴隶看做人，而只看做是"会说话的工具"，不把奴隶从事的不同工作看做是不同职业，而只看做是某种工具或物件在不同场合的使用。因此，奴隶社会的职业道德，主要是奴隶主和自由民的职业道德，不包括奴隶。奴隶主可以随意奴役、奸淫、买卖、屠杀奴隶，或将奴隶当殉葬品。

三、职业道德的初步发展

职业道德在封建社会得到初步发展。封建社会生产关系的基础是封建地主占有生产资料和部分占有生产者——农民。封建制度的建立，使封建地主不能任意宰割农民，农民获得了比奴隶较多的人身自由，因而就社会制度而言，封建社会较之奴隶社会是一个进步。在封建社会，自给自足和自然经济占主导地位，农民占整个人口的90%以上。故农民的职业道德成为封建社会职业道德的主体。除一小部分农民拥有土地以外，绝大多数农民靠租种地主的土地为生，向地主交租和服劳役。农民既是私有者，又是劳动者、受剥削者。因此，农民的职业道德就具有了两重性的特点。

一方面，在长期艰难的劳动生活中，农民养成了勤劳节俭、团结互助、富有人道和憎恶剥削与压迫等优良道德品质，像东汉《太平经》所说的"夫人各自衣食其力"，"力强者当养力弱者"；另一方面，由于农民所处的经济地位和当时社会一家一户自给自足的生产条件的限制，决定了其自私狭隘、保守散漫、只顾眼前、贪图小惠、安于天命、崇拜偶像等弱点。

除了农民这个最主要的社会职业外，其他各个行业在封建社会也有了进一步发展。在西欧的中世纪就出现了各种行业帮会。我国从隋唐到明清，也出现了各种各样的帮会，如手工业行帮、商人行帮等，在行帮内部的师徒之间、学徒之间、行帮会员以及同整个社会成员之间都形成了一些协调相互关系的职业道德准则。

由于自给自足的自然经济和等级更加森严的政治制度的共同作用，使得封建社会的各种职业道德不可避免地带有浓厚的封建色彩。统治阶级把各行各业的安于本分、忠于职守的职业道德看做是保护现有职业分工和维护其统治秩序的长治久安之方，认为人们只要"安其居，乐其业"，国家就能出现"太平之象"。各种职业道德大都维护家长制统治，这是因为许多职业是世袭的，特殊的技术是“父子相传”的秘密，而且职业道德也以“子受父训”的方式世代相传，从而形成职业道德的家长制传统。各种手工业者、医生、乐师等职业，社会地位十分低下。唐代文学家、哲学家韩愈在《师说》一文中说：“巫医乐师百工之人，君子不齿”。其意思是说，从事巫医乐师百工职业之人，是不能和有地位的仁人君子相提并论的。至于商人，在我国地位就更为低下。他们甚至把商人纳入奸人之列。汉代史学家司马迁对商人的看法是：“行贾，丈夫贱行也”，代表了当时的人们对商人的基本态度和认识。当然，职业道德在封建社会的长期发展中，也包含有人类文明的一些共同因素，至今仍有借鉴价值。如廉洁清正、忠言直谏、刚直不阿的官德等。

四、职业道德的快速发展

综观职业道德的发展史，只有到了资本主义的历史时期，职业道德才获得了充分发展。这是因为从 18 世纪开始，欧美资本主义国家开展工业革命，资本主义进入了机器大工业的发展时期，推动了资本主义工业的快速发展，马克思在《共产党宣言》中写道：“资产阶级在它的不到一百年的阶级统治中所创造的生产力，比过去一切时代创造的全部生产力还要多、还要大。”社会分工和生产内部的分工越来越细，越来越明确具体，形成了更广泛的职业活动，有上百种乃至上千种职业分工。在人和人的道德关系中，不但保持了工业、农业、商业、学者、医生、军队等古老传统职业及其职业道德规范，而且出现了诸如律师、工程师、新闻记者、艺术家、体育工作者等新的职业，并形成了一些新的职业道德规范。随着人们相互间的交往和联系日益频繁，职业道德对人类维系、调节、规范、约束等作用愈加显现，并引起人们对职业道德的重视，出现了研究各种职业道德的职业伦理学，使职业道德有了较高程度的发展。一些职业道德规范更加接近或已经完全具有了现代意义上的职业道德的涵义。资本主义社会生活的职业化，使得各个职业集团之间和各职业集团内部的人与人之间的关系越来越具有重大意义。但是，由于资本主义仍然是以私有制为基础的社会，各种职业道德要受到资本主义利己主义、个人主义道德原则的影响，因而，仍带有很大的局限性。尽管资本主义制度下的医生、律师、记者、作家等主观上都是以“平等、博爱”为职业宗旨，为社会谋福利，在从事各种资本主义商业活动中也讲究“公平交易、言不二价、童叟无欺、和气生财”，但各种职业道德总是要受本行业集团和本阶级特殊利益的局限，造成个人主义、小团体主义的泛滥。资产阶级一切活动的基本点就是最大限度地剥削无产阶级，榨取剩余价值。这种活动反映到意识形态上，就是极端个人主义，其极端表现，就是利己主义和享乐主义。在实践中表现为唯利是图、尔虞我诈、损公肥私、损人利己等。

五、社会主义职业道德的形成

随着社会主义制度的确立和发展，职业道德也发展到了新的阶段，即社会主义职业道德的发展阶段。社会主义职业道德是一种新型的职业道德，是人类职业道德史上的一次伟大变革、一次伟大的升华。它是共产主义道德的有机组成部分，伴随着社会主义事业的实践而产生、形成和发展，是社会主义职业活动不断完善和经验的总结，是人类历史上职业道德发展的最高成果，是社会主义事业发展的客观要求。

在我国改革开放之前，党和国家十分注意为人民服务思想的宣传教育，但尚未明确提出职业道德建设的问题。改革开放后，党和政府在致力于健全和完善社会主义各项制度的同时，十分重视全体人民的思想觉悟和道德素质的提高，并对职业道德在社会生活中的重要地位有了深刻的认识，开始高度关注职业道德建设。20 多年来党的代表大会和全国人民代表大会对职业道德问题多次进行讨论，并将职业道德教育问题写进了党的决议和政府工作报告。1996 年党的十四届六中全会颁布了《中共中央关于加强社会主义精神文明建设若干重要问题的决议》，再次指出："当前要以加强职业道德建设，纠正行业不正之风为重点"，"要大力倡导爱岗敬业、诚实守信、办事公道、服务群众、奉献社会的职业道德"。党和政府如此重视职业道德建设，这是前所未有的。即使是职业道德得到充分发展的资本主义社会，其职业道德建设也不是由政府组织的，而是由经济规律产生作用的结果，其职业道德建设处于自发状态。在资本主义社会，从业人员为了自身利益，不得不接受职业道德培训；而企业主为了自身利益，也十分关心职工职业道德建设。我国则是在党和政府的大力倡导下，在马克思列宁主义、毛泽东思想、邓小平理论指导下，全国各地从上到下、从内地到边疆，广泛地开展了职业道德建设。社会主义制度为职业道德的形成提供了最可靠的保证。

社会主义职业道德的形成具有如下特点：

首先，社会主义职业道德是在以生产资料公有制为主体的经济基础上建立和发展起来的。

职业道德作为一种社会意识，属于上层建筑的范畴，它是一定的社会存在和经济基础的反映。社会主义职业道德就是建立在以公有制为主体的经济基础之上的一种社会意识，亦属于上层建筑的范畴。因此，社会主义职业道德必然要与生产资料公有制为主体的经济基础相适应。在社会主义社会实现了生产资料公有制和按劳分配，消灭了剥削与被剥削、雇佣与被雇佣的阶级关系和职业关系；各个职业集团之间、各个职业集团内部、个人与集体及其相互之间，所建立起来的关系都是同志式的平等、团结、互助、合作关系；各种职业只有分工不同，没有高低贵贱之分，都是社会主义事业的必要组成部分。人们不论从事哪种职业，都不仅仅是为个人谋生，都贯穿着为社会、为人民、为集体服务这一根本要求。与社会主义生产资料公有制的经济基础相符合、相适应的职业道德，就是以集体主义为原则，全心全意为人民服务。

其次，社会主义职业道德是在社会主义社会总的道德要求指导下形成与发展起来的。社会主义社会职业道德不是独立于社会主义道德体系之外的，在社会性质上，它是社会主义道德体系的一个部分。当前，我国社会主义道德的基本原则是集体主义，它的基本规范是：爱祖国、爱人民、爱劳动、爱科学、爱社会主义。这些基本原则和基本规范贯穿于社会主义社会的各种职业道德之中，成为它的根本指导思想和灵魂。

第三，社会主义职业道德还是在对古今中外职业道德扬弃的基础上逐步形成和发展起来的。社会主义职业道德具有特定的时代内容和阶级内容，它是人类历史发展以来的最高成果。但任何一个社会的职业道德体系，都不能完全脱离本民族的道德传统构建新的没有任何历史渊源的道德体系的空中楼阁。社会主义社会同样不能脱离以往社会而单独存在，它也是从旧社会发展而来的，所以社会主义职业道德和历史上劳动人民的传统美德有着内在的必然联系，是历史上劳动人民职业道德的直接继续和发展。如劳动人民对剥削与压迫现象的强烈义愤与革命精神，自强不息、勤劳节俭的道德品质，都是社会主义职业道德不可缺少的准则和规范；古代的商德、师德、军德、医德都在经过扬弃之后被社会主义职业道德继承下来。

社会主义职业道德还批判地继承了西方职业道德的精华。西方资本主义商品经济发展二百多年，其职业道德得到了充分的发展，已非常成熟。我们要缩短现代化建设的进程，不仅要学习西方的科学技术、管理方法，还要学习西方的职业道德。由于中西方社会制度不同，因此对西方职业道德要批判地继承。

第四，社会主义职业道德是在同各种腐朽的道德思想不懈斗争的过程中建立和发展起来的。发展社会主义职业道德必须注意同各种腐朽思想和道德观念做斗争。没有斗争，就没有发展。在斗争中，劳动人民的道德总是成为主流，在善与恶、正与邪的较量中赢得最终的胜利。

在社会主义经济大潮冲击下，人们的道德观、价值观发生了很大变化，如积极进取、锐意改革、勇于开拓、注重实效等观念正在迅速萌生。但是长期历史传统积淀下来的一些道德心理、世俗观念，如平均主义、妒贤嫉能、排斥竞争、重农抑商、因循守旧、安于现状等总是阻挠新的道德观念的发展。目前，腐朽的封建道德和资产阶级道德，如宗法观念、特权思想、专制作风、以权谋私、损人利己等还在很大程度上毒化和影响人们的思想和道德，促使很多人头脑混沌，不能明辨是非。因此，社会主义职业道德要健康迅速地得到发展，就必须不断地同形形色色的腐朽思想和道德作斗争。社会主义职业道德正是在这种斗争中建立和发展起来的。

第三节　职业道德与个人发展

劳动创造了人，人的本质就是自由自觉地劳动。人必须依赖职业活动才能维持自身的生存，取得自身的发展。如何认识职业活动，对其持什么态度，以及在职业活动中如何处理与同事、与领导、与单位的关系等，都涉及到人的职业道德问题。一个人若有良好的职业道德，他就会从职业活动中体会到人生的乐趣，实现人生的价值，促进自身的发展。

一、人的存在离不开职业活动

（一）职业是人谋生的手段

历史上，一定的职业总是与一定的社会分工紧密相连的，社会生产力越发达，社会分工就越细致，而社会分工往往又表现为职业分工。在社会主义社会里，职业和职业分工是同国家利益、集体利益、个人利益联系在一起的。社会主义职业劳动者通过自己的具体职业劳动改造自然、改造社会，在为社会作贡献的过程中获取基本的生存资料，并体现出自己的人生价值。

职业在人类社会生活中的重要地位和重要作用到底怎样呢？马克思、恩格斯在《德意志意识形态》一文中指出：我们首先应当确定一切人类生存的第一个前提也就是一切历史的第一个前提，这个前提就是："人们为了能够'创造历史'，必须能够生活"。但是为了生活，首先就需要衣、食、住以及其他东西。因此，第一个历史就是生产满足这些需要的资料，即生产物质生活本身。从经典作家的论述中我们可以看出：正是人自身生存的需要，才推动着人们去劳动、去生产，需要是人们参与社会实践的内在动力。为了保证人们的物质生活资料，人们就必须进入一定的职业活动中去，因为只有从事一定的职业，才能获取赖以生存的物质资料。马克思说："任何一个民族，如果停止劳动，不用说一年，就是几个星期，也要灭亡，这是每一个小孩都知道的。"综观历史，正是人类在满足自身需要的推动下，通过生产劳动、职业实践，改造自然，超越自然，才走出了茹毛饮血的蒙昧社会，开创了自己的文明史，创造了灿烂的物质文明和精神文明。从根本上讲，职业劳动"是人和自然之间的过程，是人以自身的活动来引起、调整和控制人与自然之间的物质交换过程"。在这一过程中，人通过施展自己的体力和智慧，在自然界中打下了自己的烙印，创造了自然界中原来没有的各种形态的产品和对象，使自己不断增长的需要得到满足。在社会主义制度下，我们实行的是"各尽所能，按劳分配"为主的多种形式的分配制度，它调动和激发着每一个劳动者在自己的职业实践中充分挖掘才智，不断提高自己的物质生活水平。

现代社会尽管已进入信息时代，生产力获得了前所未有的发展，但是，距离理想社会所说的产品极大丰富、社会实现按需分配的原则还很遥远。现阶段从事职业劳动仍然是人们求生存的客观需要，仍然是人们获得物质和文化生活资料的根本途径，因而也仍然是人们基本的谋生手段。

（二）从事一定的职业是人的需求

职业活动是人们谋生的手段，但谋生并不是生活的全部内容。英国哲学家罗素在其《自由之路》一书中指出："贫困固然是一种极大的恶，但也不能说物质上的繁荣和富足本身就是一种最大的善。只有当物质上的繁荣和富足成为推进其他属于精神生活的更高的善的手段的时候，对社会才有真正的价值。"人是不同于动物的有思想、有理想、有追求、有目标的高级生命体。当一个人一旦填饱了肚子的时候，精神上的焦渴就会凸现出来，这可以说是一条永恒不变的真理。历史上有不少人锦衣玉食却遁入空门、华屋美车却离家出走的先例。现代资本主义社会，在物质财富非常丰富的情况下，却存在着严重的精神危机，许多人变成了物质和肉体享受的奴隶，正如弗洛姆指出的那样："我们的社会中没有友爱、发现和知足；相反，在精神上却充满纷乱与迷惑，甚至几乎疯狂……在这种情况下，人与内在的真实脱了节，思想与感情分了家。"

人们一旦被物欲的东西完全支配和占有，就会毁掉人之所以为人的整个精神面貌。而精神需求的满足只有在劳动创造中才可能实现，从事一定的职业对人的幸福和快乐是非常必要的，人一旦离开职业活动，就会变得百无聊赖、无精打采，身体也会莫名其妙地垮下来。法国著名画家格勒兹指出："劳动——从事各种有益的职业——乃是打开幸福大门的钥匙。"也就是说，只有在职业活动中，人才能真正地认识到自己存在的意义和价值，才能真正享受到人生的乐趣和美好。

（三）职业活动是人全面发展的最重要条件

首先，职业活动是人生历程中的重要环节。人从生到死是一个时间概念，是一个从诞生、成长、发展到衰老直至死亡的过程。在正常的人生旅途中，人都要在一定的阶段从事一定的职业活动。有的人一辈子都在吃，但作为品尝家的吃也是一种职业。有职业的生活阶段是人生中最重要也是最宝贵的阶段。人的职业一旦确定，就伴随人的一生。就像一些社会活动家、政治家、文学家、医学家以及科学家一样，终生都在为所追求的事业奋斗。每一个人除了在学校获得进入社会所必需的一些书本知识外，其社会化过程最重要的步骤大都是在职业训练中完成的。每个人都是社会的一分子，离开社会就不可能有个人的成长、发展和完善，正是职业劳动才最终使我们成为高素质的社会人。在社会生活中，人们相互联系最重要的桥梁之一就是人们所从事的职业活动。具体职业活动要求人们不断地去学习、模仿，形成经验，提高能力，使自我不断趋向于成熟和完善。任何一种职业都不是孤立的，而是与各种各样的社会关系紧密相连的。所有的职业分工都不能把从事职业活动的人们分割成为彼此不相联系的孤立个体。恰恰相反，社会的职业分工越发达，就越是把人们紧紧地联系在了一起，使得人们必然地与社会、他人发生各种各样职业上的交往与联系。有了这种交往和联系，人们才会在改造自然和改造社会的过程中发挥巨大的作用。如果人们不以这样的方式结合起来进行共同的活动和互相交换，可能连最低层次的生产劳动都难以进行下去，那样，人的自我完善和提高必然失去最基本的训练基础和最基本的前提条件。因此，在社会生活中，人的职业生活越丰富，对人的成长也就越有利。

其次，职业活动是使人获得全面发展的重要途径。从人类的发展看，人类的历史就是一部人类自我塑造的发展史。通过认识和掌握规律，人不仅做了自然的主人、社会的主人，而且做了自身的主人；不仅能对客观事物做理性的思维，而且能感性地把握住它。做自然的主人就要掌握自然科学，做社会的主人就要通晓社会历史科学，而要做自身的主人就要有远大的理想、高尚的情操、深邃和敏锐的思想，并能在对象世界中肯定自己。所有这一切都属于精神需要的范畴。是否具有这些需要，在何种程度上具有并满足这些需要，体现着人的全面发展和解放的水平。生活实践也告诉我们，一个人只有追求真、善、美，热爱科学，才能逐步提高自己全面发展的水平，不断丰富自己的人生。

二、职业道德是事业成功的保证

（一）没有职业道德的人干不好任何工作

当前我国的经济改革，正在把企业推向市场，企业将成为社会主义市场经济的主体。企业要在市场中求得生存与发展，不仅需要借助于现代经营管理和现代技术，而且还需要企业家和企业职工有较高的职业道德水平。如果企业家和职工不讲职业道德，假冒伪劣产品充斥市场，买卖不讲信用，合同难于履行，债务随意拖欠，市场就只能是一个病态的市场，决不能形成真正的社会主义市场经济。同时，如果企业家对职工不讲道德，以“仆”凌“主”；企业职工也不讲道德，不忠于职守，又缺乏质量意识、协作精神，那么就会造成企业内人际关系的紧张，就会最终导致企业效益低下，甚至破产、倒闭。企业的职工缺乏职业道德，这样的企业怎么能在激烈的市场竞争中求得生存与发展呢？个人又如何在激烈的竞争中获得生存的一席之地和良好的发展空间呢？因而，职业道德无论从何种角度看，都是发展市场经济的必然要求。

一个人的成功固然需要知识和智慧，然而对自己所从事的工作如果没有极大的热情，没有持之以恒、艰苦奋斗的敬业精神以及开拓创新的进取精神和冒险精神，即使再聪明的人也会与成功失之交臂。一个人有德无才或有才无德，都可能会四处碰壁，只有德才兼备才会畅行无阻。时代的弄潮儿不仅需要满腹经纶，而且需要懂得人伦常情，具有良好的教养、远大的目标，以及强烈的开拓创新精神。综观历史上那些伟大的和杰出的人物，他们中的绝大多数人都经历过艰苦岁月和命运的磨难，然而他们总是善于找到生命的支点，总能适时调整自己的心态，坚韧不拔地承受着生活的艰辛，哪怕是在一贫如洗的艰难困境中，也能够凭借着持久的努力打破重重围困。而当他们在脱离困境的同时，也就脱离了平凡，造就了卓越而伟大的人生。因此，无论什么人，只要他想成就一番事业，就离不开道德情感、道德态度、道德良知、道德意志、道德责任、道德理想的帮助和支持，一句话，离不开职业道德。

（二）职业道德是事业成功的重要条件

在现代社会中，职业道德在人们事业中所起的作用表现得越来越突出。随着社会的进步，人们生活水平的提高往往是从享受的产品和服务的质量中得到具体体现的，而产品和服务质量取决于生产质量和服务水平，生产质量和服务水平的高低则又取决于人的职业技能和职业道德素质。每个人的工作都与他人的生活和整个社会的发展息息相关，如果每个人都有对他人的责任感和对社会的使命感，社会中就不会有那么多的假冒伪劣产品，就不会有那么多损人利己和危害他人的事件发生。在日益激烈的市场竞争中，产品的质量和服务的水平是企事业单位得以生存的重要因素。因此，越来越多的企事业单位开始注意自身的社会形象，开始注重提高单位职工的道德品质。卡耐基曾经说过："一个人事业上的成功，只有15%是由于他的专业技术，另外的85%靠人际关系、处世技能。"这里的处世技能主要指的是与人沟通和交往的能力，以及宽容心、进取心、责任心和意志力等品质。

一个人如果要想在任何领域取得一定的成就，需要具备良好的职业道德品质。否则，无论他是多么聪明，智商是多么高，成功一定与他无缘。没有任何一个企业愿意聘用懒惰、粗鲁无礼、纪律观念淡薄、心胸狭窄、奸猾狡诈、夸夸其谈、不务正业、毫尢责任心和敬业精神的职员并委以重任。在日常生活中，也没有人愿意与这样的人进行更多的交往。这种既无人缘又无职业道德品质的人要想成就一番事业，无疑于痴人说梦。因此，一个人如果想要有所成就、有所作为，首先得从学习如何做人、如何做事开始，脚踏实地，一步一个脚印地去努力。

（三）每一个成功的人往往都有较高的职业道德

职业道德反映一定的经济要求。当职业道德具体体现在一个人的职业生活中的时候，它就具体内化并表现为职业品格。职业品格包括职业理想、进取心、责任感、意志力、创新精神等。在每一个成功的人身上，这些品质往往都得到充分的体现。这些品质是支撑一个人理想大厦永远不倒的精神支柱。这些品质的发挥程度与精神生活的充实程度和事业的成功程度是紧密相连的。很难想象一个既没有职业理想，也没有进取心、责任感、意志力等品质的人能够在事业上有所成就。

[阅读案例]

访第四届国际杰出项目经理张岱钧

在近期建设部公布的中国第四届国际杰出项目经理名录上，中建八局青岛公司副经理张岱钧名列第三位。

35岁，1.85的身材，戴一副无框眼镜和一顶001号白色安全帽的张岱钧，挂帅合同额16.1亿元的首都机场交通中心项目经理已经1年零4个月了，他带领的项目部大量采用国际流行的新技术，用不到2/3的工期完成了80%的工作量，其中第一节点结构封顶提前半个月完成，获得了业主270万元的奖励。

"荣誉是企业给予的"

"能够拿到'国际杰出'这个奖项，主要还是源于企业的培养。我毕业以来一直在中建八局工作，是企业给了我非常多的施展才干、锻炼成才与提升自己、证明自己的机会和舞台，又是企业不断给我台阶，使我一步步达到'国际杰出'所要求的硬件条件，这是我能够获此荣誉最关键、最基本的因素。当然，我自己也付出了努力，我不能坐失良机，更不能辜负领导和员工的信任。"张岱钧这样回复他的成功参评。

"通过到国外受奖、考察，通过与同行的切磋交流，我感到虽然同为'国际杰出'，水平还是有差异的，对照国际建筑业的发展趋势，对比一些在境外卓有成就的项目经理，找到了自身的不足，明确了努力的方向，这个过程，我觉得比获奖的意义更大些。"他说。

"我的履历很简单"

"我基本上走的一条程序化的道路：幼儿园、小学、中学然后考上大学。大学毕业后来到中建八局，到现在是13年。"

刚毕业来到局属青岛公司的时候，张岱钧分工做预算，然后跟着公司一位副总工绘图，再后来，心仪现场的他，当上了一线的生产调度。但在熟悉了调度工作不久，领导又根据工作需要，安排他到青岛百盛项目搞了一年技术。1995年，他来到外商独资的青岛香格里拉项目任项目副经理，并开始参与经营。1998年，他加入中建八局首批开拓北京市场的队伍。

张岱钧说："我天性喜欢挑战，难以忍受墨守成规、一成不变的工作，但我有个信念：做什么都要做好。管项目要管好；搞经营，就要把活拿过来；做预算，一定要算利索。干一行，爱一行，钻一行。"

"我很看重诚信、团队和计划"

"我做项目最看重的一条就是言而有信，不论是对业主、对施工队，还是对自己的员工都必须以诚信为本。"

"一个人没有三头六臂，做好一个项目，特别是像首都机场这样的特大型项目特别需要集体的智慧和力量。"张岱钧说，"我的责任是知人善任，用其所长，同时要注意关心项目上的每一个人，尽可能地理解和帮助他们，让项目上的每一个人都知道应做什么、达到什么样的目标。至于他达到目标的具体过程、方法，倒不一定管得很细。在项目管理中我比较看重构建和谐融洽的团队和保持各种信息的有效沟通。”

“做项目要把各种要素组织好，这是计划的科学性；做项目要有目标，要有全局，要多想几步，这是计划的前瞻性。一定要一环扣一环，形成流水，形成有效的穿插。”张岱钧如是说。

“八局优良传统令我们如虎添翼”

当记者问道“与地方企业项目比较，中建八局首都机场项目的核心竞争力表现在哪里?”张岱钧说：“最突出表现在中建八局传统文化上——令行禁止、政令畅通，这方面在机场项目上得到了完美体现。领导定下来的事情，说做就做，必须完成。这一点，有的企业做不到，他们各自为政的倾向比较明显。我们四个公司会战机场，全力以赴地保证总体目标完成。并不是说我有多大的权力，但我可以利用局的各种资源，有效地支持项目的既定目标。所谓我在这里有一定权威，而不是狐假虎威，就是因为中建八局有着令行禁止的光荣传统。”

三、职业道德是人格升华最重要的途径

2000多年来的中国社会，家庭一直是社会的细胞。因此，在家庭道德、公共道德和职业道德三个领域中，一直以家庭道德为中心，也因而有“修身、齐家、治国、平天下”的说法。以儒学思想为代表的传统道德，主要立足于家庭道德，进而影响到社会道德的各个方面。“忠孝治天下”的说法简明地道出了这种特征。随着社会和经济的发展，尤其是在现代市场经济充分发展之后，企业将逐步取代家庭在社会中的重要地位，成为社会的主体。于是，职业道德在整个社会道德体系中的地位也将越来越重要。新的职业道德观念，将对新的家庭、婚恋道德和公共道德观念的形成，产生极为重要的影响。代替以“孝”为核心的道德体系，“服务意识”将成为新的核心理念。从职业道德的角度上讲，“服务意识”表现为服务态度和服务质量，并体现在以下基本规范之中：忠于职守，敬业乐业；业务精深，优质服务；协同合作，团结守纪；公平正当，诚实守信，等等。这些观念将影响家庭生活中“平等和睦”的新道德观念和公共生活中“和睦互助”的新准则的形成。

恩格斯说：“人来源于动物界这一事实已经决定人永远不能完全摆脱兽性，所以问题永远只能在于摆脱得多些或少些，在于兽性或人性的程度上的差异。”这就指明了人类的进步在于不断地摆脱兽性，增进人性，完善人格，使“自然的人”逐步上升为“道德的人”。道德人格的高低，是衡量一个人人性的标准。人类人性的增长、兽性的减少最终表现为道德人格的提高。而这种提高，最终又归结为道德习惯的形成，其中包括职业道德习惯的形成。这种品格的提高有利于抵御企业经济行为对社会生活和其他领域的过分渗透。当前，我国实行的是社会主义市场经济，不必讳言，市场经济利益的诱导可能使人们产生利己主义、拜金主义、享乐主义，使一些人进行权钱交易，为金钱出卖灵魂，为了眼前利益牺牲其他人的利益和社会整体的利益。这对社会而言，是与人类全面而自由发展的愿望相违背的；对个人而言，是与个人健康成长和全面发展相违背的。

一个人高尚品德的养成是不可能在学校学习的过程中完全实现的。在学校里的学习，更多的是从外部获得了一种道德上的认知，具备一定的是非判断标准，对人之为人所应该具备的品德素质有一定的了解，对一个从业人员所应该具备的职业道德素质也有一定的理性认识，但是，这些认识要最终内化为一种道德品质，外化为一种道德实践活动，必须是在进入社会以后，即只有当社会为每一个人提供一个实践的舞台时才可能实现。

首先，唯有经过严格的职业训练和生活磨炼的人，才能获得实际有用的知识和人生智慧。箴言和教导对我们每一个人的成长是极其有益的，但是，如果离开了实际生活的磨炼、职业的培训，这些箴言和教导就只能停留在书本的层面上。而在生活中我们却往往会遇到较为严峻的挑战和考验，从而能使我们获得比书本知识更多的真知灼见。

其次，一个想成就事业的人，必须经受得住形形色色的诱惑以及各种各样艰难困苦的考验。在这些考验中，每个人都应该勇敢地分担作为人的责任和义务，都应该劳动和奉献，为自己所从事的工作付出辛劳、汗水和热血。对个人自身及个人所属的群体而言，人们容易忽视自己的义务。唯有融入到日常生活中，唯有积极参与日常事务和兢兢业业地完成自己本职内的工作，才能学到实际有用的知识和智慧。正是在日常的事务和工作中，我们才能了解自己的职责范围，懂得遵守工作纪律，明白要容忍、勤勉。正是在日常的事务和工作中，我们才会遭遇各种各样的诱惑，并在抵御这些诱惑的过程中，不断克服和摆脱自己身上的兽性，从而形成对自我的正确评价能力和对事物的正确判断能力。如果没有了这一切，人们就很容易变得自负、孤芳自赏，甚至目空一切。自知之明对一个想有所成就或想干出一番事业的人来说是必不可少的，对形成个人的正确信念来说也是不可或缺的。

最后，那些最伟大的人物无一不是经过严格职业训练，无一不是历尽千辛万苦才取得辉煌成就的。严格的训练和挑战往往能够锤炼和磨砺一个人的性格，也往往能够激起一个人行动的勇气。没有训练、没有困难、没有挑战，人们就疏于行动，性格和意志就容易萎缩。高尚的品德是通过磨炼而变得完美的。那些为了自己的事业和对真理的追求而经受磨炼的人，会受到人们高度的尊敬和崇拜。比如，曹雪芹是在生活坠入困顿、历经世事变迁后才写出不朽之作《红楼梦》的；席勒创作的那些伟大的悲剧作品是在经受了无数肉体的折磨之后才完成的；莫扎特是由于债务紧逼，在病入膏肓的情况下创作出《安魂曲》这部伟大的歌剧的；贝多芬的许多杰出乐章也是在他耳聋之后创作的……这正如一位波斯圣人说的那样，“黑暗并不可怕，或许，它隐藏着生命之水的源头”。品格只有通过不断的历练才会变得完美。

在现实生活中，每个人都必须在自己的生活范围内完成自己的职责。无论是什么样的职责，要做好都是不容易的，都需要付出艰苦的努力。然而，只有职责才是真实的行动，离开职责，生活就缺乏目的和目标，没有目的和目标的生活不会激起我们对生活的热情和渴望，而没有热情和渴望的人，又怎会有真正属于人的行动呢？在完成社会所赋予我们的工作和职责之后，所享受到的那种心灵的巅峰体验将会带我们走向精神的不朽。

第四节　职业道德与企业经营

职业道德不仅对个人的生存和发展有重要的作用和价值，而且与企业的兴旺发达甚至生死存亡密切相关。职工具有良好的职业道德，有利于协调职工之间、职工与领导之间、职工与企业之间的关系，增强企业的凝聚力，促进企业的科技创新，降低产品成本，提高产品和服务质量，树立良好的企业形象，使企业能够在市场竞争中立于不败之地。

一、职业道德促进企业文化建设

（一）企业文化的概念

企业文化（亦称公司文化），是指一个企业的经营之道、企业精神、企业价值观、企业目标、企业作风、企业礼俗、企业职工科学文化素质和职业技能、企业职工职业道德、企业环境、企业规章制度以及企业形象等的总和，是在一定的环境中，全体职工在长期的劳动和生活过程中创造出来的物质成果和精神成果的表现。

企业文化是20世纪80年代美国根据企业经营管理的需要，吸收了日本企业的管理经验首先提出来的，虽然是一个新概念，但作为企业管理的一个要素，它是伴随着企业的创立而产生的。如日本松下公司在成立之初，其创始人松下幸之助便提出了“产业人使命”的理念——“通过生产和再生产，以便那些很有价值的物质资源变得像自来水一样丰富廉价，无穷无尽地提供给社会，消除贫穷，使人间变成乐园”。这实质上就是松下公司的企业文化理念。

（二）企业文化的主要内容

企业文化是由多种文化要素构成的复合体，它包含着非常丰富的内容，主要包括以下几方面。

1．企业环境

即企业职工赖以工作和生活的硬件条件、设施，包括企业的整体环境、职工个人工作的局部环境以及企业的整个视觉形象。如果企业环境整洁、宽敞、明亮、安全、舒适、高雅，文化氛围浓厚并富有特色，就有利于激发职工的积极性、主动性、创造性，提高职工的向心力和凝聚力。不仅如此，企业环境特别是商业服务业的企业环境还反映着一个企业的形象。如北京蓝岛商业大厦以企业标志、企业名称、专用字体、专用色为基础，向企业内部的办公用品、设备、招牌、旗帜、标志牌、员工制服、运输车辆、包装用品等方面全方位辐射，形成了一套完整的视觉识别系统，在社会公众心目中树立了良好的企业形象，增强了企业的知名度和美誉度。

2．企业规章制度

即企业制定的企业部门或全体职工必须自觉严格遵守的公约、守则、纪律等。企业规章制度保证生产、劳动的正常运转，协调领导与职工、职工与职工之间的关系以及企业的对外关系，是企业价值观、道德规范、行为准则和科学管理的反映。

3．企业价值观

企业价值观以及由此而形成的企业精神是企业文化的核心，是企业职工在长期的生产、劳动、生活和经营管理中，在企业领导集体引导下逐渐建立起来的一种共同的价值取向、心理趋向和文化定势。如日本松下公司有七大企业价值观：产业报国、光明正大、和谐一致、努力向上、礼貌谦虚、顺应形势、感谢报恩。企业价值观是企业、企业职工的精神支柱和活力源泉，是企业中最宝贵的精神财富。

4. 企业经营之道

企业经营之道是企业经营的指导思想、经营方针和经营战略。如北京蓝岛大厦的经营方针是“在品类齐全的基础上，以中高档商品为主，突出名、优、特、新、精商品”，而经营战略则是“商品以质取胜，经营以特取胜，服务以情取胜，购物以便取胜，环境以雅取胜，功能以全取胜”。

5. 企业目标

企业目标是企业在一定时期内预计达到的行为结果。它分长远的终极性目标和短暂的过渡性的工具性目标。作为企业文化的目标，一般指远大的、崇高的终极性目标。

6. 企业作风

企业作风是指企业职工在一定价值观的指导下，在实现企业目标过程中养成并持有的工作态度以及习惯化了的行为方式，它表现一个企业的风格和性格风貌。如艰苦奋斗、勤俭节约、一丝不苟、拼搏向上等。

7. 企业礼俗

企业礼俗，是企业职工共同遵守的、习以为常的、固定不变的行为样式，是企业礼仪和习俗的总称。企业礼仪是指企业职工所遵守的礼节和举行某些活动所恪守的仪式，而企业习俗则是指企业在长期发展中逐渐形成并被全体职工所共同遵守的习惯风俗。如，北京松下彩色显像管厂每天早上都举行简短的朝会、升国旗、唱国歌、升厂旗、唱厂歌、背诵企业十大精神等活动。

8. 企业职工科学文化素质和职业技能

日本松下公司曾提出：“要出高质量的松下产品，首先要培养高素质的松下人。”

9. 企业职工职业道德

职业道德就是适应各种职业的要求而必然产生的道德规范，是人们在履行本职工作中所应遵守的行为规范和准则的总和。它包括职业观念、职业情感、职业理想、职业态度、职业技能、职业纪律和职业良心、职业作风等方面的内容。

10. 企业形象

企业形象指社会公众和企业职工对企业的整体印象与评价，是企业通过多种方式在社会上塑造起来的形态和面貌，它主要包括产品及服务的价格和质量、产品品牌信誉、职工风貌、企业内外的人际关系、企业的社会责任感、企业建筑和职工服饰风格以及企业的物质文化环境等。企业形象是企业文化的综合表现，其本质是企业信誉。

（三）企业文化的功能

企业文化贯穿于企业生产经营过程的始终，对于社会的进步、企业的发展和企业职工积极性、主动性和创造性的发挥都具有重要的功能。

1. 自律功能

企业既是一种经济性组织，又是一种社会性组织，企业在追求利润最大化的生产经营过程中，既会给社会、消费者以及企业职工个人带来一定的利益，同时也有可能给社会、消费者和职工带来一定的危害。如将假冒伪劣产品出售给消费者，企业生产导致环境的污染、生态平衡的破坏甚至给企业职工带来人身的伤害，等等。企业若有一种高层次的企业文化，就会提高自律意识，就不会偏离为消费者和社会利益服务的方向，就会自觉克制和避免有可能给社会、消费者和职工带来危害的行为。

2. 导向功能

企业作为社会有机体的一部分，与社会的各个层面有着广泛而密切的联系。企业文化价值观念会通过企业的生产经营行为、广告宣传行为、职工的社会行为以及企业产品而传递、辐射到社会的各个层面，对社会的价值观念起着导向作用。高层次的企业文化能够对社会价值观起到整体推进作用，形成文化价值观的良性循环，促进整个社会价值观特别是思想道德水平的提高；而低劣的企业价值观念则会形成文化价值观的恶性循环，导致社会道德水平的下降。合乎伦理的企业组织与社会的文明进步互为作用，共同反映着这个社会的文明进步程度；相反，不合伦理的企业经营行为有损于社会的文明与进步。可见，企业的伦理行为在社会文明进步程度中的催化作用不可低估。据报道，IBM 公司在跨国经营中，从不行贿也不受贿，他们秉持这样一种价值准则：即便在与当地的行贿受贿企业的订货竞争中败北，也要体现该公司的伦理价值观。IBM 公司这种既不行贿也不受贿的价值观，就会对社会起到良好的导向作用。

3. 整合功能

现代化企业特别是跨国公司，往往规模巨大，内部层级、部门以及人员众多，不仅每一个部门、每一个职工都有与企业整体利益不同的独立利益，而且不同的职工其价值观念、思维方式和行为习惯也各不相同，因此企业内部若没有一种强大的力量整合、凝聚职工的人心，企业内就会不断发生矛盾和冲突。企业文化对企业就具有这种整合功能，它有利于提高企业广大职工的凝聚力。一方面，企业文化有利于抑制个人对企业集体的离心倾向，增强人们的整体意识、集体归属感和集体责任感；另一方面，企业文化有利于协调企业内部不同层级之间、不同部门之间人员的各种关系，及时消除分歧，化解矛盾，从而增强企业的合力。

4. 激励功能

已经有丰富的理论和大量的事实经验证明，金钱并非人们生活和工作的唯一动力，远大的理想、实现人生的价值、渴求受到尊重和爱也是激励人们努力工作和奋斗的重要动力。企业崇高的文化价值理念本身就要求尊重、关心、爱护职工，它也有利于职工树立远大的理想和正确的人生观、价值观，因而能有效地激发职工的积极性、主动性和创造性。

（四）职业道德在企业文化建设中占据重要地位

企业文化无论是对企业的发展，还是对社会的进步都具有重要的功能，但企业文化功能的发挥不是直接的。由于职工是企业的主体，因此企业文化必须以企业职工为中介，借助职工的各种生产、经营和服务行为来实现。如果职工缺乏一定的职业道德，自私自利，与企业貌合神离，那么，企业就不可能有良好的企业文化，当然也就更谈不上发挥应有的功能。职业道德在整个企业文化中占有重要位置，因此要有效发挥企业文化的功能和作用，就要求职工必须具有较高的职业道德水平。

首先，实现企业价值观、经营之道和企业发展战略目标的主体是职工，职工若不能接受企业的价值观和经营之道，不把这种价值观和经营之道落实于生产经营行为之中，企业价值观、经营之道也就只能是空中楼阁，企业发展目标也不可能实现。

其次，企业作风和企业礼仪本来就是职工职业道德的表现，如果职工不具有较高的职业道德水平，企业就不会有好的企业作风和企业礼仪，即使企业制定了一定的企业礼仪，也很难维持下去。

再次，职业道德对职工提高科学文化素质和职业技能具有推动作用。职工若有较高的职业道德，就会刻苦学习科学文化知识，努力钻研业务，熟练职业技能。

最后，职业道德是企业文化的重要表现。职工若没有较高的职业道德水平，就会随意违反纪律，不会爱惜企业的厂房、机器、设备等，形成不讲究卫生、随意丢弃废物等坏习气。这样，再严格的规章制度也会形同虚设，企业环境就很难保持整洁、宽敞、明亮、安全、舒适和高雅。要进一步保证产品和服务的质量，赢得市场竞争的胜利，就成为空话。

[阅读案例]

以彰显个性的文化塑造企业品牌

在北京市设备安装工程公司（以下简称北安公司），从项目经理到一线工人，提起自己所属企业的企业文化，大家都能说出个一二三来，因为他们深爱自己的企业，所以熟悉自己的企业文化建设。

北安公司是一个具有50年发展历史的老国企。20世纪80年代以来，创造出了荣获34项鲁班奖、20项国家优质工程奖、64项北京市优质工程奖的记录。这些成绩的取得，是与多年来坚持不懈地加强企业文化建设，并以逐步形成的具有本企业特点的企业文化的强大推动作用分不开的。

企业，如果没有强大的企业文化作指导、作动力、作行为准则，再高明的经营战略也无法实施。

近几年来，北安公司以建设强有力的个性文化“工程竣后服务标准模式”，有效地拓展了市场份额，促进了企业发展。

突出重点　塑造灵魂

企业文化其内容丰富多彩，但最深奥、最具魅力的内容是企业理念和企业精神，它们是企业文化的灵魂。“诚信是本，服务是金”。这是北安公司在长期的工作和生产实践中形成的一种理念；“科技领先，诚信服务，创新求实，立足一流”是企业精神。理念和企业精神的形成，经过了长期的塑造和发展过程。

早在20世纪80年代，北安公司曾经提出了“保证质量，保证工期，合理取费，服务态度好”的十七字经营方针；提出了“精心安装，优质服务”的职业道德。到了90年代初，北安公司的企业精神是：“科技领先，诚实服务，艰苦创业，立足一流”；质量方针是：“信守合同，精心施工，保证质量，竭诚服务”。到了2002年，北安公司根据市场经济形势和本企业的实际情况，提炼整合了“科技领先，诚信服务，创新求实，立足一流”的企业精神、“创精品，重环境，保安康，讲诚信，守法规，求发展”的管理方针和“诚信是本，服务是金”的行为理念。北安公司这些经营方针、职业道德、企业精神和行为理念的演变过程，反映了当时企业的实际情况。但是，大家可以发现，其核心内容没有变，其“诚信”、“服务”、“一流”，是企业经营之基、力量之源、发展之本。总经理冯义在

2002年关于始终不渝抓好工程竣后服务的一次答记者问中说：“我们搞工程设备安装的，就像买东西一样，消费者首先挑选商品的质量，在同等质量下挑价格，同样的价格就要看售后服务了。”工程竣后服务是市场经济的新形势下建筑安装企业生存和发展所需要的一种个性文化。

品牌服务　找准问题

品牌的内涵是文化。以工程竣后服务这一品牌来推向社会，以提高企业知名度和市场竞争能力是北安公司当前企业文化建设的一项重要内容。

“工程竣后服务标准模式”强调了谁施工谁负责，并细化为三个具体标准：一是递交给用户的“机电安装工程安全运行指南”，包括“致用户的一封信”和对操作人员、设备管理的要点；二是甲乙双方分别留存“设备保修档案”，包括保修项目档案、保修巡检记录和工程检修报告书；三是“工程竣后服务标准模式管理办法”，全程记录公司的标准化流程。北安公司设专人和服务热线电话，接待甲方投诉。同时，对工程开展巡检和回访，发现问题及时组织解决。

为了统一和规范操作，他们将此管理办法提炼为“一递交”、“一回访”、“四巡检”、“一评价”的“1141”工程竣后服务标准，并有相关的时间要求和质量记录，使工程竣后服务工作实现标准化、规范化、模式化。“一递交”：工程竣工验收后一个月内，由领导带队向甲方递交“设备安全运行指南”文件资料一套，向甲方郑重阐述公司的服务承诺，让甲方使用放心；减少返修率，提高设备完好率和利用率。“一回访”：工程竣工验收后第一年，由领导带队对工程进行回访。“四巡检”：工程在保修期内，工程技术人员每半年对设备运行情况进行一次巡检，两年内不得少于四次。“一评价”：工程保修期满，由领导带队，听取甲方对服务的评价意见。

完善制度　强化体制

企业文化是一种软硬结合的“管理技巧”。在建设国有企业文化时应软硬互动，相辅相成。建立健全和完善必要的规章制度和组织体系，是北安公司确保企业文化建设规范、有序、持之以恒的重要保证。

“工程竣后服务标准模式”作为企业的一项管理办法和重要的文化建设内容，贵在抓实，常抓不懈。为此，他们在机制、管理和创新上做文章，保证“工程竣后服务标准模式”的推行不断线、不动摇，并提供强有力的组织、制度保证。

企业将“工程竣后服务标准模式”进行“四纳入”：一是纳入到工程投标的标书中，以作为技术标的重要文件；二是纳入到党委工作月度任务书和行政月度生产计划，以保证工程竣后服务工作有计划地实施和按期完成；三是纳入到相关部室的职责，以提高履行工程竣后服务职能的自觉性；四是纳入到项目经理部的责任状，以提高项目部施工管理和工程竣后服务的水平。

品牌文化　成效显著

“工程竣后服务标准模式”的推行，体现了北安公司个性文化建设过程，形成了具有行业特点的服务品牌。这种品牌文化给北安公司带来了良好的社会效益和经济效益。

打造服务品牌的活动受到了业主欢迎。过去业主对设备安装质量心中没底，通过竣后服务，就像吃了定心丸。2001 年 4 月 28 日，下属机装公司向中华医学会递交第一份“工程竣后服务指导书”时，甲方领导亲自到大门口迎接。他们说：“我们对物业管理无经验，你们给我们送来指导书，为工程管理解决了大问题。”北京远洋大厦原计划投入设备维修费用 200 万元，通过北安公司专业的工程竣后服务，二年实际花费不足 40 万元。北安公司的服务受到业主高度评价。后来，业主将总造价 6500 万元的华辉综合楼工程交由北安公司总承包。这在北安公司的历史上还是第一次。

2001 年，北京西苑饭店维修改造工程完工后，甲方相当满意，当场就要验收签字。但项目负责人贾其同巡视后却要求暂缓签字，经请示设计同意，提出对部分阀门要重新安装。原来，这些阀门的安装并非不合格，只是考虑到安装位置不利于以后的维修，通过返工，将阀门位置进行了调整，博得了甲方的高度赞赏，随即又把 5 项后续任务放心地交给了北安公司。三年前，首都机场锅炉房已交付使用，工程回访时，甲方提出 27 条意见，下属锅炉公司立即派人无条件返修，最后连厂区卫生都打扫一遍，做到了活完、料净、环境美。甲方为此在工程回访评价单上写道：“施工过程中我们有意见，对工程竣后服务非常满意。”为了表示诚意，甲方又将一个 50 万元的工程交给了北安公司施工。

据悉，“1141”工程竣后服务标准模式被中国企业联合会、中国企业家协会审定为国内施工企业管理首创，载入“中国的吉尼斯”第八批《中国企业新记录》，开创了全国建筑安装行业工程竣后服务的先河。

二、职业道德是增强企业凝聚力的手段

企业是具有社会性的组织，在企业内部存在着各种各样错综复杂的关系，既有企业所有者之间的关系、所有者与经营管理者的关系、所有者与职工的关系，又有经营管理者之间的关系、经营管理者与工人的关系、工人之间的关系以及职工与企业的关系，等等。这些关系既有相互协调的一面，也有矛盾冲突的一面。如果解决不好，都会削弱企业的凝聚力，都会对企业实现在各个阶段的发展战略目标产生消极的影响，甚至使整个企业成为一盘散沙，最终导致企业破产倒闭。这就要求企业重视职工职业道德建设，使所有员工都能从大局出发，光明磊落，相互谅解，相互宽容，相互谦让，团结互助，共同协作。职业道德可以从以下几方面增强企业的凝聚力和向心力。

（一）职业道德是协调职工同事关系的法宝

在企业内，职工接触最多的是地位相同或工作相近的人，这种交往构成了企业内部人际关系的主体，它可以分为以下几种：一是因正常的工作而形成的工作交往关系。如师徒间传、帮、带、学的交往关系；在工作程序上与上下职工的交往关系；同事间互相提供工作帮助的交往关系以及其他工作关系等。二是在工作闲暇时的非正式交往。如休息、午餐时间的交谈、逗乐、体育、娱乐活动；企业组织的联欢会、运动会、各种比赛中的交往关系。三是由个人的意愿而进行的工作以外的交往关系，有的是基于搞好工作的需要，有的则仅仅是因为彼此性格相投。四是因工作接触而结交的知心朋友关系。这四种交往关系虽形式不同，但都是建立在大家同在一个企业工作的基础之上的，这四种关系和谐、默契，

能增强职工在企业工作中的满意度和企业的凝聚力，有利于企业的发展。

职工同事间要保持和谐、默契的关系，必须有较高的职业道德，凡事要从企业整体利益这个大局出发，认真履行自己的工作责任，严以律己，宽以待人。具体来说，职工在工作中必须遵守以下行为准则：

（1）自觉接受和分担应予承担的任务，工作认真负责，一丝不苟，精益求精，尽量避免因自己工作的失误和疏忽而给同事带来被动和麻烦。若出现这种情况时要及时予以补救并诚恳地道歉。

（2）尊重同事的隐私，谅解同事的缺点和不足，不要过分地过问他人的私生活，自觉维护同事的利益和荣誉。

（3）合作使用工作用具和设备时，要多替同事着想，多给同事方便。

（4）关心和信任对方，积极帮助对方解决困难。

（5）对感情不融洽的同事，在工作上仍应积极配合。

（6）不要在上级和同事面前诋毁和贬低他人，不在大庭广众对他人评头论足。

（7）必要时可诚恳地请求他人帮助，对于别人即使是微不足道的帮助也要记在心上并予以酬谢。

（8）对同事不经意或非故意的伤害，要以宽容之心予以谅解；对故意的诽谤或伤害，要通过组织途径恰当地予以解决，千万不能鲁莽从事，以避免造成严重的后果。

（9）不要因同事取得优异成绩受到嘉奖或晋升而产生嫉妒心理，不讽刺、挖苦、打击同事。

总之，职工在工作中能够遵守上述行为准则，同事之间就会保持和谐、默契的工作关系，企业的凝聚力无疑就会大大增强。

（二）职业道德有利于协调职工与领导之间的关系

任何一个企业为了实施有效的管理，都要在组织内部设置许多职别等级，企业规模越大，人数越多，职别等级就越多。对于企业的普通工人来说，他往往处于企业的较低职别等级，因而总会有上级领导。企业中，职工与领导的关系在一定意义上说是互助互利的关系。职工对领导的工作要支持，领导对职工的工作和生活要关心。职工对领导的支持，主要表现在认真履行自己的职责，保质保量地完成领导分配的各项任务，不给领导惹麻烦，在力所能及的情况下，积极给领导出谋划策，帮助领导排忧解难等方面。领导对职工的关心，则表现在注意改善职工的工作条件，提高职工的福利待遇，给职工提供和创造受教育、培训以及晋升的机会等方面。职工与领导相处和谐、融洽、默契，双方都会感到心情愉快，因而能够提高各自对工作的满意度。领导信任、尊重职工，就会充分调动职工的主人翁责任感，激发职工的积极性、主动性和创造性，促使职工为企业创造更多的财富，促进企业的发展和繁荣；职工尊重领导，卓有成效地完成领导交办的各种任务，就会受到领导的信任，乃至获得更多晋升的机会。

由于职工与领导是一种表面上不平等的关系，因而职工与领导之间很容易发生矛盾和冲突。而在这种关系中，领导占据主导地位，因而发生冲突时，一般来说，领导应负主要责任。但这决不是说，每次发生冲突，职工都没有责任或只负次要责任。事实上，到底由谁负主要责任，关键看发生冲突的原因。从职工的角度来讲，要避免发生冲突，必须要讲究职业道德，认真履行自己的工作职责，尊重领导。

具体来说，职工应该遵守以下行为准则：

（1）认真履行自己的工作职责，保质保量地完成自己应当承担的各项任务；工作要踏实认真，一丝不苟，精益求精。

（2）严格遵守企业的各项规章制度，不要给领导惹麻烦。

（3）对领导的指令不甚明了时，切忌含糊，能干的工作要毫无怨言地认真完成，不能干的工作要如实向领导讲清原因，不能误时误事。

（4）尊重领导的隐私；对领导有意见，应寻找恰当的时间、恰当的场合、恰当的机会向领导当面直陈，既不当众指责领导，也不在私下议论，更不能在背后贬低、中伤、诽谤领导。

（5）充分发挥主观能动性，积极给领导提出合理化建议。

（6）虚心接受批评，认真改正自己的缺点和不足。对于领导错误的指责，一方面，要寻找时机给予解释；另一方面，要有宽容谅解之心，不要得理不饶人。

（7）信任领导，维护领导的威信，一般不越级汇报工作。

一般来说，除了极个别的领导外，绝大多数领导都是好的，他们也愿意与职工保持比较和谐的关系，为企业的发展作出自己的贡献，因此职工只要能遵守以上的行为准则，讲究职业道德，那么，上下级之间就很容易保持比较默契的关系。

（三）职业道德有利于协调职工与企业之间的关系

企业中职工与企业的关系是企业各种关系中最重要的一种关系，它是其他各种关系的基础，不仅影响和制约着其他各种关系，而且决定着企业的生存和发展，关系着职工的前途和命运。任何一个企业都不能没有职工，没有职工企业就不成为其企业；职工也不能失去企业，企业的破产或倒闭，就会使职工失去工作，丢掉饭碗，从而影响职工及家人的生活。由于企业是法人组织，企业的各种规章制度、经营理念、价值观、发展战略目标等主要是企业所有者和高级经营管理者的意志的体现，对普通职工而言具有较高的权威性，因而在职工与企业的关系中，企业居于主导支配的优势地位，而职工则处于受支配的服从地位。因此，职工与企业的关系协调与否，主要责任在于企业。企业在经营管理上若能以人为本，注重改善职工的工作环境，给职工提供一个安全、方便、舒适的工作条件，提高职工的福利待遇，多给职工创造接受教育、培训和提高的机会，尊重职工的人格，公正公平地对待职工，关心职工的家庭生活，就能较好地协调职工与企业的关系。但仅有这一方面是绝对不够的，要保证职工与企业关系的协调，还要求职工必须具有较高的职业道德水平，即要有高度的企业主人翁责任感，能正确处理个人利益与企业整体利益的关系，维护企业的形象，关心企业的前途和命运。

具体来说，要协调好职工与企业的关系，从职工的角度讲，要严格遵守以下职业道德行为准则：

（1）要正确处理好个人利益与企业整体利益的关系，以企业整体利益为重，在两者发生矛盾时，个人利益要服从企业整体利益；在企业出现困难时，要与企业患难与共，同心同德，共渡难关。

（2）认真履行自己的工作职责，保质保量地完成自己所应承担的任务。

（3）严格遵守企业的一切规章制度，保守企业秘密。

（4）积极参加企业组织的各项社会公益活动、义务劳动以及文体娱乐竞赛活动等。

（5）刻苦钻研业务，熟练职业技能，努力提高自己的业务水平，积极为企业的技术革新、工艺改进以及新产品的开发作出自己的贡献。

（6）关心企业的发展，积极为企业的生产、经营、组织、管理提出合理化建议。

（7）服务顾客，务必做到热情、大方、礼貌、周到、细致、耐心，确保顾客满意。

（8）服从企业安排，不挑肥拣瘦。

（9）对企业有意见，要尽可能地通过工会等组织，通过协商、谈判等手段妥善解决，一般要避免借助诉讼甚至罢工等手段来解决问题（当然，如果企业侵犯了职工的利益，通过协商等手段无法解决时，为了维护职工自身的合法权益，职工有权利也有必要通过法律起诉甚至罢工等手段来解决）。

职工具备了这些职业道德，就会受到企业的欢迎和重视，因而也使得职工与企业的关系变得和谐融洽。

三、职业道德可以增强企业的竞争力

所谓竞争，是指在市场经济条件下，各经济行为主体为了某种经济利益以获得生存和发展的需要而进行的相互追赶、争夺有利条件的优胜劣汰的运动过程。市场经济离不开市场，有市场就必然有竞争。在市场经济条件下，竞争是生产和流通正常进行的条件，是资源有效配置的前提，是市场调节企业活动的基础。随着新技术革命的到来、经济全球化趋势的增强和“买方市场”的出现，企业在市场中的竞争越来越激烈，竞争的内容也由原来主要的产品成本竞争转向成本、质量、价格、服务、产品品牌和企业形象的综合竞争，竞争的范围也由国内竞争转向国际竞争。任何企业要想在竞争中获得生存和发展，就必须千方百计地提高自身的竞争力。而企业要提高竞争力，就必须提高产品和服务的质量；就必须不断革新工艺，改进设备，降低成本，提高劳动生产率，开发新产品；就必须不断完善企业形象，创造企业著名品牌。这些目标的实现，必须依赖于企业的广大职工，依赖于职工职业道德水平的提高。

（一）职业道德有利于企业提高产品和服务的质量

产品和服务的质量是企业的生命，任何企业若不能保证它所提供的产品和服务的质量，那么这个企业即使暂时赢得了很大的利润，最终仍摆脱不了破产和倒闭的命运。世界上许多著名的大公司，都把保证产品的质量和为顾客提供最优质的服务作为企业生存和发展的根本。美国 IBM 公司公开宣布“IBM 就是服务”，它“充分考虑每个雇员的个性，花大量时间令顾客满意”。美国运通公司信守“不惜一切为顾客服务”的诺言。摩托罗拉公司则坚持“光荣地为社会服务，以公平的价格提供高质量的产品和服务，不断自我更新，尊重每位雇员的个性”的准则。

我国由于实行市场经济的时间不长，有些企业不重视企业道德，不重视产品和服务的质量，制假贩假，坑蒙拐骗，致使我国市场上曾一度出现假冒伪劣商品泛滥的现象。因假酒，假药，假冒伪劣的燃具、热水器等致人于死命的事件屡屡发生。因此，提高企业的质量意识，任重而道远。

企业要提高产品的质量，给顾客提供优质的服务，就必须重视职工职业道德的教育和提高。

（1）掌握扎实的职业技能和相关专业知识，是提高产品和服务质量的前提。

（2）在加工企业的产品加工过程中，职工必须一丝不苟、精雕细琢、精益求精，要避免一切可以避免的问题；在服务性行业直接给顾客提供服务的过程中，职工必须文明礼貌、热情周到、耐心细致、百问不厌。这种工作的认真态度和敬业精神，是提高产品和服务质量的直接表现。

（3）忠于企业，维护企业形象，力争为企业创造更大的利润，为企业的生存和发展作出自己的贡献，是提高产品和服务质量的内部精神动力。

（4）严格遵守企业的规章制度，服从企业的安排，是提高产品和服务质量的纪律保证。

（5）奉献社会，真正以顾客为“上帝”，全心全意为顾客服务，为顾客提供方便，让顾客满意，是提高产品和服务质量的外部精神动力。

以上这五个方面无一不与职业道德紧密相连，特别是服务性行业，企业职工如何给顾客提供服务、提供什么样的服务，更是职工职业道德水准的直接表现。

（二）职业道德可以降低产品成本、提高劳动生产率和经济效益

企业在生产经营过程中，从基本设备的添置、原材料的购入、产品的生产，一直到产品的销售，需要花费很多的成本，如厂房、机器、设备的损耗，原材料的耗费，生产过程中出现的废、次品，职工的工资福利，企业内部的管理协调费用，交易费用等。企业如果能有效地降低产品的成本，就可以提高企业的利润率，从而提高产品在市场上的竞争力，保证企业的发展和繁荣。要降低产品的成本，就要求职工必须具有较高的职业道德。

（1）职工具备良好的职业道德有利于减少厂房、机器、设备的损耗，节约原材料，降低废、次品率。职工若能爱厂如家，一方面，在生产过程中就会倍加爱惜、保养和及时修理厂房、机器、设备，减少其损耗，延长这些固定资产的寿命；另一方面，会想方设法节约原材料，提高原材料的利用率；再者，职工具有高度的敬业精神和质量意识，在工作中就会精益求精、一丝不苟，从而减少产品中的废、次品率。

（2）职工具备良好的职业道德，职工与职工之间、职工与领导之间、职工与企业之间就会保持协调、融洽、默契的关系，从而降低企业作为整体的协调管理费用。如果一个企业员工的活动规范于特定的安排之中，大家各负其责，相互信任，既没有必要设额外的监工，也没有无谓的随意流动；企业既不需要处理员工间无谓的纠纷和矛盾，职工与企业间也没有对立和冲突，那么企业就可以以较低的协调、组织、管理成本将有形资源高效率地转化成可以销售的商品，从而获得较高的经济利益。

（3）职工具备良好的职业道德，给社会提供质量可靠、价格实惠的产品，对顾客服务热情周到、耐心细致、文明礼貌、讲求信誉，就会改善企业形象，提高企业声誉，增强企业在社会上的可信度，从而有利于降低企业与政府、社会和顾客的谈判交易费用。

（4）职工具备良好的职业道德，有较强的时间观念，在工作中争分夺秒，有利于提高劳动生产率。劳动生产率的提高，其实质是降低产品的工人工资成本，这样就有利于提高企业在市场上的竞争力，有利于企业获得更高的利润，反过来，又有利于工人工资的提高。

（三）职业道德可以促进企业技术进步

在当今激烈竞争的新形势下，新技术、新产品的开发关系着企业的生死存亡，谁抢先推出新产品，谁就能占领市场，在竞争中获胜，从而获得高额利润。据美国一家咨询公司对美国 70 家公司的调查，公司的利润1/3来自新产品的销售，企业能否开发出新技术、新产品，关键看企业职工是否具有创新意识、创新能力和创新动力，企业是否具有创新氛围和具有一支稳定的富有创新素质的职工队伍。而职工具有良好的职业道德，有利于职工提高创新能力，有利于企业的技术进步。

(1) 具有良好的职业道德是职工提高创新意识和创新能力的精神动力。企业的生存和发展主要决定于企业是否具有创新能力，开发出满足社会需求的新技术和新产品。职工如果爱厂如家，能自觉把个人的命运同企业的前途紧密结合起来，具有高度的主人翁责任感、高度的敬业精神和强烈的成才意识，一心想为企业的发展作出自己的贡献，那么就会有强有力的创新动力。

(2) 具有良好的职业道德是职工努力钻研科学技术、革新工艺、发明创造的现实保证。科学文化的学习、工艺设备的改进、新技术新产品的开发是非常艰苦的工作，一个人若没有坚韧不拔的毅力、勇于吃苦的拼搏精神，耐不住寂寞，经不起挫折，甚至承受不了世俗人的冷嘲热讽和挖苦打击，就很难从事发明创造工作，即使从事了也可能是半途而废，有始无终。尤其是广大普通工人，他们的科学文化知识普遍较薄弱，再加上工作和家务的繁忙，他们钻研科学技术、革新工艺、发明创造的困难就更大，因而也就更需要崇高的职业道德的支撑。

(3) 职工具有良好的职业道德是企业保守科技机密的重要条件。每一个企业要开发出新产品、新技术都要耗费大量的人力、物力和财力，而在当今市场竞争越来越激烈的情况下，总有一些企业想不劳而获，采取非道德、非正常的手段，获取其他企业花费了大量精力而开发出的新技术。如果职工（特别是掌握了企业核心技术的职工）缺乏一定的职业道德，受利益的诱惑和驱动，就有可能背叛企业，出卖企业的科技机密，给企业带来巨额的经济损失。在我国实行改革开放建立社会主义市场经济的过程中，职工出卖商业机密、携带企业核心技术资料跳槽等现象屡见不鲜，这固然与我国市场经济体制的不健全和法制的不完善有关，但更主要的原因恐怕是这些人职业道德的缺失。由此可见，职工具有良好的职业道德，对于企业开发新技术、新产品，保守企业技术机密具有极其重要的作用。

[阅读案例]

中国知识产权第一案

2000 年 10 月，广东省高级人民法院对一宗因“跳槽”引发的知识产权官司作出终审判决，被认为是用法律坚决维护了受害企业的知识产权及其名誉的“中国知识产权第一案”。被告陈灿等 4 人原来分别是广东电缆附件厂的厂长、车间主任、技术科长和销售科长，但却先后到另一家相似公司高连公司担任要职，并擅自将原厂已采取保密措施的技术秘密泄露给该公司，给广东电缆附件厂造成了严重经济损失。广东电缆附件厂向佛山市中级人民法院起诉高连公司和陈灿等4人，这一诉讼案在当时引起了企业界和法律界的广泛关注。佛山市中级人民法院最终认定陈灿等四人的行为已构成对广东电缆附件厂商业秘密的共同侵权，判令他们停止侵权，并赔偿广东电缆附件厂经济损失合计约900万元。随后广东省高级人民法院又对此案作出了终审判决，驳回高连公司及陈灿等4人的上诉，维持一审法院认定他们侵权的原判。至此，这宗长达3年多的知识产权侵权案尘埃落定。

（四）职业道德有利于企业摆脱困难，实现企业阶段性的发展目标

任何企业在其发展过程中，都不可能完全一帆风顺，相反，经常会遇到这样或那样的困难和挫折。如受国际国内政治、经济形势和政策的变化或突发性自然灾害的影响，市场供求关系产生重大变化，从而导致企业资金周转不开、原材料购买不到、产品销售不出去，或企业自身受到火灾、重大设备损坏等突发性灾变，这些情况都可能使企业处于困境。

一方面，当企业遭受挫折时，如果职工有崇高的职业道德，爱厂如家，以企业的前途和命运为重，为企业的大局利益着想，自觉舍弃和牺牲个人利益，与企业同心同德、同舟共济、奋力拼搏，企业可能摆脱困难，走出困境，起死回生。反之，当企业处于困境时，若职工与企业离心离德，首先想到的不是如何使企业渡过难关，而是如何维护个人的利益，如何尽快地谋求个人的出路，那么企业就将被置于死地。由此可见，职工职业道德的高低在一定情况下决定着企业的生死存亡。

另一方面，职工具有良好的职业道德还有利于实现企业阶段性的发展目标。在经济全球化趋势加强、买方市场占据主导地位，市场竞争呈现出越来越加剧、越来越激烈的情况下，市场如战场，市场的供求关系可以说几乎达到了瞬息万变的地步，新产品、新技术层出不穷，日新月异，昨天的时尚品牌今天可能已经过时，今天的畅销产品明天也可能会滞销。每个企业要在市场竞争中出奇制胜，永居不败之地，就必须适应市场供求关系瞬息万变的要求，制定各个不同发展阶段的非常规性的企业目标。这样，职工就必须面临非常规性的工作和劳动，如在法律允许范围内的加班加点、超负荷工作等，这要求职工必须具备较高的职业道德。

（五）职业道德有利于企业创立自己的品牌

随着新技术革命和知识经济的到来，社会生产力突飞猛进，物质财富急剧增加，买方市场占据主导地位，人们的物质和文化生活要求基本得到了满足。在这种情况下，人们的消费更加关注品牌，具有良好社会信誉的企业的商品已成人们的首要选择。

一种商品品牌不仅标志着这种商品质量的高低，标志着人们对这种商品信任度的高低，而且蕴涵着文化品位，代表着消费层次。一些著名品牌不仅对消费者具有巨大的吸引力，而且它本身就具有重要价值。据报载，美国可口可乐公司的无形资产已达到500亿美元，即使其一夜之间全部有形资产化为乌有，它仍可凭借其品牌再次崛起。因此，任何一个有长远发展战略眼光的企业，没有不竭尽全力以期创造出其著名品牌的。而无论是塑造企业良好形象还是创造企业著名品牌，都离不开职工的职业道德，都需要职工良好的职业道德作支撑。

企业形象是企业文化的综合反映，其本质是企业信誉，商品品牌是企业形象的核心内容，是整个企业生产、经营、管理和文化的结晶，商品品牌信誉度的高低反映着企业的综合素质。因此，职工只有具备全面良好的职业道德，在企业采购、生产、经营、销售和服务的每一个环节，恪尽职守，精益求精，才能树立企业良好的形象，有利于创造著名品牌。

在现代媒体十分发达的今天，企业职工在某一事件上的不道德行为，通过媒体的曝光片刻之间就可传遍世界各地，它对企业形象造成的负面影响往往为人们所难以预料。反之，企业职工在某一事件上的高尚行为则会给企业形象带来非常积极的影响。如济南市工商银行储蓄所为一位老人热情兑换2角钱币的事迹就不仅引来了一笔数目可观的存款，同时也受到了社会的广泛称赞。

[阅读案例]

加强职业道德建设　建立新型企业文化　培育高素质员工队伍
——中油吉林化建工程股份有限公司

中油吉林化建工程股份有限公司（简称吉林化建）是中国最早从事化工、石油化工建设的大型综合性施工企业，原为中国化工部第一建设公司。50年来，吉林化建业绩遍布全国28个省、市、自治区，建成了吉林、北京、大庆、大连等大型石油化工基地，共建设了60多座工厂和300多套大型生产装置、400余项大工程，荣获国家建筑工程鲁班奖、国家优质工程奖、部省级优质工程奖59项。为国家石油化工建设事业作出了杰出的贡献。为全国各地的化工建设队伍输送了上万名管理干部、工程技术人员和技术工人。培养出了以刘维彬、石利军等5名全国劳动模范为代表的60余名国家、省、市级劳动模范。自1999年以来，吉林化建有18人被评为吉林市文明市民标兵（全市10000名）、有92人被评为吉林市文明市民（全市10000名）。2000年，吉林化建被评为全国施工企业思想政治工作先进单位和吉林省精神文明单位。2001年，吉林化建获得全国“五一”劳动奖状。

经过50年的发展，吉林化建建立了全新的企业文化体系，把不断加强企业文化建设作为职业道德建设的一项重要内容，作为对内凝聚职工思想、对外谋求更大发展的战略举措。经过几年的实践，初步形成了CI策划的理念、行为、视觉三个识别系统。在理念识别系统，形成了企业宗旨、发展目标、发展战略、企业精神、作风、形象等理念；在行为识别系统，建立了员工道德规范、员工守则、员工行为规范、礼仪规范，这些规范在企业规章制度的支持下，对职工素质的提高起到了重要的推动作用，使吉林化建人的言谈、举止、行为上升到更高的品位；在视觉识别系统，形成了完整的视觉应用识别体系，施工现场的门楼、围档、标志牌、指挥室、标语口号等方面，均建立了统一标准，形成现场“五统一”的视觉模式。在50年的发展过程中，吉林化建曾总结提炼过企业精神和作风，但在发展社会主义市场经济的新形势下，感到必须赋予传统企业精神、企业作风以新的内涵。为此，他们发动广大干部职工认真讨论，总结提炼，集中全员的思想和智慧，把80年代形成的“争第一、扛红旗、夺金牌”的企业精神，发展升华为“争第一、夺红旗、创金牌”的新型理念，充分体现了竞争意识、市场意识、质量意识，从而成为凝心聚力的精神支柱。

在职业道德建设中，吉林化建以“建设精品工程，提供满意服务”为企业宗旨。公司各级经营者和全体员工认真贯彻这一宗旨，来指导每一项具体工作，时时刻刻把为用户服务、建设精品工程作为最大的责任，并提到法律责任和历史责任高度去认识。50 年来，所建的工种全部达到优良品，所建的生产装置全部实现一次开车成功，在广大用户中树立了良好的质量信誉。吉林化建苯乙烯工程获全国用户满意工程。1999 年，吉林化建被吉林省工商行政管理局授予“重合同、守信用”单位，被国家建设部授予全国用户满意施工企业。

吉林化建把加强职业道德建设与提高员工素质、塑造企业形象结合起来。近 10 年来一直坚持开展建设高素质化建人主题活动，坚持开展经常性的道德教育。企业要在激烈的市场竞争中求生存、谋发展，就必须以人为本。他们把培养高素质化建人看做是建立现代企业制度的迫切需要，积极推进人才战略的实施，广泛深入地开展了高素质化建人主题活动，引导干部职工主动适应市场需要，学技术、练本领、提素质，成为符合时代要求、符合企业发展需要的新型人才。吉林化建人以企业共同理想来增强职工凝聚力，激励职工斗志，增强职工自我生存、自我发展的紧迫感。企业理想是企业之魂，是企业全体职工为之奋斗的宏伟目标。他们通过召开党委扩大会、职工代表大会，广泛进行讨论，广泛征求意见，把企业的发展目标定为：在五年之内，把吉林化建建设成为中国第一流的工程总承包企业，并把这一目标确定为吉林化建人的共同理想。围绕这一共同理想，他们编发宣传提纲，广泛深入地进行宣传贯彻，使每一名职工都清楚地认识到实现共同理想不仅需要强大的资质实力、资金实力和装备实力，而且还需要强大的技术实力和人才实力；使每一名职工都清醒地认识到，企业面临的机遇与按照实现中国一流目标之间的差距、职工个人素质能力与实现企业发展目标的关系，从而使广大干部职工既看到困难又看到前景，既看到差距又看到自身的责任，进一步增强了抓住机遇发展化建的信心和决心，强化了“只有提高自身素质，才能为化建发展多作贡献”的群体价值观，进一步增强了企业的凝聚力和向心力。

吉林化建以树明星带群星，形成群星灿烂的局面。为了适应激烈的市场竞争，在提高职工思想素质的同时，他们下力气提高职工的技术素质。一方面，他们通过组织全员培训，不断增强管理干部、工程技术人员的业务能力，使精通项目管理、经营管理、投标报价、财务金融、资产管理等方面知识的人才越来越多。另一方面，从 1996 年开始进行技术工人岗位练兵、大比武，通过开展“岗位明星”、“双技明星”、“行业状元”评比竞赛活动，引导职工群众学文化、学技术、练本领，培养多面手，造就一专多能的新型劳动者。起重技师刘维彬爱岗敬业，奉献人生，被评为全国十大能工巧匠、全国劳动模范。电调技师何天伦刻苦钻研，拼搏创新，获得全国自学成才奖，被评为全国职业道德先进个人、吉林省十佳职业道德标兵，还荣获了全国“五一”劳动奖章。被誉为全国第一班的机械装备公司的大吊班坚持文明施工，竭诚服务，以爱车如命、爱岗如家的奉献精神，荣获了全国“五一”劳动奖状。青年电焊工王忠利、高振杰在全国电焊工种比赛中分别取得了第三、第四名的好成绩。公司形成了百名岗位明星、400 名班组小明星的典型群。

吉林化建注重适应形势和任务的变化，宣传和树立符合时代要求的典型和典型群。不断发挥了典型的示范作用，扩大了吉林化建的品牌影响。几年来，他们坚持每年树立一批市场开发典型、项目管理典型、技术拔尖人才的工人典型，在每年的五一国际劳动节举行劳模标兵事迹报告会，并编写了典型事迹10集。在宣传新典型的的同时，他们还注重发挥老典型的激励示范作用，先后系统地宣传了全国劳动模范、全国“五一”劳动奖章获得者、全国十大能工巧匠、中油集团十大特等劳动模范、“吊装大王”刘维彬，全国“五一”劳动奖章获得者、全国职业道德先进个人、吉林省十佳职业道德标兵、“铁人”何天伦，全国自学成才先进个人、吉林省十大能工巧匠、“神焊手”张建文等人的先进事迹，用典型的群体形象激励和感召广大职工争做高素质化建人。

思考题：

1. 简述职业与职业道德主要特征。
2. 职业道德对个人发展有什么作用?
3. 职业道德与企业经营有什么关系?
4. 谈谈你对加强职业道德建设的看法。

第三章　社会主义职业道德

【学习目标】社会主义职业道德不是从来就有的，它是在对古今中外人类优秀职业道德进行吸收借鉴的基础上，结合社会主义社会的道德要求，加以完善创新而建立起来的。本章主要介绍社会主义职业道德的历史传承、基本特征、构成要素、规范体系和重要内涵，通过学习，加强对社会主义职业道德的深刻理解，促进践行社会主义职业道德规范的自觉性。

第一节　社会主义职业道德的历史传承与发展

一、社会主义职业道德继承了中国传统职业道德的精华

中国是一个文明古国，素以“礼仪之邦”享誉世界，在几千年的发展过程中，积累了十分丰富的职业道德遗产。中华民族优秀传统职业道德有如下几个方面。

（一）以国家、民族利益为重，以天下兴亡为己任的高度责任感

中华民族早已形成了对国家和民族高度负责的公而忘私、先公后私的职业道德精神，如《礼记·礼运篇》首次提出“天下为公”的口号，成为历代清官和仁人志士的座右铭。北宋政治家范仲淹的“先天下之忧而忧，后天下之乐而乐”，明代思想家顾炎武的“天下兴亡，匹夫有责”，林则徐的“苟利国家生死以，岂因祸福趋避之”等言论和思想，无不闪烁着强烈的民族责任感的光芒。

（二）提倡礼义仁爱、人际和谐的人道主义原则

“仁”是孔子全部思想的核心。孔子主张“仁者，爱人”，在处理人与人之间的关系时，唯有从“爱人”出发，“己欲立而立人，己欲达而达人”，“己所不欲，勿施于人”，只有爱人的人，才能算真正的人，也只有真正的人，才会真正地去爱人。如果一个人只爱自己，不爱别人，这种人必然会损人利己。以孔孟为首的儒学思想家，把仁爱既当做一种最高的道德原则、一种崇高的道德品质，又作为统治人民的准则。孔子要求统治者“节用而爱人，使民以时”，对臣民施以仁爱，减轻人民的负担，反对过分剥削和压迫；孟子主张“天子不仁，不保四海；诸侯不仁，不保社稷；卿大夫不仁，不保宗庙；士庶不仁，不保四体”。这就是说，无论是君主还是臣民都必须胸怀“仁爱”之心。

中国的人际关系，总是强调“人和”精神，如孟子所言“天时不如地利，地利不如人和”。孔子讲“礼之用，和为贵。先王之道，斯为美”，是说道德的根本作用就在于“和”，他认为古代的德治社会中，就是由于先王们大力提倡“和”，才显得那样美好。宋代范仲淹也曾说：“政通人和，百废俱兴”。中国历来提倡人和关系睦、家和万事兴、政和国家盛的观念。“人和”思想深深地影响着中国各行各业的协调发展。

孔子亦非常重视礼，很早注意到礼和仁的关系，他认为礼是仁的外在表现，没有礼，

仁就要落空，提出以礼作为人类社会伦理道德行为的规范来约束自己的行为，不使之越轨、失常，这就是“约之以礼”之意。人们必须知礼、守礼，以礼为立身标准，从而修养成为仁人、君子。孟子亦讲：“恭敬之心，礼之端也”。荀子更是把礼作为最高的道德原则，他说：“人无礼则不生，事无礼则不成，国家无礼则不宁”。儒家讲礼，当然是为剥削阶级服务的，但重礼仪、讲礼貌，在今天的职业活动中仍具有很重要的意义。

（三）倡导见利思义、以义制利的道德价值取向

义和利是中国传统伦理道德思想中的两个重要范畴。义，就是正义、道义，社会公利及个人合乎道德的行为标准，也是指精神生活；利，就是利益、个人私利，或小集团的局部利益，指物质生活，义与利的关系就是公与私的关系。古人对义与利有很多思考，主张先义后利，重义轻利，如孔子提出“见利思义”，荀子主张“以义制利”，其意是说，要把公利、道义放在首位，个人利益放在第二位，对于个人来说，精神价值、道德价值高于物质利益，维护道义、追求道德，是人生的最高价值。所以，中国传统道德意识中，鄙薄狭隘功利，鄙视自私自利、唯利是图、见利忘义者，认为道义比金钱和其他社会权力都高贵，甚至比生命还高贵。如孔子就提倡“志士仁人，无求生以害仁，有杀身以成仁”；“不义而富且贵，于我如浮云”。孔子思想的集大成者孟子更是把这种道德价值观推至顶峰，他的“富贵不能淫，贫贱不能移，威武不能屈”，千百年来一直是一切志士仁人做人的准则；他的“生，亦我所欲也；义，亦我所欲也；二者不可得兼，舍生而取义也”，所追求的以“义”为上的道德境界，不仅是历代正直的封建士大夫和平民百姓努力追求的理想人格和目标，也成为中华民族几千年文明史的主要价值取向。

古人讲义，并非完全摒弃利，他们并不反对个人获得正当利益，而是反对个人见利忘义、先利后义，反对只讲个人私利而不顾及社会群体利益。目前社会上某些人诚信的缺失，就是因为没有处理好义、利关系，见利忘义。因此，要大力提倡以义制利的价值取向，这有助于我们职业道德的建设。

（四）忠诚坦白、恪守信义是处世立业的根本

信义是处理人际关系时必须遵守的基本道德准则之一。中华民族不但以信义著称于古代，同样以信义闻名于今世。信，诚也；诚，信也。信与诚互训，即开诚布公、襟怀坦白、真实无妄、诚实不欺、恪守信用。它要求人们言行一致、表里如一、以诚待人、忠诚为人。《中庸》道：“诚者天之道，诚之者人之道”。“信”在中国传统道德体系中占有重要地位，把它看做人的立身之本。孔子说：“人而无信，不知其可也”，“民无信不立”，“言必信，行必果”，“与朋友交，言而有信”。信是对人、对朋友、对事的忠诚与信义，信是处世和立业的根本。在古人看来，“信”不仅是道德修养的重要内容，而且是达到最高道德原则和道德理想境界的一个重要条件。

信就是要求人们应该表里如一、言行一致、信守诺言。但是，言行一致应该有一个前提，就是必须合乎道义的要求，做到信义一致。对于不符合道义要求的诺言，即使有利可图，也不可去做。离开了道德标准，片面强调言行一致，并不符合信的本质。

（五）提倡自强不息、奋发进取的顽强拼搏精神

自强不息是一种自我努力向上、永不懈怠的精神，无论多么艰难也要孜孜不倦地追求，即使在逆境中也要锲而不舍地奋斗。中华民族自古以来就有自强自立、顽强奋斗的传统意识。如《周易》中最早就有了“天行健，君子以自强不息”的命题，意思是要像天体运行一样，永不停止，自强不息。孔子的“学而不厌，诲人不倦”，“士不可不弘毅，任重而道远”。荀子在《劝学篇》中说：“锲而舍之，朽木不折，锲而不舍，金石可镂”。这些言论都是对自强不息精神的阐发。中国历史上的志士仁人正是在自强不息精神鼓舞下成就事业的，如越王勾践卧薪尝胆，励精图治，重振国威；司马迁受宫刑含辱著《史记》，等等。中国民间流传的“头悬梁、锥刺骨”、“水滴石穿”、“铁杵成针”等都是自强不息的佳话。中华民族具有自强不息、顽强拼搏的传统，正是这一优良传统才使中华民族几经危亡终获生机，并成为自立于世界民族之林的重要精神条件。

以上是贯穿我国社会每个时代、每个职业于始终的我国优秀传统道德的几个方面，是主流，是精华。而且，在长期的职业道德实践中，每个职业还形成了本职业的优秀道德规范。

[阅读案例]

成功来自勤俭

被称为“领带大王”的金利来集团有限集团公司的董事局主席曾宪梓先生，出生于广东省梅县，从小失去父亲，与母亲相依为命，学费、生活费仅靠母亲做针线活维持。1963年，曾宪梓来到泰国继承遗产，不幸受尽欺辱。在1968年来到香港的第一个半年，靠给亲戚带小孩维持生计，后用叔父给的六千元钱（当时在香港一个月的生活费需要一千五百元左右）开了一家手工领带作坊。为了卖出领带他给自己定下了死任务，一天不卖出60条领带绝不回家。在创业的道路上，他曾给自己定下了“勤劳、节俭、守信”的原则，并一直遵守，持之以恒。历经千辛万苦之后，如今曾宪梓先生已拥有几十亿港元的资产。但他平时只以素食和稀饭招待自己，节衣缩食，而为祖国和家乡捐款就达五亿港元以上。他自嘲自己是一个“拥有财富的穷人”。

二、社会主义职业道德发扬了中国革命优秀道德传统

中国革命道德传统是指中国共产党人、一切先进分子和人民群众在中国革命和建设的实践中所形成的优良道德传统。中国革命道德传统虽然不是严格意义上的职业道德，但在我们建设社会主义的过程中具有借鉴意义。因此，弘扬传统职业道德精华要同弘扬中国革命道德传统相结合。

（一）坚定不移地追求真理的精神

坚信社会主义和共产主义必然胜利，矢志不渝地为共产主义事业奋斗到底，是我国革命道德传统的一个重要精神。社会主义和共产主义是人类历史上最美好、最先进的崇高理想和社会制度。无数革命先烈为了实现这个崇高的理想，前赴后继，英勇奋斗，毫不犹豫地献出了自己的生命。今天，面对我国的贫穷落后，面对社会主义事业在其发展过程中出现的挫折，面对着国际敌对势力对我们进行“西化”的阴谋，我们仍然应当大力弘扬革命道德传统中为社会主义和共产主义而英勇奋斗、无私奉献的精神。

（二）全心全意为人民服务的精神

一切从人民的利益出发，全心全意为人民服务，甚至为人民的利益献出自己的生命，这是中国革命道德传统中一个重要的方面。在革命战争时期，无数革命先烈为了祖国、为了人民，献出了宝贵的生命；在社会主义建设时期，无数英雄模范为人民的利益尽职尽责，在平凡的工作岗位上，作出了突出的贡献。我们学习中国革命道德传统，就是要很好地学习体现在革命先烈和英雄模范人物身上的那种为人民利益而献身的高尚的道德品质。

（三）英勇不屈、顽强拼搏的精神

英勇不屈、坚韧不拔、不达目的决不停止的奋斗精神，是中国革命道德传统的又一个重要特点。中国的民主革命是在极其残酷的斗争中进行的，无数革命先烈，面对敌人的屠刀，毫不动摇，前赴后继，为革命献出了宝贵的生命。我们今天建设社会主义现代化，虽然不用付出生命，但面对难以预料的种种困难和危险，仍需要发扬英勇不屈、顽强拼搏的精神。

（四）忠于职守、爱岗敬业的精神

对工作和事业的极端负责精神，也是中国革命道德传统的一个重要方面。在革命事业中，既有轰轰烈烈的革命斗争，也有许许多多的日常工作。每一个革命者，不但要在革命斗争中英勇顽强，不怕牺牲，而且要在自己的日常工作中，认真做好细致琐碎的工作。我们今天建设社会主义现代化，急需这种对事业极端负责的精神。

[阅读案例]

盛开在青藏高原的“雪莲花”

——记中铁十一局青藏铁路铺架项目部轨排队女工班

都说青藏高原是“生命极限区域”，但是一群平均年龄不到30岁的女性，却在这里夜以继日地为青藏铁路生产着一组组优质轨排，在雪域高原上书写着巾帼不让须眉的豪迈篇章。她们就是被称誉为高原“雪莲花”的中铁十一局青藏铁路铺架项目部轨排队女工班的工人。

位于西藏那曲地区安多县北部的青藏铁路安多铺架基地，海拔4704米，是目前世界上海拔最高的铁路铺架基地。2004年3月，女工班的职工从全国各地来到安多铺架基地，经过1年多时间的艰苦奋战，成绩突出，她们被中华全国总工会先后授予“全国五一巾帼奖”和“全国五一劳动奖状”等荣誉称号。

青藏铁路线上的“空中小姐”

来到安多铺架基地轨排生产现场时，女工班的成员们正在紧张地为轨排拧螺丝。只见一条条轨排从生产车间推出，龙门吊车伸出长长的“龙爪”，将轨排轻轻放在运轨机车上，迅速运往前方的铺架现场。

女工班班长聂志娥今年只有24岁，当她摘下口罩，记者才发现她是一位容貌秀丽的女性，白皙的皮肤透着微红，眼神清澈，浑身洋溢着青春的朝气和自信。

聂志娥告诉记者，女工班共有26名成员，年龄最大的35岁，最小的24岁。她们中

22人是龙门吊车司机，每天在距离地面十几米的起重机械操作室里，操纵着几十吨水泥枕的排放，因此被亲切地称为青藏铁路线上的“空中小姐”。

安多铺架基地的空气含氧量仅有内地平原地区的一半，很多人到了这里都会有胸闷、头痛、浑身乏力等高原反应。但这20多名“空姐”每天还要在十几米高的龙门吊车里工作12个小时。聂志娥说：“刚开始坐在吊车上还真有些害怕，怕在吊车里会有高原反应耽误工作，毕竟高空作业与地面工作不同，一不小心就会造成人员伤亡。有时，这里还会突然刮起八级以上的大风，吹得龙门吊车也跟着跑，但我们还必须镇定地操作，生怕有丝毫闪失。”

可是只经过一个多月，她们就全部适应了这里的工作环境，铺架基地轨排队党支部书记陈辉说：“她们工作责任心都很强，而且认真、细心，干活一点不比男同志差。”

英雄情结铸就的女性

女工班的26名成员，几乎每个人上青藏线都有一个故事。

来自湖北的聂志娥刚领了结婚证还没来得及举行婚礼就上了青藏线，为此父母要和她断绝关系，但她最终还是说服了家人毅然来到了安多。

范萍上青藏线前利用休假在广州一家外企做采购助理，工作环境和待遇都很好。但是一听说公司中了青藏铁路的标，她便拒绝了外企老板的再三挽留，到安多做了一名普通的工人，每天在排列整齐的轨排上上挡板、弹条、垫片、螺帽，四个动作周而复始。她说：“虽然这里的环境很艰苦，工作很枯燥，但只要想到是在为青藏铁路建设作贡献，就觉得自己的工作很有意义。”

陶维维是女工班里学历最高的女孩，今年只有24岁，大专毕业后就来到了西藏。由于长年在外读书，她在家里通常是“饭来张口、衣来伸手”，用她自己的话说是“属于娇生惯养的类型”。因此，一听说她要上西藏，父母都坚决反对，甚至临行前几天，还不肯给她路费。但在她的坚持下，母亲最终还是含着泪将路费递到了她的手上，对她说：“以前去哪里都是我们把你送到目的地，这次我们去不了了，既然你自己选择了，那就好好干吧。”

陶维维的工作和范萍一样，也是上扣件。她说：“一开始觉得这个工作好累啊，但是再看看周围的工友，一个个干得那么起劲，也就不觉得累了。”

陈辉说，女工班的26名成员，绝大多数人都已结婚生子，每次打电话回家，听到孩子的声音时她们都会忍不住流下眼泪，但她们从不把这种情绪带到工地，擦干眼泪后又全身心地投入工作了。

为了早日铺轨到拉萨

陈辉告诉记者，为了早日将铁路铺进到拉萨，26名年轻的女工放弃了回内地休假的机会，也没有休过一个节假日，甚至生病也坚持工作。

副班长李红今年35岁，是女工班年龄最大的一位，大家都喊她“红姐”。到安多铺架基地后，她经常咳嗽，但一直没有在意，去年8月，咳嗽越来越厉害了，她才在大家的再三劝告下请假去看病。在卫生所打完针后，尽管身体仍然有些不适，可她只休息了一会儿就硬挺着去材料厂领队里急需的配件，结果差点晕倒在材料厂办公室门外，幸亏被及时送往卫生所才没有大碍。

来自四川的严春燕身体不是很好，来安多前，家里人都很反对，但她最后还是说服了丈夫和母亲，成为安多铺架基地的一名龙门吊车司机。去年5月的一天，严春燕突然感到浑身无力，肚子阵阵剧痛，等轨排出完才从龙门吊车爬下来去厕所。上完厕所感觉稍微舒服点，她又爬上10多米高的龙门吊车。如此反复10多次，最后晕倒在龙门吊车里。医生给她打完吊瓶后，她第二天就又去上班了。严春燕告诉记者："不能因为我一个人影响了工程进度。"

陈辉说，就是凭借这种顽强的毅力，女工班在环境恶劣的高原上创造了单班生产轨排最多达到110排，即2.75公里的纪录，这在国内铁路轨排单班生产中也是罕见的。

聂志娥说："我们现在最大的愿望就是能够如期将铁路铺到拉萨，当西藏人民坐着火车，沿着我们生产的铁轨，去看外面精彩世界的时候，也就是我们最幸福、最自豪的时刻。"

三、社会主义职业道德借鉴了国外职业道德建设中的优秀成果

在建设社会主义职业道德的过程中，不仅要继承我国优秀传统职业道德，同时，还要积极吸收西方资本主义国家优秀的职业道德，以弥补不足。世界上许多国家，在人类发展的不同时期，对人类文明、人类的伦理道德，都作出过不同程度的贡献。古代的希腊、埃及、印度的哲人，以及文艺复兴以来的资产阶级思想家，对于人与人之间的伦理关系和道德原则，对于有关伦理道德的许多问题，都有过深刻的阐述。中西方有着不同的历史、文化渊源，进而会形成不同的道德体系。而任何一种道德体系都不是完美无缺的，都有自己的不足。为了更好地建设社会主义职业道德，必须借鉴国外职业道德中合理的因素。社会主义职业道德主要从五个方面借鉴了国外优秀职业道德。

（一）崇尚独立自主、个性自由发展的人文主义精神

西方社会从1416世纪的欧洲文艺复兴以来，追求平等自由、独立自主的人文主义精神，不仅复苏了人性和人道，而且逐渐成为西方资本主义社会的主体意识和标志性的道德观念，对世界近代文明的发展产生了巨大的推动作用。其核心就是坚持自主自立、自我发展，崇尚自我完善，追求自我价值的实现。人是推动生产力发展的第一要素，现代化社会的建设，需要高度激发人的创造积极性和主观能动性。而人的个性自由、独立自主精神，是激发这种创造性和主观能动性的基本条件之一。马克思把"自由个性"、独立人格、人的自由而全面发展看成是人类社会发展的最高理想，因为它取消了人身依附、等级观念，被压抑的人性彻底获得解放，所焕发的必然是巨大的积极性和创造性。

（二）社会正义、天赋人权的平等精神

西方国家崇尚社会正义由来已久。正义常与公正、公平通用，表达一种人类合理性的价值追求。"正义"在本质上是平等、均等，即考虑到人己双方的利益并希望双方利益都得到公平的对待。

天赋人权是指公民享有一定的政治权利、经济权利、法律权利、社会权利等，其核心是强调人有言论自由、信仰自由、人格尊严与平等等权利。人权已经成为世界范围内被普

遍接受的价值和理想。天赋人权思想出现于1718世纪的欧洲，是西方社会民主发展的产物，是促进西方进一步形成民主、文明制度的主要思想基础和来源，也是推动当今世界范围人权运动的主要思想来源和依据。

中国封建社会长达2000多年，受等级观念影响，生活中还存在不平等及不尊重人的现象，对经济发展十分不利。借鉴西方的平等观念，对从业人员给予应有的尊重，有利于调动从业人员的劳动积极性，也有利于政府部门从业人员纠正官老爷作风。

（三）开拓创新、勇于探索、敢于奉献的进取精神

西方社会认为，世界并不存在永恒不变的宇宙秩序和唯一版本的绝对真理。人要生存，就要勇敢地开拓进取、不断创新，在探索中寻求人生之路。任何因循守旧、固步自封、苟且偷安者，迟早会被社会生活的激流所吞没。成功与希望只属于那些奋发向上、开拓创新、勇于探索、百折不挠、敢于拼搏的人们。改革开放是一项史无前例的事业，既无现成的办法可依，也无现成的经验可循，更无现成的模式可仿，我们必须发扬开拓创新、勇于探索、敢于奉献的精神，才能达到我们所希冀的目标。

（四）忠于职守、勤奋刻苦的敬业精神

许多国家在历史发展的进程中逐渐形成了忠于职守、勤奋刻苦的传统和精神。这样一种敬业精神，是促进这些国家经济发展的内在动力和主要因素之一。尤其是伴随着资本主义制度的逐渐成熟，各行各业的职业道德更加规范化，恪尽职守、尽职尽责便成为共同的道德要求。如日本各行各业所表现出来的忠于集团、爱护集体、安心本职工作、忠于职守、勤奋刻苦的敬业精神，更为世人所称道。国外评论家称日本人是“只知工作的蜜蜂”。他们工作起来全神贯注，旁若无人。有资料表明，如果劳动效率的国际标准为100，日本则为130。他们个个是精通技术、熟悉业务的专家，他们热心周到、不厌其烦地为消费者提供优质服务，为消费者提供质量过硬的优质产品。他们的勤劳刻苦是促进国家繁荣发展的巨大精神力量，为全世界树立了榜样。

（五）提倡“明朗、爱和、喜劳”的精神

随着市场经济的发展，商品竞争使企业面临着严峻考验。为了不被别的企业挤垮或吃掉，一些发达国家的企业家除了关心技术革新和产品开发外，都很关心职业道德教育，日本在这方面做得比较突出。日本十分重视企业的职业伦理道德教育，并采取一切措施，在企业中普遍展开，企业和伦理密不可分，伦理道德成为企业的灵魂。

日本的许多企业明确提出“企业即人”、“伦理进入企业，心灵进入工作场所”等口号。这就是说，企业职业道德教育始终是和企业的命运紧密联系在一起的。日本企业职业道德教育的内容十分广泛，其中心内容是“明朗、爱和、喜劳”三项。所谓“明朗”，就是要有明快、开朗的心。他们认为，一个人有了明朗的心，不仅可以善待自己，而且可以善待周围的人。明朗的心是健康之本，是家庭健全的中心，是事业繁荣的关键。明朗的心是一盏明灯，是健康的晨光，是万善之本，是伦理实践的第一步，每一天甚至每一分钟都不要使心阴暗下来。如果从业人员都能自觉做到“明朗”，而且付诸实践，就可心净如玉，心地美好，热情待人。所谓“爱和”，就是要和谐相处。日本人认为，和则荣，不和则伤，人际关系搞好了，整体力量就会增加二倍、三倍，生产、经营大都会成功。否则，我行我素，互相争斗，缺少合作意识，无论怎样努力，效率都无法提高。所谓“喜劳”，就是高高兴兴地工作。喜劳是一种滑润剂，一个人领悟到自己从事的工作的重要，就会喜爱这份工作，就会拼命地干。只要抓住喜劳，就会带来幸福。日本的职业伦理道德教育主要是抓这三项。每个人的感情中要有这6个字，这是人的“纯情”。每个职工只有自觉地培养了这种“纯情”，企业才会变成“明朗的集团”，“爱和的集团”和“喜劳的集团”，企业就会立于不败之地。

虽然资本主义职业道德是为维护资本主义制度服务的，对资本主义经济的发展起到极大推动作用，但是在建设社会主义市场经济的进程中，我们需要广泛吸纳一切先进的、有价值的思想财富为我所用。凡是对经济发展有利的，我们都应该吸收过来。在吸收西方优秀职业道德的同时，要坚持“以我为主、为我所用”的原则，对其加以改造，并结合中国社会主义实践的现实，创造出有中国特色的社会主义伦理道德体系。

四、社会主义职业道德的创新与发展

江泽民同志指出，我们应当发扬创新精神，建设社会主义道德体系，也必须有创新精神，而且，这也是社会主义道德体系的生命力之所在。社会主义职业道德体系，是在弘扬传统职业道德精华、汲取世界职业道德优秀成果的基础上建立起来的，随着改革开放的进行，社会主义职业道德体系无论是在内容上还是在结构上，都发生了一系列根本性的变化。这就是我们所说的以社会主义改革为动力的社会主义职业道德体系的创新和发展。具体体现在以下几方面。

（一）社会主义的自由平等观念

社会主义市场经济和社会主义民主政治需要在人与人之间的关系方面，树立起一种自由平等的观念，并且作为处理人与人之间矛盾的基本道德原则。自由平等观念是以资本主义市场经济关系和资本主义民主政治发展为基础而产生的。但是，作为资产阶级道德观念的平等自由，是以个人主义为基础的。社会主义职业道德中的自由平等观念，批判地继承了资产阶级自由平等观念中有价值的因素，但是又与之有根本区别，它是建立在社会主义集体主义基础上的。社会主义的平等自由观念，已经有了崭新的时代内容。这种现代平等自由观念的本质特点之一，就是尊重文明发展的多样性，尊重每个人个性的自由发展。

（二）自主自立的观念

随着社会主义市场经济的发展，人们的主体意识日益增强，独立自主的人格观念也在增强，这就是人们的自主自立意识的逐渐形成。这是现代市场经济所形成的社会关系的一种反映。市场经济有自主原则，自主经营，自负盈亏，所以随着市场经济的发展，人们的独立自主的主体意识不断增强。人们的自主自立的道德观念也在逐渐形成。社会主义民主政治的发展，也要求人们有自觉的社会主义主体意识。西方资本主义社会也提倡独立自主，但其基础是资本主义私有制，主要维护个人利益，而我国的自主自立的建立则以集体主义为基础，它要求人们必须正确处理个体和集体、个人和社会的关系，个人必须服从集体。

（三）竞争与协作相统一的观念

竞争是市场经济发展的一大运作原则。市场经济条件下的合理竞争，可以有力地激发人们的积极性，使人们的智慧和力量最大限度地发挥出来，提高生产力的发展水平。但是，在自发状态下，竞争也会产生一定的负面影响，导致自私自利、损人利己情况的发生。要使社会主义市场经济能够健康地发展，在加强社会主义法制建设的同时，还要积极提倡和发扬团结互助的精神，正确处理竞争与协作的关系。强调竞争与协作的统一，就是在现实的市场经济活动中，贯彻社会主义集体主义道德原则的重要方式。

（四）效率与公平相统一的观念

市场经济是追求效益的经济，而效益与效率紧密相联。要发展社会主义市场经济，就必须有明确的效率意识。由于现代科学技术的作用日益突出，要不断提高生产效率，就必须有科技创新精神。开拓创新和追求效率，是对社会作出更大贡献的一种宝贵精神，所以，积极的效率观念也是现代市场经济体制所要求的职业道德观念。但是，社会主义市场经济所要求的效率观念，与资本主义市场经济所要求的效率观念有本质的区别。社会主义的效率观，不是为效率而效率，也就是说，不是那种单纯的、片面的效率观念，而是与社会的全面发展相一致的效率观念。所以，社会主义效率观的本质特点是效率与公平的统一，是经济效益与社会效益的统一。

（五）重视信誉的法治观念

市场经济也是法治经济。市场经济的正常运行、市场经济活动主体正当利益的维护，都要靠一个稳定而合理的法律秩序来保证。因此，对每个市场经济活动的参与者来说，严格遵守法律，也是一种职业道德上的要求。在市场交换活动中，遵守法律合同，严守信用，尤其是重视经营信誉，是保证正常的市场经济秩序的起码法律条件，因此也是社会主义现代市场经济关系中必然的要求。一个企业若要在激烈的市场竞争中立于不败之地，必须拥有很高的商业信誉。

（六）社会主义的义利观

中国自古就有重义轻利、以义制利的传统。但是，中国古代的义利观与现代市场经济的求利原则有些冲突。随着改革开放的进行，特别是市场经济的发展，人们的义利观念开始发生变化，逐渐克服了重义轻利的片面观念。但是，有些人在求利的驱使下，走向了另一个极端，产生了严重的见利忘义的思想倾向。如何处理义利关系，是摆在了我们面前的一个问题。

所谓义利问题，实际上就是社会整体利益和个人利益之间的关系问题，也可以说是公与私的关系问题。在发展社会主义市场经济的过程中，每个人、每个市场经济主体，都会遇到如何处理国家利益、人民利益、集体利益、个人利益之间的关系问题。社会主义市场经济的本质，要求人们反对见利忘义、唯利是图，形成把国家和人民利益放在首位而又充分尊重公民个人合法利益的社会主义义利观。在倡导社会主义义利观的过程中，还有一个突出的问题，就是如何正确处理先富和后富的矛盾，而解决这个矛盾的根本途径，则是在努力发展社会主义生产力的前提下，发扬社会主义集体主义精神。这就是说，社会主义义利观的核心，是社会主义集体主义道德原则。

总之，随着社会主义市场经济和社会主义民主政治的发展，在弘扬传统职业道德的精华和汲取世界上职业道德优秀成果的基础上，社会主义职业道德体系无论是在内容上还是在形式上，都发生了深刻的变化，出现了新的面貌，成为推动社会主义社会向更高历史阶段前进的重要精神因素。社会主义职业道德体系的这种创新和发展，恰恰是它的生命力之所在。

第二节　社会主义职业道德的基本特征

一、社会主义职业道德是社会主义道德体系的组成部分

社会主义社会的道德体系是一个复杂的、多层次的、交叉的体系结构。它既包含着对社会成员的一般要求，又包含着对社会成员的基本要求；既有较低层次的要求，又有较高层次的要求；既包含着现在的因素，又包含着未来的成分。共产主义道德就是社会主义初级阶段社会主义道德体系中对人们的最高要求。具体来说，社会主义道德体系是由两级结构、三个层次、两种关系构成。

（一）两级结构

在社会主义道德体系中，共产主义道德属于最高层次，也是最高要求。社会主义道德与共产主义道德既有联系又有区别。

共产主义道德就其阶级实质而言，是无产阶级道德。共产主义道德是从无产阶级道德发展而来的，是无产阶级在马克思主义指导下，在反对资产阶级斗争中以及在进行社会主义革命和社会主义建设中逐步形成与发展起来的人类历史上最高尚的道德。现阶段的社会主义道德和共产主义道德都是在以生产资料公有制为主体的社会主义经济基础上产生与发展起来的，都是社会主义社会的意识形态和上层建筑，都是以马克思主义的科学世界观为指导，它们同属于共产主义思想道德体系。但是，社会主义道德与共产主义道德在内容的规定上却有一定程度的差别，在对人们的要求上有高低不同。

共产主义道德要求人们树立共产主义远大理想，全心全意为人民服务，大公无私、奋力开拓、公而忘私、勇于献身，必要时不惜牺牲自己的生命。这种道德显然具有先进性。它虽然不能为广大群众所接受，但已被少数先进分子特别是共产党员所践行。共产主义道德为整个社会主义道德体系指出了前进的方向。社会主义道德是社会主义初级阶段的道德，社会主义道德建设是从现阶段的经济关系和政治关系实际情况出发的。经济关系就是以公有制为主体、多种所有制经济成分并存；政治关系就是在中国共产党领导下的社会主义国家，实行人民民主专政，实现共产党与各民主党派、海内外一切爱国人士的广泛统一战线。因此，社会主义道德必须具有广泛的群众性。

（二）三个层次

从高到低三个层次依次是：共产主义道德、社会主义道德、人类社会公共生活道德规范。共产主义道德是共产党员和先进分子的现行道德规范，是全社会道德进一步的方向，是广大人民群众努力争取达到的目标。社会主义道德是广大人民群众现行的道德行为规范，是全民道德。人类社会公共生活规范，是不分国界、不分社会制度、不分阶级、不分种族，人类达成共识的并共同遵守的规范，如尊老爱幼、文明礼貌、讲究卫生、谦虚礼让、见义勇为、助人为乐等。

（三）两种关系

社会主义道德的内容又由纵横两种关系构成。从纵向关系说，它是由核心、宗旨、原则、基本要求构成的。为人民服务是社会主义道德的核心，也是最根本的宗旨和要求；集

体主义是贯穿始终的基本原则；“爱祖国、爱人民、爱劳动、爱科学、爱社会主义”是社会主义道德的基本要求。从横向关系看，人们的社会生活包括三大领域，即社会公共生活领域、职业生活领域、家庭生活领域，与三大领域相适应，就有三种不同的道德要求，即社会公德、职业道德与家庭美德。

为人民服务的宗旨和核心、集体主义原则、“五爱”的基本要求，贯穿于社会主义道德的三大领域中，由三大领域的道德规范具体落实和体现，而在职业道德中体现得最突出、最重要和最集中。这是因为，在现代生活里，职业生活对每个人来说更为重要，它几乎是每个人必经的生活领域。从业者所产生的职业行为涉及社会政治、经济、文化、教育、卫生等方方面面，与每个人的生活产生广泛而直接的联系。每个人的职业行为是人与社会交往最经常、最基本的形式，所以其职业行为如何，必然比他在公共领域、家庭领域所产生的影响广泛而深刻得多。每一种职业不仅反映个人的利益，更多的是体现人民、国家、社会主义事业的利益。因此，个人职业行为如何，往往不单纯是个人的问题。如果各行各业在职业道德方面都出现严重的问题，影响的就是党和国家的形象，损害的就是整个国家的利益。因此，社会主义职业是社会主义体系的重要组成部分。

二、社会主义职业道德内容具有不同层次性

社会主义职业道德内容具有不同层次性是由社会主义初级阶段的经济制度决定的。社会主义初级阶段是以公有制为主体，多种经济成分并存的体制，它不仅包括国有经济和集体经济，还包括混合所有制经济中的国有成分和集体成分。非公有制经济包括私营、个体、三资企业等成分。因此，按照上层建筑必须与经济基础适应的规律，作为上层建筑的社会主义职业道德也必然要表现出多层次性。分出层次，就是结合具体实际情况，针对不同层次，提出不同的道德要求，不搞一刀切，把先进性与广泛性结合起来，把特殊性与普遍性结合起来，使社会主义各行各业、各个阶层都乐于接受。社会主义社会固然应该在全社会各行各业中大力提倡“公而忘私、无私奉献”的高尚道德精神，引导全社会劳动者向更高层次的道德——共产主义道德标准前进，但是，大多数劳动者，特别是私营企业主、个体所有者，他们目前的觉悟和道德修养不足以达到能够自觉遵守和维护共产主义道德的水平。对全体劳动者来说，他们能够遵守社会主义道德的基本要求，遵守社会主义职业道德基本规范和各行各业具体职业道德的要求和准则，就是达到了基本要求，就是一个有道德的人。对于私营企业主、个体所有者来说，只要他们能够守法经营、公平竞争、讲究信誉、不搞欺诈，就是基本达到职业道德底线，也是一个有道德的人。

三、为人民服务是社会主义职业道德的核心

《公民道德建设实施纲要》指出：“为人民服务作为公民道德建设的核心，是社会主义道德区别和优越于其他社会形态道德的显著标志。它不仅是对共产党员和领导干部的要求，也是对广大群众的要求。每个公民不论社会分工如何、能力大小，都能够在本职岗位，通过不同形式做到为人民服务。”

社会主义生产的目的是不断满足人民群众日益增长的物质文化需要，体现了为人民服务精神；而历史唯物主义认为，人民群众是历史的主人，是人类物质和精神财富的创造

者，是推动社会发展的决定力量，因此为人民服务符合历史唯物主义基本原理。所谓为人民服务，就是要求在社会主义条件下，一切言行都从人民利益出发，急人民群众所急，想人民群众所想，尊重人民、爱护人民、维护人民群众的各项权益。在社会主义社会所有行业中的职业行为，都不是单纯地为了职业利益和个人荣誉，还包含有为人民服务的成分。社会主义职业将从事各种职业的人的利益同广大人民群众的利益有机地统一起来，使职业道德服从于人民的利益，构成了它区别于以往各种职业道德的本质特征。为人民服务不仅是社会主义道德体系的核心，同样也是社会主义职业道德的核心。

为人民服务这一核心具体包括以下基本内涵：

第一，一切从人民的利益出发，站在人民的立场上立身处世。把为人民服务定为社会主义职业道德的核心，就意味着人民的利益是出发点和立足点。一切从人民的利益出发，就是要坚持人民的利益高于一切，自觉维护人民的利益，并为人民的利益而奋斗，要冲出个人和小集团利益的羁绊，不为少数人谋私利。不受地方利益、局部利益、部门利益的束缚，不受眼前利益的限制。一切从人民的利益出发，应该从广大人民群众整体的、全局的、长远的、根本的利益出发，急人民之所急，想人民之所想，助民解忧，为民造福。站在人民的立场上，就是指要深入群众，和群众融为一体，关心群众的冷暖疾苦，体察群众的喜怒哀乐，在任何时间处理任何问题时，个人都应当把人民大众的利益放在首位，把自己的利益融化于人民大众的利益之中，坚定同一切危害人民群众利益的思想和行为进行毫不妥协的斗争。

第二，要把为人民服务作为人生目的。为人民服务的人生观，是把为人民谋利益作为一切言论和行动的宗旨，这就从根本上揭示了无产阶级人生观与资产阶级人生观的原则区别，指明了人生目的的出发点和归宿。资产阶级的人生目的是为自己，唯利是图，而无产阶级人生观是为绝大多数人谋利益，即将为人民服务作为人生目的，实现个人利益、职业集体利益同整个人民利益的根本一致。只有对人民极端热忱，才能更好地为人民服务。

第三，把人民的利益作为判断是非的标准。社会主义各种职业，都是为人民服务的岗位。社会主义生产的根本目的，就是为了满足人民群众的物质和文化生活的需要。人们无论从事哪种职业，也无论是在国营企业、集体企业或个人私营企业，都要把自己的职业活动同满足人民群众的需要联系起来。通过自身的职业活动来满足社会上各个行业及其成员的需要。同时也从各行各业的职业活动中满足自己的需要。但是，人民的利益是高于一切的，人民的利益是判断职业行为是非善恶的标准。在社会主义社会，既存在着个人与社会之间的利益矛盾，也存在着小集体、企业、部门与国家和整个社会之间的利益矛盾，这就需要有标准来衡量。为人民服务的基本内容包括了把集体利益放在首位，它是正确处理社会主义社会各种关系的依据。有些职业行为从维护个人、小团体、本部门的利益来看，是可行的，是应该的，但是从国家与全体人民的利益来看，是不可行的，是不应该的。人民利益高于一切的标准能告诉人们何去何从。如一个几百人的小型造纸厂，经济效益可观，给当地解决了许多人的就业问题。但造纸厂排出了大量的污水，污染环境十分严重，造纸厂是否关闭，就看以什么为标准。若以造纸厂这个小集体的利益为标准，造纸厂不应关闭；若以全体人民的利益为标准，造纸厂就应关闭。因此，把人民的利益放在首位，是衡量职业行为善恶的最高标准。

第四，热爱人民，服务人民，关心人民。人民是国家的主人，无论何时何地，劳动人民总是构成人民群众的主体，占人口的大多数，对社会的发展起最大的作用。人民群众中蕴藏着无穷的智慧和力量，他们不仅创造物质财富和精神财富，而且在阶级对抗的社会里是阶级斗争的主力军。不管是战争年代还是和平时期，不管是过去、现在还是将来，人民群众的力量是强大的、不可低估的。要正确对待人民群众，应该做到热爱人民、服务人民、关心人民，与人民群众打成一片，同甘苦、共命运，与人民群众建立深厚感情，处处树立人民利益至上的信念。在我们社会主义国家消灭了剥削与压迫后，人与人之间是平等的，没有高低贵贱之分，只有社会分工不同。各级领导干部手中的权力是人民赋予的，是用来为人民服务的工具，绝不允许借其谋取个人私利。

四、集体主义是社会主义职业道德的基本原则

集体主义不仅是社会主义道德体系的基本原则，同时也是社会主义职业道德的基本原则，这是与社会主义公有制相适应的。以生产资料公有制占主导地位的社会主义所有制形式，为集体主义的实施创造了直接的经济前提；以工人阶级为主体、以共产党为核心的国体、政体及人民的组织形式，为集体主义的实施创造了直接的政治组织前提；以一定程度的社会主义觉悟为基础的广大人民群众的思想道德素质，为集体主义的实施创造了直接的思想前提。集体主义是我们正确处理个人与国家、集体与社会共同利益关系的基本准则。真正的集体主义，是自阶级社会以来的社会主义社会的独有现象。

（一）集体与个体的辩证关系

集体与个体相伴而生，要理解集体主义的涵义，首先要了解什么是集体，什么是个体。

集体是由相互依存的个体构成的组织整体，是人数不等的一群人，有目的、有计划地组织起来的社会整体。集体是一种社会组织，是由相互依赖的个体构成。所谓个体，是相对独立存在的社会个人。集体是相对于个体而言的。集体的表现形式在现实生活中是多种多样的，小至两三人组成的家庭，大到建立在一定的经济基础上的社会。集体体现了一种个人与社会的统一。

集体和个体是紧密联系在一起的，没有个体，便没有集体。在一个集体中，集体和个体存在着辩证统一的关系。

首先，集体是由相互依存的个体构成的有机整体。没有个体，集体就无法存在，或者说就失去了存在的基础，个体是构成整体的要素，这是集体对个体的依赖。

其次，在集体中，个体又离不开集体。个体之所以要组成集体，这是由于每个个体总要依靠某个团体（例如，家庭、阶级、社会集团或职业团体等）才能生存，这是个体或个人对集体的依赖。如一个才华横溢的科学家，若离开科研单位，其才华则无法发挥。

第三，在一个集体中的个体，是互相依赖的，并紧密地联系在一起。这个集体中各个个体表现出共性、一致性。但是这些个体又都有着自己的个性，他们一方面与集体的命运相联系，另一方面又有自己特殊的作用、特殊的利益和要求，不可能是完全一致的，这些差别就会造成个体之间的矛盾及个体与整体之间的矛盾与对立。如每个单位都有不同的职能部门，每个职能部门的人员都有不同的分工，彼此相互联系，缺一不可。

第四，集体与个体之间的相互依赖并非是平衡的关系，两者的依赖是不平衡的。集体对个体的依赖程度只是相对的、有限的。集体越大，它对个体的依赖程度就越小。而个体对集体的依赖却是绝对的。这是因为绝对置身于集体之外的孤立的个人在世界上是不可能存在的。一个人的力量是有限的，无论做什么，离开了集体很难取得成功。而集体则不同，集体虽然由个体构成，但由哪些个体构成，却有选择的余地。因此，集体对个体的依赖是相对的。

总之，在由个体构成的有机整体中，集体起着主导作用，而个体处于从属或服从的地位。如果个体的需要和利益违背了社会整体的需要和利益，那么它不仅不能从集体中获得发展的条件，而且还会因为失去成为集体中一员的资格而被淘汰。

（二）集体主义原则的内涵

斯大林首先指出，“集体主义、社会主义并不否认个人利益，而是把个人利益和集体利益结合起来”，并强调“只有社会主义才能给这种个人利益以最充分的满足”（《斯大林选集》下卷，第 335 页）。集体主义作为职业道德的基本原则随着实践的发展而不断发展并完善，我们对它的认识也是通过实践而逐步提高和深化。从总的指导思想来看，社会主义的集体主义原则，是在社会主义社会中提倡集体利益与个人利益在集体利益基础上的辩证统一。我们应当从以下几个方面来正确理解和把握集体主义的涵义。

首先，集体利益高于个人利益。集体利益高于个人利益是集体主义原则的根本出发点和归宿点。所谓集体利益，是指在社会主义条件下，由一定劳动者组成的利益集合体（如工厂、商店、学校、部队等）在经济、政治和精神文化诸方面利益的总和。它以促进全社会的物质文明和精神文明建设为基本的道德尺度。同时，“集体利益”又是一个相对的概念，在一定意义上，国家利益也是一种集体利益。所谓个人利益，则是指个人的一切正当需求的总和。它首先是指个人的经济利益，同时也包括个人的政治权利、精神文化需要等因素。它以与国家、集体利益保持目标和方向上一致为基本的道德尺度。集体利益与个人利益的关系，是一种以集体利益为主导的辩证统一关系。集体利益具有共同性，个人利益具有个别性，两者相辅相成、互相依赖、互相渗透。集体利益是个人利益的保障，集体既是个人生存的前提条件，也是个人发挥作用、提高素质和技能的社会环境，离开了集体，个人就会一事无成；个人利益是集体利益的源泉，没有个人利益的存在，没有集体中所有成员的团结合作、协调一致和共同奋斗，就没有集体的利益。

社会主义集体主义原则的实质，是集体利益和个人利益的一致性，即以社会整体利益为基础的两者的统一。因为社会主义的集体是一个真正代表全体成员利益的集体，因而集体利益中就包含着每一个集体成员的利益。但集体利益并不是个人利益的简单相加，而是每个集体成员利益的有机结合。集体利益代表了每个集体成员的长远的、根本的和全局的利益，是实现个人利益的前提和保障。这就决定了集体利益必然高于个人利益，所以集体主义原则的出发点，是把集体利益、社会整体利益放在第一位，把个人利益放在第二位，它要求人们的一切言论行动都要以国家和最广大人民群众的根本利益为出发点和归宿点，自觉坚持和维护国家和人民的根本利益，把社会整体利益、集体利益放在首位，让它成为判断善恶、正邪、荣辱的根本标准。社会整体利益、集体利益高于个人利益，不仅是我国职业道德建设的基本原则，也是社会主义社会的价值导向、人生行为导向的基本原则。

其次，在保障社会整体利益的前提下，实现个人利益和集体利益的结合，是社会主义集体主义的本质特征。在以公有制为基础的社会主义社会，广大人民群众是生产资料的占有者和支配者，社会生产的目的，是为了满足劳动者日益增长的物质生活和精神生活的需要，这就从根本上保证了集体利益和个人利益的一致性。社会主义的集体代表着集体中每一个成员的共同利益，没有集体的发展和价值的实现，个人的利益和价值就不可能实现。而集体中每一个成员的活力和能动性的发挥又使集体利益的实现有了保障。

在社会主义制度下实现社会整体利益、集体利益和个人利益有机结合的利益关系形式，是社会主义集体主义原则所追求的最高道德目标，也是社会主义集体主义原则的本质特征。正是社会整体利益与个人利益有机结合的利益关系形式，赋予了社会主义集体主义强大的生命力，并成为区别于以往剥削阶级整体主义、团体主义的最本质的特点。因为在社会主义社会中，个人利益不仅同集体利益、社会整体利益是根本一致的，而且只有在社会整体利益、集体利益的发展中，个人利益才能得到发展和实现；同样，也只有每个人的活力、积极性得到充分发挥，自我价值充分实现，社会主义国家才坚强有力、充满活力。虽然个人利益和集体利益、社会整体利益还不可避免地存在着这样那样的矛盾，但已经具备了实现两者结合的基础，随着改革的不断深入和经济的不断发展，它们的有机结合会得到不断完善。作为调节个人利益和集体利益的根本原则的社会主义集体主义，它要求一方面必须坚持社会整体利益、集体利益高于个人利益；另一方面，必须兼顾和保障个人正当利益的实现，在反对自私自利倾向的前提下，真正使社会整体利益、集体利益和个人利益有机结合起来。

第三，当个人利益与集体利益发生矛盾时，个人利益要自觉服从集体利益，这是社会主义集体主义原则的根本要求。在社会主义社会，个人利益与集体利益根本上是一致的，但由于现实生活纷繁复杂，个人利益与集体利益经常会产生冲突。当个人利益与集体利益发生冲突时，我们应该怎样处理两者关系呢？按照马克思主义的观点，占人口绝大多数的人民群众的根本利益代表了社会发展的方向，因此社会整体利益绝对地高于个人利益。这就要求人们坚持集体主义原则，顾全大局，以社会整体利益、集体利益为重，也就是说，个人利益要服从于社会整体利益。不仅如此，还要眼前利益服从长远利益、局部利益服从整体利益。正如邓小平同志所强调的："在社会主义社会中，国家、集体和个人的利益在根本上是一致的，如果有矛盾，个人的利益，为了人民大众的利益，一切有革命觉悟的先进分子必要时都应当牺牲自己的利益"（《邓小平文选》第二卷，第337页）。他还进一步指出，个人利益要服从集体利益，局部利益要服从整体利益，暂时利益要服从长远利益，或者叫小局服从大局，小道理服从大道理。

在社会主义市场经济条件下，人们的社会生活经济状况和思想观念都发生了一系列重大变化。在经济繁荣的同时，拉大了贫富之间的差距，一些企业的倒闭，给离退休职工的生活带来困难，企业改革也使许多工人下岗，在社会上就出现了否定改革的言论。这就要求人们树立局部服从全局的观念，正确处理个人利益与国家整体利益之间的关系。实践证明，坚持集体主义原则，对建设社会主义意义重大。我国是一个13亿多人口的社会主义大国，如果我们在处理个人与集体、个人与国家以及地方与中央的关系时放弃集体主义原则，后果将十分严重。

第四，社会主义集体主义在强调集体利益高于个人利益的前提下，同时强调集体必须充分满足个人的正当利益，促进个性的发展和个人价值的实现，这也是集体主义原则的重要方面。社会主义集体主义要求集体（包括国家、民族、社团、政党等）必须充分关心和保护个人的合法权益，使个人的正当利益得到实现，并力求使每一个集体成员的个性和才能得到最好的发挥，重视个人的正当利益，维护个人的尊严和价值，并使人的个性得以自由和谐的发展。事实上，只有在集体中，才能获得个人发展的途径和个人自由；只有集体才能为个人利益的满足、个人的全面发展和个人自由的真正实现提供和创造充足的条件。社会主义集体利益本身包含着广大人民群众的各种各样的个人利益，而且是个人利益的基础和源泉。那种认为强调集体主义就会约束和限制个人的观点，是毫无根据的。

个人利益和集体利益的关系是辩证统一的。一方面，只有自觉维护和发展集体利益，才能保障个人利益的实现和满足；另一方面，集体利益的实现，很大程度上取决于它所代表的个人利益的真实程度，只有真正代表个人利益的集体才能真正为个体所接受，使个人自觉自愿地履行对集体的义务和责任，集体利益才会有保障。市场经济主体的相对独立和平等自由是市场经济得以形成的先决条件，经济主体的利益得到尊重与满足，其活力与创造力才能得以激发，市场经济才能繁荣，社会整体利益才会增加。事实证明，在强调国家利益、集体利益的同时，重视个人利益的满足和个人价值的实现，才能产生对社会、集体的强大向心力和凝聚力，这也是调动个人积极性、维护和发展集体利益的最佳途径。因此，为了使集体的事业兴旺发达，我们在强调国家利益和社会利益的同时，更要重视个人正当利益的满足和个人才华的发挥，重视个人价值的实现。

值得注意的是，我们在处理国家、集体、个人三者关系时要划清个人主义与个人利益以及集体主义与小团体主义之间的界限。既要反对把个人利益、小团体利益凌驾于集体利益、国家利益之上的倾向，又要注意防止借口反对小团体主义、个人主义而忽视职业团体或个人正当利益的倾向。

（三）集体主义应当是社会主义职业道德的基本原则

职业道德的基本原则，是指最根本的职业道德规范。它是对具体职业道德行为规范中所体现的价值方针的高度概括，是职业道德的灵魂。集体主义之所以是社会主义职业道德的基本原则，是因为集体主义贯穿于社会主义职业道德规范的始终，是正确处理国家、集体、个人关系的最根本的准则，也是衡量个人职业行为和职业品质的基本准则，是社会主义社会的客观要求，是社会主义职业活动获得成功的保证。

首先，集体主义是社会主义制度的本质要求。思想道德作为一定社会的经济、政治关系的反映，必然与一定社会的经济、政治关系相适应。从经济制度看，我国现阶段的经济制度是以公有制为主体，多种所有制经济的共同发展。社会发展的根本目标是逐步消灭剥削、消除两极分化，最终达到共同富裕。从政治制度看，我国实行人民民主专政为国体和人民代表大会制度为政体的根本政治制度，体现了广大人民的利益。生产资料公有制、民主政治、共同富裕，与集体主义原则有着必然联系，它们是集体主义道德原则确立的社会政治与经济的基础。因此，集体主义原则是社会主义内在的本质要求，是社会主义经济、政治制度的伦理反映。在社会主义社会，集体主义的原则贯穿于社会生活的三大领域，即社会公共场所、职业岗位领域与家庭，被社会主义公有制经济关系所决定，社会主义道德所包括的社会主义的社会公德、职业道德与家庭美德都是在社会主义道德原则——集体主义原则的指导下形成和发展起来的。人们无论在经济活动、政治活动、思想活动中，都应当按照社会主义集体主义道德原则指导自己的行为。

其次，集体主义原则是社会主义职业道德区别于一切旧道德的根本标志。集体主义原则集中地体现了无产阶级大公无私的优秀品质，反映了社会主义职业道德的本质。集体主义道德原则同一切剥削阶级利己主义道德原则根本对立，与小生产者的道德原则有着重大区别。在私有制社会中，由于剥削阶级的社会地位和阶级利益，决定了他们总是自私自利。社会主义的集体主义既强调了社会集体利益高于个人利益，又肯定了个人利益的合理性、正当性，实现了个人利益与集体利益的有机统一，这就把社会主义职业道德与其他社会职业道德从根本上区别开来。

第三，集体主义是无产阶级最基本的道德价值品质，符合社会发展的共同利益。无产阶级的集体主义，产生于与资产阶级针锋相对的阶级斗争之中。它最初是无产阶级在政治上、经济上用来调整无产阶级内部政治、经济关系的一种原则。正是无产阶级的政治革命，成了无产阶级集体主义产生的深刻根源。无产阶级与资产阶级的斗争是一场阶级大对抗，单凭无产阶级个人的力量无法与代表全部旧社会利益的资产阶级相抗衡。无产阶级个人只有联合起来，组成一个强大的无产阶级集体，才能赢得这场阶级大对抗的最后胜利。由此可见，集体主义作为无产阶级特有的思想品德和价值取向，决定于其阶级地位和阶级特点。无产阶级是同大生产相联系的人类历史上最先进的阶级，它的历史使命是消灭一切剥削阶级和压迫，解放全人类。为完成这一使命，只有依靠全世界无产阶级联合起来，团结广大人民群众，组成一个集体共同奋斗。所以，集体主义原则是无产阶级历史地位和根本利益在道德观念上的反映，是广大劳动人民根本利益和社会发展共同利益的体现。以无产阶级为阶级基础的社会主义职业道德的基本原则和价值取向，只能是集体主义。

第四，集体主义是发展社会主义市场经济的现实需要。社会主义市场经济的内在属性、运行机制之中蕴涵着集体主义原则。市场经济直接同社会化生产密切相关，社会化要求人们具有高度的整体协作的精神。市场经济的发展使个人与集体的关系更加紧密，商品生产者、经营者的个人利益是通过满足他人和社会的需要来实现的。这就把利己与利他结合起来，把履行自己的义务和应有的权利统一起来，使集体主义原则的实现成为可能。同时，我们还应该看到，市场经济有其自身无法克服的缺陷，如趋利性，容易滋长拜金主义和极端个人主义思想，以及以权谋私、贪污腐化等，这些消极腐败现象严重干扰市场经济的健康发展。所以，发展社会主义市场经济更需要集体主义原则铸造经济组织、社会团体发展所必须具备的合力、动力、凝聚力。

总之，集体主义原则对职业道德调节对象具有普遍的约束力和指导性，是贯穿于社会主义职业道德规范体系的根本原则。在社会主义社会，由于消灭了剥削制度，建立了生产资料公有制，国家、集体、个人三者的利益在根本上是一致的。因此，社会主义集体主义原则对社会主义社会中的各种集体以及各种集体中的每个成员，都具有普遍约束力和指导性。

五、社会主义职业道德修养的非自发性

在以往的社会中，职业道德修养对于从业者来说，具有一种自发性，因为职业道德的好坏，直接关系到从业者职业的优劣、经济收入的多寡。从业者从自己的切身利益出发，自发地进行职业道德修养。企业经营者出于对企业自身发展考虑，也十分关心职工的职业道德状况，因此私有制下的职业道德具有自发性。

社会主义职业道德是在以公有制经济为主体的社会主义经济基础上建立起来的，它的主体内容不像旧的职业道德那样可以自发形成，这主要是因为以下几个原因：第一，公有制取代私有制是根本性的社会巨变，其职业道德不能简单地因袭旧的职业道德。第二，社会主义职业道德从本质上属于共产主义道德体系，要在社会主义时期为人们都掌握，必须通过马克思主义教育，必须在外部不断地灌输、强化。第三，社会主义职业道德的原则、规范与历史上各种职业道德有着本质的区别，是马克思主义在职业道德领域中的具体体现，是完整的科学理论。社会主义职业道德作为一门科学，只有通过刻苦学习，进行理性思考，才能变成人们的道德认识，化为人们的道德情感，转化为道德意志，上升为道德信念。而道德意识最终成为人们的道德行为，必须将上述过程内化为个人的自觉行为。根据马克思主义哲学原理，外因通过内因而起作用，要掌握社会主义职业道德，只靠外部灌输是不够的，还需要依靠人们自觉的道德修养。自觉的道德修养才是从业人员提高职业道德水平的内在动力，是职业道德达到较高境界的关键，若没有自觉修养，从业人员的职业道德只能停留在较低的水平上。

第三节　社会主义职业道德的构成要素和社会作用

一、社会主义职业道德的构成要素

作为具有自身特殊性的职业道德，特别是社会主义职业道德，有着极其丰富的内涵。综合起来看，社会主义职业道德大体上由八个基本要素构成，即职业理想、职业态度、职业责任、职业技能、职业纪律、职业良心、职业荣誉和职业作风。这八个要素从八个特定方面反映出社会主义职业道德的特定本质和规律，同时又相互配合，形成一个严谨的职业道德规范范畴模式。

（一）职业理想

理想是人类特有的一种精神现象，是人生的奋斗目标，是对未来的向往和追求。理想包括社会理想、道德理想、生活理想和职业理想。职业理想是指人们对自己未来职业的选择和向往，以及在职业活动中所追求的事业成就和奋斗目标，有时也指职业集体对职业（或事业）发展的美好前景的预见和设想。职业道德在人们的生活中占有重要地位，对一个人未来的发展前途有着重要影响。近代俄国作家托尔斯泰曾说过："理想是指路明灯，没有理想就没有坚定的方向，而没有方向就没有生活。"

职业理想是职业道德的灵魂，在职业生活中，只有树立崇高的、合理的职业理想，才能正确对待自己从事的职业，敬业、乐业、勤业，在职业工作中表现出良好的道德品质，

对社会作出应有的贡献。革命导师马克思在对待职业选择问题上，为我们树立了光辉榜样。马克思在17岁时就曾经谴责那种只为个人私利选择职业的做法，并提出了自己选择职业的标准，他说："在选择职业时，我们应该遵循的主要指针是人类的幸福和我们自身的完美。"马克思的一生都在为他的伟大理想而奋斗。马克思一生中多次被驱逐出境，曾被贫困逼得几乎无法维持最低生活水平。但是在为无产阶级的解放创造革命理论的崇高理想推动下，他呕心沥血40年，写出了举世公认的不朽巨著《资本论》。

一般地说，在选择职业时，个人对社会的职业要求有三个方面，即维持生活、发展个性、承担社会义务。仅仅从维持生活出发，只能形成低层次的职业理想；仅仅从发展个性出发而树立的职业理想，在职业工作中有可能取得成绩，但是一旦个人发展的需要与社会需要发生矛盾时，就有可能以发展个性为由，做出不利于社会、他人的行为选择。只有以社会义务为基础同时又兼顾另外两个方面，才能树立崇高的、现实的职业理想，这一职业理想也才能成为良好职业道德追求的精神动力。

社会主义职业道德要求人们把自己的职业理想同社会主义现代化建设结合起来，要为国家的富强、人民的富裕而努力拼搏、开拓进取。对工作种类的向往，对职业成就的设想和获取，要服从于社会主义现代化建设，服从于整个社会主义的伟大事业。因此，我们的职业理想应从发展社会生产力、实现社会主义现代化、振兴中华的大前提着眼，从社会的整体利益出发，从事社会需要的各种职业，在职业工作中努力做好本职工作，全心全意为人民服务，为现代化建设服务。

（二）职业态度

从本质上讲，职业态度就是劳动态度。它是指人们在从事各种职业活动过程中的举止神情和对于自己所从事的职业的看法以及所采取的行动。劳动态度是职业劳动者对社会、对其他生产参加者履行各种劳动义务的基础。劳动态度具有经济学和伦理学的意义，它不单指劳动者的主观态度，也揭示了劳动的方式。人们的劳动态度是在多种因素的作用下形成的，这些因素有客观方面的，也有主观方面的。客观方面的因素有：生产资料的所有制状况，劳动者在劳动中的地位，产品的分配方式，劳动者具体劳动内容、劳动环境和劳动条件，等等。主观方面的因素有：劳动者的劳动价值观念，劳动者的受教育程度、文化专业技术水平、劳动能力、兴趣爱好，等等。其中，与劳动有关的价值观念对劳动态度有着特殊的影响。一个劳动者积极性的高低和完成劳动职责的好坏，取决于他的价值观念——他看重的是什么。如看重为人民服务的精神、提高生产技能、创造发明，还是只关心小家庭的安乐、一切向钱看，等等。职业态度的好坏可以体现出一个人、一个单位、一个部门、一个系统的精神境界和道德风貌。社会主义职业道德对职业态度的要求是：

第一，职业态度要端正。社会主义实行公有制和按劳分配，消灭了剥削制度和剥削阶级，使劳动和劳动者受到普遍的尊重。各行各业的劳动者都是国家的主人，劳动者不再是为剥削者劳动，而是在为社会劳动的同时也为自己劳动。劳动是每一个有劳动能力的公民应尽的义务和光荣职责。每个人应正确对待劳动，树立主人翁的劳动态度，吃苦耐劳，要具备从事劳动的光荣感和自豪感。

第二，职业态度要谦和。就是对人要谦虚和蔼。我国自古就有讲"和"的光荣传统，如"和气生财"、"和为贵"。和蔼可以使人感到友善，感到愉快，无论从事何种工作，都应该做到说话和气，对人亲热，有问必答，有错必改，百问不烦。这是职业态度的起码要求。

第三，职业态度要诚实。就是说讲话要诚实、中肯，不夸大其词，不弄虚作假，不坑蒙拐骗。要说老实话，办老实事，做老实人。在从事职业中要诚实守信，表里如一，言行一致。

第四，克服职业态度中的不道德行为。当前，市场经济热潮中，在职业态度上仍然存在一些不可忽视的问题。如有些部门和工作人员，为人民服务的思想和群众观念淡薄，对人民群众的疾苦漠不关心，对群众反映的问题不能及时解决。群众有问题找上门来，他们不是热情接待，而是态度生硬，能一次完成的事，致使来访者跑多次才能完成。“门难进，脸难看，事难办”，这严重影响了党和政府在人民群众中的形象，不利于经济建设的进行。要改变这一局面，在大力加强职业道德建设、端正职业态度的同时，必须采取教育的方式，运用法制的手段，同职业态度中的不道德行为进行不懈斗争。每个人还要从自身做起，严格要求自己，自觉遵守职业道德规范。

（三）职业责任

职业责任就是指行业和从事一定职业的人们对社会和他人所负的职责。职业责任包括企业责任和劳动者责任两个大的方面。每一个企业都对社会或其他企业担负着一定的任务、职责；每一个从业人员对本职工作承担着一定的职业责任、义务。职业责任往往是通过具有法律和行政效力的职业章程或职业合同来规定的。一个人能否履行职业责任，是一个职业工作者是否称职、能否胜任的问题。从业人员只有认识到自己职业所担负的责任，把它变成自己内心的道德情感和信念，才能自觉自愿地从事本职工作，表现出良好的职业道德行为；相反，如果从业人员认识不到自己的职业责任，就有可能玩忽职守，践踏职业纪律，甚至以职谋私，搞行业不正之风，干出有损于本职工作的事来。

（四）职业技能

职业职能是指从业人员从事职业劳动和完成岗位工作应具有的知识文化水平、技术熟练程度和解决问题的各种能力。它是从事职业工作的重要条件，是职业工作者实现职业理想、追求高尚职业道德的具体行为内容。职业技能是每个劳动者对社会应尽的道德义务。崇高的职业道德不但表现为自觉履行职业责任、实现职业理想的愿望，还要表现为高超的职业技能。如果一个从业人员只有做好本职工作的愿望，而无过硬的技能，职业道德的感召力也就无从谈起。谈论一个人职业道德水平的高低，不能离开业务水平。一个医生如果没有高超的医术，就会贻害病人；一个教师如果没有过硬的业务，就会误人子弟；一个技术工人如果没有过硬的技术，也生产不出质量合格的产品。

社会主义现代化建设不但需要高级科学技术专家，而且迫切需要千百万个受过良好职业技术教育的中级、初级技术人员、管理人员、技工和其他受过良好职业培训的城乡劳动者。如果从业人员不掌握一定的职业技能，先进的科学技术和先进的设备就不能成为现实的社会生产力。

职业技能与科学文化知识紧密联系在一起，技能的高低以掌握知识的多少为基础。当今时代新科学、新技术、新知识不断涌现，当代科学发展分化急剧、代谢迅速，应用周期越来越短，知识产品的密集程度和知识索取的自动化程度越来越高。从业人员要适应形势发展的需要，跟上时代前进的步伐，必须努力学习科学文化知识，掌握与本职工作有关的技能和专业知识，刻苦钻研业务，勇于实践，不断创新。

（五）职业纪律

纪律是一定社会、阶级、阶层和集团所确定用以维护他们的利益、约束人们行为的带有强制性的命令、条例、制度、规定等准则。职业纪律是指为了维持职业活动的正常秩序、保证职业责任的履行，人们在从事职业活动时必须遵守的规矩和准则。它常常表现为规章、制度等形式，如教师守则、军人条例、柜台纪律等。它是调节劳动者与他人、与职业集体、与社会以及职业生活中局部与全部关系的重要方式，是保证职业活动正常开展的重要手段，是职业道德规范体系的重要内容。职业纪律具有法规强制性和道德自控性两方面的特征。

社会主义职业纪律是广大劳动者在利益、信念、目标完全一致的基础上所形成的高度自觉的新型纪律，它同全体职工对社会主义事业责任心紧密相联，它是互相尊重的同志式纪律，是和自由相联系的，在社会实践中充分发挥个人独创性和主动性的纪律。当人们把纪律变成内心信念并指导行为时，就有了更大的自由，个人的正当利益也就有了保障。因此，社会主义职业纪律虽然有强制性的一面，但更有为劳动者的内心信念所支持、自觉遵守的一面，而且是更为主要的一面，从而具有深刻的道德意义。职业纪律要求我们不断强化职业意识，从一点一滴的小事做起，持之以恒，为社会主义建设作出贡献。

（六）职业良心

职业良心就是职业劳动者对职业责任的自觉意识。不同的行业和领域，因其应尽义务的差异，而产生了不同的职业良心，比如：教师的职业良心是授业无私、传道无假、诲人不倦；医生的职业良心是救死扶伤、解人之痛。

职业良心是蕴涵在人们内心深处的一种意识活动，职业良心区别于职业责任的明显特征，在于它是一种“道德自律”，是存在于内心的自我道德信念和要求。社会对从业者一系列道德要求，只有经过自我思想意识，把客体的道德律令转变为主体的道德律令，才能形成职业良心。因而，职业良心的形成，在很大程度上取决于从业者的自我体验、自我教育、自我锻炼、自我修养。

职业良心在人们的职业生活中有着巨大的作用，它往往左右着人们职业道德的各个方面，贯穿于职业行为过程的各个阶段，成为职业劳动者思想和情操的重要精神支柱。职业良心在职业行为之前，能依据职业责任的要求，对职业行为的动机进行自我检查，对符合职业道德要求的动机予以肯定，对不符合职业道德要求的动机进行抑制或否定，从而做出正确的动机决定。在职业行为进行中，职业良心能够起到监督作用，对道德的行为予以肯定，对不道德的行为给予调整和改正；在职业行为之后，职业良心能够对自己行为的后果和影响做出评价。对履行职业义务的良好后果和影响感到内心的满足和欣慰，对没有履行职业义务的不良后果和影响，深感内疚、惭愧、悔恨，以至下决心纠正自己的错误。

（七）职业荣誉

职业荣誉就是对职业行为的社会价值所做出的公认的客观评价及正确的主观认识。它包括两方面的内容：一是客观评价，是指社会对一个人履行义务的德行和贡献的赞赏与评价，是职业行为的价值体现或价值尺度。二是主观认识，是指劳动者对自己职业活动所具有的社会价值的自我意识，也就是职业良心中的知耻心、自尊心和自爱心。当个人的行为受到社会的赞许和公认时，会感到荣耀。职业荣誉的客观评价和主观认识是互相联系和互相影响的。客观评价是职业荣誉的基础，主观认识是个人对社会客观评价的主观感受或自我评价，是通过社会舆论把客观的评价转化为主观的意向。通过这种转化，从业人员对职业荣誉的主观意向不断增强，经过升华，就形成了职业荣誉观念。

一个人正确的荣誉观念一旦形成，不仅表明他已经把履行一定的职业道德义务变成内心信念和自我要求，而且表明他能自觉地按照客观要求去履行职业义务，宁愿做出自我牺牲，也不会违背职业良心，做出可耻和损害人格的事情。社会主义职业道德之所以强调职业荣誉，最主要的目的在于把社会对于职业道德的客观评价，转化为广大劳动者的自我评价。这样，劳动者就可以更好地履行自己的职业义务，全心全意做好工作，即使没有得到表扬，但内心却无愧地得到良心上的安慰与满足。

（八）职业作风

职业作风是指从业人员在职业实践和职业生活中所表现的一贯态度和言行。职业作风是职业道德在从业者实际行动中的习惯性表现，人们一旦形成良好的职业作风，就能在其职业活动中自觉按照职业道德规范的要求行事，表现出良好的职业道德品质。一个职业集体有了优良的职业作风，就能互相教育、互相影响、互为榜样、互相监督，形成舆论风尚，使好的思想、行为、品质得到发扬，使不良的思想、行为、品质受到抵制。

职业作风是职业道德的重要范畴。各种职业都有自己的职业作风，作风包含着道德的内容。职业作风是人们在长期职业实践中自觉地培养起来的，职业作风的好坏，取决于从业人员的思想和宗旨。确定了崇高的职业宗旨，在实践中就会形成优良的职业作风；反之，如果思想上出现问题，必然产生不良作风。职业作风是一种巨大的、无形的精神力量，对人们的行为影响很大。一个具有优良职业作风的政党、集团、集体，能够感召和鼓舞人们去战胜困难，争取革命和建设的胜利。一个有许多缺点的人，加入这样的集体，也会被教育和改造过来。相反，一个职业作风败坏的政党、集团或集体，也有可能把一个单纯或正派的人，毒害成为一个腐化堕落者。因此，形成良好的职业作风，对于提高职业道德修养，加强职业道德建设具有重要作用。

二、社会主义职业道德的规范体系

在社会主义社会，职业道德形成了一个多层次的相对独立的规范体系。这个体系的核心是为人民服务。为人民服务既是整个社会主义道德体系的核心规范，也是社会主义职业道德的核心规范。

（一）社会主义职业道德规范的涵义

在现实生活中，规范大都是约定俗成或明文规定的。如法律规范、道德规范等。人类社会是在管理和控制的过程中发展的，并且这种管理和控制必须遵循着能够推动社会进步的原则和标准，而制约人们行为与活动的标准、准则，就是人们的行为规范。

人们的活动、行为可分为两大类，即技术劳动（指社会生产活动、社会生产行为）和其他社会活动、社会行为。因此，行为规范也分为技术规范和社会规范两大类。社会规范是调整人们社会关系的行为规则。一般所说的行为规范就是指社会行为规范。社会行为规范又包括政治规范、法律规范、道德规范以及习俗规范等。其中制约力最强的是政治法律规范，其次是纪律规范，再次是道德规范，最弱的是习俗规范。

所谓职业道德规范，是指从事某种职业的人们在职业生活中所要遵守的标准和准则。具体包括两方面的内容：一方面是从事某种职业的人在职业活动中处理各种关系、矛盾的行为准则；另一方面也是评价从业人员职业行为好坏的标准。从事各行各业的人们，只有明确自己的职业道德规范，才能在职业活动中把职业道德的要求变成实际行动，以保证出色地完成各项工作和任务。

职业道德规范属于上层建筑，应与经济基础相适应。因此，不同的社会制度，其职业道德规范不尽相同。社会主义职业道德规范建立在以公有制为主体的经济基础之上，是以共产主义道德理论为指导，继承了我国历史上各个时期职业道德精华，吸收了国外符合科学精神与社会发展要求的道德文化的研究成果，总结职业活动中已有的规范和模范人物先进的道德行为形成和发展起来的。在社会主义社会，各行各业都有自己的适合各行业特点的职业道德规范。社会主义职业道德规范是社会主义职业活动中，人们对各种职业道德关系和道德行为要求的概括和总结，是所有从事社会主义事业的劳动者在职业活动中都应该遵守的共同的行为准则。它是判断人们职业行为优劣的具体标准，也是社会主义道德在职业生活中的反映。

（二）社会主义职业道德规范制定的依据

由于社会主义职业道德规范建立在公有制经济基础之上，与以往职业道德规范的要求不同，其制定的依据也不一样。

第一，社会主义职业道德规范同人们职业生活实践密切相关，它是具有社会主义制度下职业活动特征的道德准则和规范。任何社会的职业道德规范都是其所处社会或阶级的道德在各种职业实践中的特殊表达和具体体现，社会主义社会的职业道德规范也不例外。社会主义职业道德规范是在特定的社会职业实践中形成的。社会主义社会是以公有制为主体的社会，劳动人民成了国家的主人，人们在政治思想和人格上都是平等的；经济上根本利益一致，职业与职业之间没有高低贵贱之分。各种职业实践活动之间没有根本的利害冲突。尽管都有自己的特殊利益和要求，但其根本利益都存在于共同的利益之中。因此，各行各业都把维护本行业共同利益和尊重他人利益，以及义务观念和互助精神作为职业道德的规范。

第二，社会主义职业道德规范是以当代人类最先进的指导思想马克思列宁主义、毛泽东思想、邓小平理论和“三个代表”重要思想为其理论基础的。社会主义职业道德以社会主义的集体主义为基本原则，以为人民服务为核心，以为集体、为社会利益着想作为社会主义职业道德的精神，各行各业生产和工作的目的是为了满足社会日益增长的物质和文化的需要。使社会主义职业道德成为人类社会发展至今的崭新的道德形态。

虽然社会主义社会也继承了以往社会职业道德的许多具体的行为准则，由于理论基础发生了变化，其性质和灵魂也发生了变化。如“货真价实”、“童叟无欺”，无论是私有制，还是社会主义公有制都奉行这一商业道德。但在以往的社会实行这一行为规范的目的是使老板的生意兴隆发达，以便多盈利，除此之外没有更多的道德价值。而在社会主义社会中，实行这一行为规范，虽然也有使企业广开产品销路，获取更多利润，提高企业信誉，树立企业形象的作用。但是从根本目的来看，则是为了更好地为顾客服务，为广大人民群众服务。

（三）社会主义职业道德规范的结构体系

全社会共同的职业道德规范与职业道德核心规范的形成，使社会主义职业道德有了相对独立的道德体系。其主体部分包括三个层次：第一层次是各行各业具体的职业道德要求；第二层次是各行各业共同遵守的基本规范；最高层次是社会主义职业道德的核心规范。

第一层次所强调的具体职业道德规范的特点比较明显，并且带有强烈的可操作性和历史继承性。它只适用于各行业或各企业、各部门内部。这一层次的具体规范十分庞杂，只能由各行业自己去制定。第二层次提出的五项基本规范虽然不具有具体职业的特点，但它是介于社会主义职业道德的核心规范与具体行业道德规范之间的职业行为准则。它既概括了各行各业职业道德的共同特点，同时也是对各行各业提出的共同要求。它所反映的是社会的公共利益，而不是各行各业从业人员的自身利益，它们是为人民服务核心规范的具体化。因此，只有按照这些基本规范去做，其职业行为才能符合人民群众的意愿。最高层次的为人民服务是社会主义职业道德的核心规范，是各行各业从业人员在进行具体职业活动中遵守的最根本的准则，是进行职业活动的根本指导思想。它既是每一职业活动的出发点，也是每一职业活动的落脚点。社会主义职业道德规范体系的形成为人们深刻理解和把握社会主义职业道德提供了思想路标。

三、社会主义职业道德的社会功能

由于社会主义职业道德具有许多以往社会的职业道德所不具备的特点，其社会功能也必然发生变化，出现了以往社会的职业道德所不具备的新的社会作用。

（一）有利于建立新型、和谐的人际关系

在以私有制为基础的社会中，人与人之间的根本利益是冲突的，每个人都是私人利益的主体。职业道德所调节的是私人利益的主体之间的关系，即私人业主、私人企业与作为私人利益主体的个人之间的关系。私有制下的劳动虽有社会性，但是这种社会性只具有间接性质。它对于劳动者来说，是意识不到的，是一种异己的客观规律的表现。劳动者的直接目的是为了个人谋生，是为自己追求交换价值，所以这种劳动是私人劳动，其职业道德所调整的关系，也是私人之间的关系。在以公有制为基础的社会主义社会，人与人之间的关系不再是利益互相冲突的关系，人们有了共同的经济利益，有了共同的理想，有了共同的奋斗目标，人与人之间的关系发生了根本性的变化。大家都成为国家和社会的主人，都在为国家的繁荣昌盛、人民幸福富裕而辛勤劳动。劳动既是为自己，即谋生，也是为他人、为社会，劳动的性质发生了质的变化。职业道德的作用在于调节这种新型的人际关系，即根本利益一致的社会主义建设者之间的关系，作为人民一分子的个人与个人之间的关系，以及个人与国家、集体之间的关系等。不仅如此，随着社会主义职业道德的提高，整个社会关系将朝着相互关心、相互爱护、相互帮助、同心同德、万众一心的祥和团结的局面发展。

[阅读案例]

天堂与地狱

有人与上帝讨论天堂和地狱的问题。上帝对他说:“来吧!我让你看看什么是地狱。”他们走进一个房间,一群人围着一大锅肉汤,但每个人看上去一脸饿相,骨瘦伶丁。他们每个人都有一支够得着大锅的汤勺,但汤勺的手柄比他们的手臂还长,自己无法把肉汤送进自己的口中。有肉汤却喝不到嘴里,个个心急如焚,只能望“汤”兴叹,无可奈何。

“来吧!我再让你看看什么是天堂。”上帝把这个人领入另一个房间,这里的一切和上一个房间没有什么不同,一锅汤、一群人、一样的长柄汤勺,但大家都身宽体胖,正在快乐地歌唱着幸福。

“为什么会这样?”这个人不解地问道:“为什么地狱的人喝不到汤,而天堂的人能够喝到?”

上帝微笑着说:“很简单,在这儿,他们每个人都会喂别人。”

这个故事告诉我们,工作团队只有达成同心协力的共识,成员才能利人利己、共存共荣,这也就是我们提倡的和谐相处、团结互助。

(二)有利于调节政府与人民群众的关系

在私有制社会,无论是企业、商店,还是服务行业,都是私人开办的,甚至学校、艺术团体、医院等也是私人开办的。因此,除了政府官员、公务人员外,绝大多数人的职业行为都是一种私人行为。其职业道德的好坏,只关系到从业者所在职业的组织形象的好与坏,影响到个别职业组织与社会公众的关系,而不会对政府的形象产生直接影响,更不会直接影响到政府与社会公众的关系。

在社会主义条件下,不仅政府部门工作人员职业道德的好坏直接影响到党和政府形象,由于绝大多数企事业单位也是国家设立的,是在党和政府的领导下进行工作的,因此在这些企业、事业单位工作的从业人员的职业道德水准高低,也直接影响党和政府的形象。他们的职业道德不仅是在调节企业、工作者个人与服务对象之间的关系,而且也在调节党、政府与人民群众之间的关系。这种调节作用,是社会主义公有制条件下所产生的特有功能。

(三)有利于规范各行各业的行为,促进生产力的发展

生产力中人是第一活跃的因素。人的精神状态、人的职业道德水平的高低,对生产力水平的提高是至关重要的。从业人员具有了较高的职业道德水准,就能充分发挥主观能动性和创造性,从而大大提高劳动生产率,促进经济的发展。在生产经营活动中,经济利益的驱动固然不可忽视,但决不是唯一的动力因素,甚至不是最主要的因素,这已是被无数事实所证明了的客观存在。因此,职业道德的作用以及所产生的巨大精神动力是发展经济的优势之一。

在私有制社会,职业道德维护的是私人利益,职业道德与社会利益及整个社会的发展不发生直接关系。所以,职业道德的社会作用受到私有制的限制。在社会主义社会,生产资料公有制占主导地位,职业道德所维护的经济利益中,绝大部分是与社会整体的利益、社会的发展直接相关的。职业道德水平的提高，可以规范各行各业的行为，直接促进各行各业的发展。因此，在社会主义条件下，职业道德发挥着前所未有的社会作用。小到各行各业内部的职业道德和规则，大到全社会各行各业共同遵循的职业道德原则和规范，都有力地促进了各行各业的发展，推动着生产力的提高。相反，职业道德水平差，会给社会主义建设造成巨大损失。据有关部门的统计，在企业安全事故中，70%以上是安全管理不善、违章操作、违反劳动纪律造成的；在火灾事故中，80%以上是人为因素造成的；在道路交通事故中，95%以上是违章造成的。正反两方面事例足以说明，在社会主义社会，职业道德水平高，对生产力的发展起推动作用；职业道德水平低，将会极大地阻碍社会主义事业的发展。

（四）有利于提高全民族的道德素质

职业活动是人一生中的主要生活内容，人生价值、人的创造力以及对社会的贡献主要是通过职业活动得到实现的。职业是个人与社会交往的交汇点，职业行为是个人与社会进行交往联系的基本方式。所以，人在职业行为中的道德表现就成为一个人道德生活的主要组成部分，人的品德表现就成为一个人道德生活的主要组成部分，人的品德、精神境界、价值观念也主要通过职业活动体现出来，并充分展示出一个人总的精神风貌和道德情操。因此，职业道德修养就成为整个人格修养的重要组成部分。职业岗位是培养人格的最好场所，也是表现人格的最佳场所。全社会各行各业的从业人员都注重职业道德品质修养，必然会提高全民族的道德素质，从而带动全社会道德风貌的好转。此外，人的情感是相互传染的。高尚的道德情感以一种示范姿态，可以通过人与人的关系，传递给自己的职业对象，从而使自己的职业对象感到心情舒畅愉快，并把这种情感体验化为自己的行为，同时再传递给其他职业工作者。如此往复，在全社会造成良好氛围，形成一种气势，全社会的道德风貌在人们彼此影响感化之下，在党和国家共同倡导下，必然会有一个较大的提高。

总之，职业道德在社会主义社会所起的作用，要比在以往的社会中所起的作用大得多。

第四节　社会主义职业道德的基本规范

在社会主主义社会，人们拥有共同的利益，具有共同的社会理想，为统一的职业道德规范的形成提供了可能性。党和政府、企业以及全社会的每一成员都非常关心职业道德，全社会都迫切要求提高社会的职业道德水平。在这种情况下，全社会共同的职业道德规范就形成了。《中共中央关于加强社会主义精神文明建设若干重要问题的决议》指出：“全面加强社会主义道德建设，大力倡导文明礼貌、助人为乐、爱护公物、保护环境、遵纪守法的社会公德，大力倡导爱岗敬业、诚实守信、办事公道、服务群众、奉献社会的职业道德，大力倡导尊老爱幼、男女平等、夫妻和睦、勤俭持家、邻里团结的家庭美德……当前要以加强职业道德建设、纠正行业不正之风为重点。”这一重要文献为我们各行各业提出了都应共同遵守的职业道德的五项基本规范，即“爱岗敬业、诚实守信、办事公道、服务群众、奉献社会”。

一、爱岗敬业

爱岗敬业是为人民服务和集体主义精神的具体体现，是社会主义职业道德一切基本规范的基础，是职业道德建设的首要环节。

（一）爱岗敬业的基本内涵

所谓爱岗，就是热爱自己的工作岗位，热爱本职工作，亦称热爱本职。爱岗是对人们工作态度的一种普遍要求。热爱本职，就是职业工作者以正确的态度对待各种职业劳动，努力培养自己对所从事的工作的荣誉感。从业人员的任何职业才能都不是天生的，都是通过后天努力而得到的。热爱是学好职业才能的最好的老师。一个人只有真正热爱自己所从事的职业，才能主动、勤奋、自觉地学习本职工作所需要的各种知识、技能，才能全力以赴去培养自己从事本职工作的本领，切实把本职工作做好。从业人员的职业责任心，也是来自于对本职工作的热爱的情感。只有真正热爱自己从事的工作，才能把智力、体力的劳动付出，看成是人生的一种乐趣，而不仅仅是谋生的手段；才能满腔热情、朝气蓬勃地做好每一项工作。当遇到挫折和失败时，热爱本职工作的人一定会以对事业执著追求的精神，去克服困难，摆脱困境，不懈奋斗。那种以“干活吃饭，挣钱养家”的态度对待所从事职业的人，不可能产生对本职工作的热爱之情，当然也谈不上持久的事业心和责任感。

所谓敬业，就是要用一种恭敬严肃的态度对待自己的工作，勤勤恳恳，兢兢业业，忠于职守，尽职尽责。中国古代思想家就提倡敬业精神，孔子称之为“执事敬”。敬业是从业人员对社会和他人履行职业义务的道德责任的自觉行为和基本要求。任何职业都承担着一定的职业义务，从业人员必须自觉地担负起对社会、对他人负有的使命、职责和义务。而敬业恰恰是职业道德责任的基本要求和具体体现。如果一个从业人员不能尽职尽责、忠于职守，就会在某种程度上影响本部门乃至本单位的工作。严重的还会给企业和国家利益带来损失，在社会上产生不良影响。

爱岗敬业是对从业人员工作态度的一种普遍要求，在任何部门、任何岗位工作的公民，都应爱岗、敬业。从业人员要做到敬业，首先要认识到自己所从事职业的社会价值，树立正确的社会职业观。无论哪种类型的职业，都是社会所必需的。尽管在今天的市场经济的背景下，不同的岗位获取的报酬不同，但是报酬并不能完全反映职业价值的实质。决定报酬数量的因素是多方面的，不管报酬的多寡，每一种职业，乃至每一个岗位，都是社会需要的，从实质上讲，都没有高低贵贱之分，只是社会分工的不同。如果每一个从事一定职业劳动的人，都能尽心尽力地做好本职工作，尽到忠于职守的职业道德义务，整个社会的物质文明与精神文明建设就会突飞猛进、日新月异。敬业，需要每一个从业人员在从事职业劳动的过程中，不计较个人利害得失，苦干实干，全力以赴投入到工作之中。

爱岗与敬业总的精神是相通的，是相互联系在一起的。爱岗是敬业的基础，敬业是爱岗的具体表现。没有从业人员对自己所从事工作的热爱，就不可能自觉地做到忠于职守。但是，只有对工作的热爱之情，没有勤奋踏实的忠于职守的实际工作行动，就不可能做出任何成绩来，热爱本职也就成为一句空话。

（二）爱岗敬业的职业道德要求

在社会主义社会，尽管存在着千差万别的工作岗位，各个工作岗位都有自己的职业道德规范，但是，爱岗敬业是所有工作岗位共同的职业道德要求。具体地说，爱岗敬业的职业道德要求有以下几个方面。

第一，热爱自己的工作岗位并有崇高的敬业精神。

科学实验证明，在客观条件相同的情况下，劳动质量的优劣，工作效率的高低，起决定作用的因素是从业者的劳动态度。从业者热爱自己的工作，以积极进取的精神兢兢业业地去从事本职工作，那他的工作就会做得非常出色。相反，从业者讨厌自己的工作，消极怠工，那他的工作就会做得非常糟糕。因此，爱岗敬业的职业道德要求的首要之点就是从业者要热爱自己的工作岗位并有崇高的敬业精神。无论从事何种工作，从业者都应该全身心地热爱它，全身心地投入，保持积极乐观的态度和高度负责的精神。许多先进模范人物的事迹说明，有了热情，就能激发出工作的积极性，产生巨大的推动力。

第二，保持对本职工作的信念，并追求岗位的社会价值。

一个人对自己工作岗位的热爱不是凭空产生的，必须先对自己工作岗位的社会价值有所认识，这是热爱本职工作的基础。每个从业人员只有认识到自己所从事的工作是非常有价值、非常有意义的，才会产生对岗位的热情。随着社会生产力的不断发展，社会分工越来越细，职业也就越具有多样性。虽然在我们社会主义社会，只有分工不同，职业没有高低贵贱之分，但毕竟存在工作强度的大与小、工作报酬的高与低的区别，这必然会影响到从业人员的劳动热情。因此，爱岗敬业职业道德要求的根本点，就是劳动者要保持对本职工作的信念并追求岗位的社会价值，只有这样，才能尽心尽力地做好本职工作。如前国务院副总理邓子恢同志，在得知他的小儿子被分配到部队养猪场工作时，给他寄去了一些记载养猪模范的先进事迹和科学养猪经验的书籍，勉励他要爱岗敬业，做好部队交给的任务。邓子恢同志的小儿子深受教育，他在养猪的岗位上踏踏实实地工作，最终成为一名优秀的养猪能手。

第三，要刻苦钻研业务，掌握先进的知识和技能。

做好一项工作仅靠热情还不够，还必须刻苦钻研业务。实践证明，在工作中靠先进知识和技术，能提高管理水平，创造较好的价值，能提高劳动生产率和经济效益。那种靠拼体力、延长工作时间来创造价值、实现价值的粗放型方法，早已不能适应新形势的要求。因此，我们要想应对加入世界贸易组织后所面临的世界范围内的挑战，要想摆脱经济落后的局面，必须认真学习和研究新的知识，学习西方先进国家的经验，不断学习，提高认识，掌握先进的知识和技能。这是能否做到爱岗敬业、拼搏创新的重要前提。

第四，造就精诚协作、相互尊重、共同提高的合作关系。

每一个职业岗位都担负着一定的社会责任，这就决定了每一个岗位都不是孤立存在的，而是与其他岗位紧密联系在一起的。职业道德的主要职能是调节职能，调节人与人、人与社会之间的关系趋于和谐。社会主义职业道德就是致力于调整不同职业成员之间的矛盾，增进人与人之间的团结，促进职业成员的利益同社会利益和国家利益协调一致，从而形成关心他人、关心社会的良好风尚，形成人和人之间友好、信任、谅解、合作、团结、互助的氛围，形成企业、集体和社会的凝聚力与向心力，从而更好地体现广大人民群众的利益。因此，造就精诚协作、相互尊重、共同提高的合作关系，这也是爱岗敬业职业道德的关键。

（三）做到爱岗敬业应处理好的几个关系

首先，要正确处理职业理想和理想职业的关系。

社会主义职业道德所提倡的职业理想是以为人民服务为核心，以集体主义为原则，热爱本职工作，兢兢业业干好本职工作。由于社会生活的纷繁复杂，一个人要获得理想职业并不容易，这就需要从业者正确处理职业理想和理想职业之间的关系，即使自己所从事的职业不理想，也应该兢兢业业干好本职工作。而有的从业者，往往从个人利益和兴趣爱好出发来对待自己的工作岗位，认为自己的工作岗位不理想就不安心工作，懒懒散散，马马虎虎。因此，只有正确处理职业理想和理想职业的关系才能做到爱岗敬业。

其次，要正确处理热爱本职工作与全面发展的关系。

现实生活中能够找到理想职业的人毕竟是少数的，对于多数人来说，必须面对现实，去从事社会所需要而自己内心不太愿意干的工作。这就需要从业者热爱自己的本职工作，干一行、爱一行。美国著名思想家巴士卡里雅说过："你在哪个位置，就应该热爱这个位置，因为这里就是你发展的起点。"只有干一行、爱一行，才能认认真真"钻一行"，才能专心致志搞好工作，出成绩、出效益。因为只有那些干一行、爱一行的人，才能专心致志地搞好工作。如果从业者只从兴趣出发，见异思迁，"干一行、厌一行"，不但自己的聪明才智得不到充分发挥，甚至会给工作带来损失。

提倡爱岗敬业、热爱本职，并不排斥人的全面发展。它要求工作者通过本职活动，在一定程度上和范围内做到全面发展，不断增长知识，增长才干，努力成为多面手。我们不能把忠于职守、爱岗敬业片面地理解为绝对地、终身地只能从事某个职业。

第三，要正确处理国家需要与个人兴趣爱好的关系。

当国家需要与个人兴趣爱好发生矛盾时，把国家需要作为自己的志愿，在工作实践中逐步培养兴趣，历史上这样的事例很多，如鲁迅原本学医，为了拯救国民的灵魂，弃医从文；孙中山原本学医，为了挽救民族危亡，放弃医学从事革命事业；我国著名的地质学家李四光三易所学，三次都是以国家需要为自己的爱好。

第四，要正确处理所从事职业与物质利益的关系。

正确的观点是热爱本职与人才流动相统一，忠于职守与物质待遇相统一，人能尽其才与物能尽其用相统一。不能以追求高收入为目标，任意"跳槽"。现实生活中有许多人为取得高收入而频繁跳槽，这样就很难做到爱岗敬业。提倡爱岗敬业实质上就是提倡为人民服务精神，爱岗敬业就是为人民服务精神的具体体现。如果每个人都能做到爱岗敬业、尽职尽责、忠于职守，每个岗位上的事情都将办得非常出色，从而达到为人民服务的目的。

[阅读案例]

高标准建设青藏铁路

铁道部十八局集团建筑工程公司项目部职工，以"挑战极限、敢于胜利"的英雄气概和"海拔高，追求更高"的精神作风，顽强地奋战在世界铁路海拔最高标段。

这个项目部驻扎在青藏高原唐古拉山口，是青藏全线海拔最高标段项目部。他们担负施工的管段，地处唐古拉山口南侧藏北无人区，平均海拔5039米，是世界铁路最高段。

16.2公里管区内既有海拔5072米的世界铁路最高点，又有全线海拔最高车站唐古拉车站。施工大多数都在多年冻土、湿地、沼泽地带进行，又是在高海拔、低压缺氧的人类生命极限地作业，其难度不亲临其境简直无法想象。

面对最高点、最高段低压缺氧的恶劣自然环境，作为在青藏全线重点、技术攻关难点、世人瞩目焦点、媒体关注热点地段施工，建筑工程公司青藏项目部的建设者，以“将最高点建成闪光点、将最高段建成创誉段、将最高车站建成风景线”为目标，战胜高原反应、身体不适等诸多困难，坚持“高起点准备、高标准要求、高速度施工、高质量建成”的四高标准，充分准备、统筹安排、科学组织、精心施工。他们针对图纸到位迟缓、不齐全的实际，采用到一项图纸，组织一次突击，并做到干一段、成型一段；在钻孔打桩和测量试验、基底处理、土拱填筑、倾填片石、反滤层填筑、碾压检测、土石方施工等具体细节上，他们严格技术交底，严格作业规程，坚持做到工前有布置、工中有检查、工后有总结，坚决避免工前紧、过程松、最后拼的恶性循环，使施工衔接有序、有条不紊，既提高施工进度，又保证了工程质量。

坚持把高标准建设世界铁路海拔最高标段的工作思路贯穿到每个施工环节，建筑工程公司青藏项目部所完成的每一个分项工程内不留隐患、外不留遗憾，受到上级领导和有关部门的一致好评。

二、诚实守信

诚实守信是为人处事的一种美德，同时也是社会主义职业道德所有基本规范的基础。

（一）诚实守信的内涵

所谓诚实，就是忠诚老实，不讲假话。诚实的人能忠实于事物的本来面目，不歪曲，不篡改事实，同时也不隐瞒自己的真实思想，光明磊落，言语真切，处事实在。诚实的人反对投机取巧、趋炎附势、吹拍逢迎、见风使舵、争功诿过、弄虚作假、口是心非。

所谓守信，就是信守诺言，说话算数，讲信誉，重信用，履行自己应承担的义务，这是一种做人的品质。讲信誉、重信用，忠诚地履行自己承担的义务是每个职业劳动者应有的职业品质。讲求信誉既是做人的准则，也是职业道德的起码要求。

诚实和守信两者意思是相通的，是互相联系在一起的。诚实是守信的基础，守信是诚实的具体表现，不诚实很难做到守信，不守信也很难说是真正的诚实。诚实侧重于对客观事实的反映是真实的，对自己内心的思想、情感的表达是真实的。守信侧重于对自己应承担、履行的责任和义务的忠实，毫无保留地实践自己的诺言。

我国是个文明古国、礼仪之邦，历来重视诚实守信的道德修养。东汉许慎所著的《说文解字》中说：“信，诚也”，“诚，信也”，“诚”与“信”相通，可以说，在伦理范畴，诚实与信用是一对同等意义的概念。对诚信的涵义，古代的圣贤哲人有诸多阐述。如“言之所以为言者，信也；言而不信，何以为言”，就是说人说话要算数。“诚信者，天下之结也”，意思是说讲诚信，是天下行为准则的关键。孔子讲过：“自古皆有死，民无信不立”。荀子认为“养心莫善于诚”。墨子也极讲诚信：“志不强者智不达，言不信者行不果”。老子把诚信作为人生行为的重要准则：“轻诺必寡信，多易必多难”。庄子也极重诚信：“真者，精诚之至也。不精不诚，不能动人”。韩非子则认为“巧诈不如拙诚”。总之，古代的圣贤哲人把诚信作为一项崇高的美德加以颂扬。诚实守信，是真、是善、是美，是真、善、美的统一，只有不断地进行自我修养，才能达到这一美好境界。

（二）诚实守信是做人的根本，是成就事业的根基

一个人要想在社会立足，干出一番事业，就必须具有诚实守信的品德，一个弄虚作假、欺上瞒下、糊弄国家与社会、骗取荣誉与报酬的人，是要遭人唾骂的。诚实守信首先是一种社会公德，是社会对做人的基本要求。在中国古代，上至贤明君主，下至平民百姓，留下许多诚实守信的故事。如曾子以信教子。曾子的妻子准备去赶集，由于孩子哭闹不已，曾子妻许诺孩子回来后杀猪给他吃。曾子妻从集市上回来后，曾子便捉猪来杀，妻子阻止说："我不过是跟孩子闹着玩的。"曾子说："和孩子是不可说着玩的。小孩子不懂事，凡事跟着父母学，听父母的教导。现在你哄骗他，就是教孩子骗人啊。"于是曾子把猪杀了。曾子深深懂得，诚实守信、说话算话是做人的基本准则，若食言不杀猪，那么家中的猪保住了，但却在一个纯洁的孩子的心灵上留下不可磨灭的阴影。

诚实守信不仅是做人的根本，也是成就事业的根基。诚实是我们对自身的一种约束和要求，讲信誉、守信用是外人对我们的一种希望和要求。一个从业人员做事，他既代表个人，又代表他所在的单位，如果一个从业人员不能诚实守信，说话不算数，严重的会导致他所代表的社会团体或是经济实体得不到人们的信任，对社会失去感召力，将无法与社会进行正常的经济交往。

商鞅立木树信与幽王烽火戏诸侯的故事，分别从正反两个方面说明了诚实守信是成就事业的根基。商鞅立木树信的故事充分说明了诚信对成就事业的重要性。商鞅是战国时期著名的改革家。为了树立威信，商鞅在变法前下令在秦国都城南门外立一根 3 丈长的木头，并当众许下诺言：谁把木头搬到北门，赏金 10 两。人们不相信，无人去搬木头。商鞅把赏金涨到 50 两。一男子把木头扛到了北门，商鞅立即赏他 50 两金子。商鞅这一举动，使人们感到他是一个说话算数的人。于是商鞅的新法也获得了人们的信任，很快就在秦国推广了，商鞅靠诚实守信成就了变法的伟大事业。反之，如果不讲诚信就会导致事业的失败，历史上也不乏缺乏诚信而致亡国的例证，如烽火戏诸侯的故事就非常典型。西周建都丰镐（今长安县西北），接近戎人，周天子与诸侯约定，要是戎人来犯就点燃烽火、击鼓报警，诸侯来救。周幽王的爱妃褒姒不爱笑，唯独看到烽火燃起，诸侯的军队慌慌张张从四面赶来时而大笑不止。周幽王为博褒姒一笑，数次无故燃起烽火，诸侯的军队多次赶到而不见戎人，知道受到愚弄。后来戎人真的来了，已无人来救。幽王被杀于骊山之下，为天下人所耻笑。

（三）诚实守信是每一个行业树立形象的根本

诚实守信作为职业道德，对于企事业单位来说，其基本作用是树立良好的信誉，树立起值得他人信赖的企业形象。所谓信誉，是由信用和名誉合成的。信用是指在职业活动中诚实可信，名誉是指在职业活动中重视名声和荣誉。职业信誉是职业信用和名誉的有机统一。它体现了社会承认一个行业在以往职业活动中的价值，从而影响到该行业在未来活动中的地位和作用。信誉，既有个人的信誉，如职业劳动者在具体劳动中的诚实行为；也有集体的信誉，如依靠高素质队伍在本行业、本部门所逐渐形成的极好的企业形象；还有国家的信誉，如政府公务人员所代表的公共需要、公共权利就是在树立国家信誉。一个劳动者在具体职业活动中的表现，既是维护个人的信誉，也是维护集体的信誉，更是维护国家的信誉。所以，信誉是各行业立足之根本，是社会主义职业道德的内在要求。

然而，近年来，我国社会生活和经济运行中因信用不良引发的各种矛盾日益突出。信用的缺失已成为当前我国市场经济顺利发展的重大障碍。就建设行业而言，诚信缺失现象也很严重。因诚信缺失而导致工程质量严重“滑坡”，各种重大事故频频发生。诚信问题已经成为世人普遍关注，并亟待解决的问题。

对一个城市来说，各种建筑设施是城市亮给人们的第一张名片，是一个地域文化特色和经济水平的象征。因此，人们把优秀的建筑比喻为“立体的诗”、“凝固的画”、“固体乐章”是很有道理的。但是，城市建筑的“诞生”，尤其是建筑“精品”的诞生，是靠造就一大批用“诚信”思想观念武装起来并具有高素质的建筑专业队伍，才能创造出来的。从城市蓝图的规划、工程地质勘察、建筑项目设计、施工、工程监理等，哪一个环节都少不了高素质的建设者。如果城市建设队伍素质低下，又没有崇高的敬业精神，建造出一大批“豆腐渣”工程，城市的形象能树立起来吗?

由于建筑产品与其他行业产品相比，具有“特殊性”，更需要着力打造“诚信”。一是建筑产品的相对“长久性”，要求规划和设计具有超前意识。建筑项目建成后，通常情况下，要使用几十年或更长时间。当然有些古代建筑（文物）已存世几千年，仍然结实牢固。这就要求各级领导和城市规划部门，一定要高屋建瓴，以对人民高度负责的精神，具有超前意识，认真搞好城市规划，严把蓝图审批关。二是建筑产品质量的相对“隐蔽性”，要求施工、监理部门严把质量关。建筑产品的质量在外观上很难看出问题，由于工程项目偷工减料、施工技术粗制滥造、建筑管理把关不严等原因，使不少产品“金玉其外，败絮其中”。这就要求建设者一定要具备良好的职业道德和对建设单位的诚实守信，从一砖一瓦、一道道工序做起，确保产品的质量和安全。三是建筑产品属于城市的标志和名片，一定要“精雕细镂”。在现实生活中，不少建筑产品不是因为工程质量或规划需要而拆除，而是因为产品本身“不靓丽”、“不美观”，缺乏“观赏性”，十分碍眼，像丑媳妇一样，谁见谁讨厌，无奈，只好拆除。这就要求设计人员和建设单位一定要精心设计，求实创新，反复论证，集思广益，排除各种人为因素，选准方案，从城市建设发展的高度来确定建设项目。

（四）怎样才能做到诚实守信

法国著名文学家巴尔扎克在他所著的《乡村医生》中说：“实际上，做一个诚实的人，存于心还不够，还得见诸行。社会仅仅靠道义的思想是生存不下去的，要生存，还需要符合于这种思想的行动。”诚信重要的是行动，是实践。为此，每一位从业人员在经济活动中都应该做到如下几点：

首先，必须充分认识诚实守信的深远意义。21 世纪是国际竞争日益激烈的时代，国家之间的竞争主要是综合国力的竞争，而国力的竞争主要是经济和科技的竞争，职业道德的高低直接影响经济的发展和科技的进步。目前，世界经济基本上实现了全球一体化，我国已加入了世界贸易组织，世界贸易组织是建立在市场经济体制下的国际经济组织，它是以规则来约束和规范的，靠信用来保障和运行的。中国加入世界贸易组织后更加走向改革开放，更多地融入世界文明，同时，这也要求我们更加诚实守信，遵守世界贸易组织规则。世界贸易组织总干事穆尔曾尖锐地指出，中国加入世界贸易组织后，从长远看，最缺乏的不是资金、技术和人才，而是信用，以及建立和完善信用体系的机制。时任“入世”谈判首席代表龙永图也指出，应对“入世”，诚信是第一通行证。加入世界贸易组织后，如果说需要“补课”的话，加强信用体系建设和管理就是最需要补的一堂课。中国加入世界贸易组织后，要和世界上几乎所有的国家和地区进行经济交往，如果不诚实守信，没有一个良好的经济秩序和社会环境，我们的经济在竞争中将一败涂地。

针对社会上存在的种种“失信”现象，著名经济学家厉以宁最近提出了重建社会信用体系问题。他指出，一个国家信用体系的崩溃不仅仅会造成经济上的损害，还将对整个社会体系形成深远影响。社会信用瓦解的后果是，增加了交易成本，降低了效益，使社会资源受到极大浪费，使交易者丧失了信心。在非交易领域里，也会造成运营规则的极度混乱。在社会领域里，还会形成普遍的虚伪，使整个社会道德沦丧。要做到诚实守信，从业人员必须首先认识到诚实守信的重要意义，才能自觉遵守诚实守信的职业道德规范。

其次，诚实劳动、合法经营。企业应该有以质量为中心的科学的生产、工作程序。从业者应严格按照每道工序的操作程序去做，做到诚实劳动，文明生产。经济利益会使意志薄弱者忘记自己应遵守的职业道德，投机取巧、偷工减料、制假售假、缺斤少两、坑害消费者，为暂时的效益，使用一切非法手段，买空卖空，倒买倒卖，牟取暴利。从业人员在职业活动中，只有诚实劳动、合法经营，才能维护消费者利益，才能做到诚实守信。

再次，实事求是、不讲假话。这要求从业人员平时对领导、同事、顾客、国家不讲假话，不讲空话。对工作中的成绩不多讲一分，对工作中的失误也不少讲一分，对产品的质量宣传要合乎实际，产品广告不能随意吹嘘，力求做到诚、真、实。只有实事求是，不讲假话，才能做到诚实守信。

最后，重质量、重服务、重信誉，提高技能，创造名牌产品。产品的质量和服务质量直接关系到企业的信誉，是企业的生命。产品质量高、服务质量高，企业的信誉就高，其产品让消费者信得过，企业也就拥有了强大的生命力；相反，产品质量低下，会使消费者感到受到了欺骗，企业也就没有信誉可言。因此，要做到诚实守信，必须做到重质量、重服务、重信誉。

就建设行业而言，随着现代社会分工的发展和专业化程度的增强，市场竞争日益激烈，整个社会对从业人员的职业观念、职业技能、职业纪律和职业作风的要求越来越高。建设工程规模大、耗资多、涉及面广，又是以固定资产的方式长期存在，哪个环节出了问题，都会给国家造成巨大损失。那种不从实际出发，动辄搞什么“形象工程”、“功德工程”，挥金如土，劳民伤财，应该三思而后行。从这个角度上讲，建筑业的诚信问题已远远超越道德的范畴，它产生的社会效应甚至是政治问题。比如被称为“东方明珠”的上海电视塔，成了上海改革开放取得伟大成就的标志性建筑。相反，重庆綦江大桥倒塌事故，使大量人员伤亡，后来又揭发出的綦江县领导干部大量收受建桥单位贿赂等腐败现象，在社会上造成极为恶劣的影响。

“百年大计，质量第一”，这是建筑业职业道德建设的永恒主题。离开了质量，安全就没有保证；离开了质量，诚实守信也无从谈起。建筑业的质量和安全是信用建设的基石。信用是质量的内在动力，质量是信用的外在表现形式，作为企业，当然要讲经济效益，问题在于要通过合法手段、良好的企业信誉、高质量的产品来赢得市场，决不能赚“黑心钱”！

[阅读案例]

张清刚：刚健之风——“鲁班”享誉首都

张清刚，1948年出生于信阳市平桥区洋河乡，16岁开始从事建筑业，是信阳市人大代表，先后被授予河南省“施工优秀人才”、“在京豫籍优秀外出务工人员”和“全国劳动模范”等荣誉称号。

1982年，张清刚率领7个爱徒奔赴新疆，7年时间，快速发展到300名员工，实现承建大厦的跨越。就是这样一支队伍，牢固树立“干工程就要创优”的理念，成为新疆标志性建筑——新疆维吾尔自治区大会堂的主要承建商之一。

1988年，张清刚所在的信阳二建到了北京，承包一段被甲方辞掉的剩余工程，质量好得出乎甲方的预料，一炮打响。很快，信阳二建与解放军总后勤部工程部配合，承建一项主体工程。当时正值隆冬，张清刚带领工友挑灯夜战，工人手脚冻得发肿，终于在除夕前15天完成工程任务。正是这种吃苦耐劳的精神和过硬的技术质量，信阳二建赢得了北京的建筑市场。

如今，信阳二建已成为拥有6000多名职工的二级建筑安装企业，誉满京、津和东北地区建筑市场。20多年来，出色地参与建设并完成了500余项工程，工程质量合格率及安全达标率达100%。在承建的工程项目中，军事医科院图书馆、卫生部办公大楼两项工程均获得建筑业最高荣誉奖“鲁班奖”。

不坑人、不害人、不昧良心，是张清刚始终坚持的做人“三不”原则。他知道，工人每一分钱都是血与汗。20多年来，信阳二建没有一起因工资拖欠而引发的纠纷。对于家乡，张清刚有着特殊的情结。在信阳二建招聘的人员中，95%的员工是信阳籍农民工。每年这些工人光是现金就能带回上亿元。近几年张清刚资助家乡20万元办公益事业，两次为职业高中捐资350万元，建造学生公寓楼和学生多功能餐厅。

三、办事公道

（一）办事公道的涵义

所谓办事公道，是指从业人员在办事情处理问题时，要站在公正的立场上，按照同一标准和同一原则办事的职业道德规范，它要求人们待人处事要公正、公平。人们常说的秉公执法、公正无私、出于公心、一视同仁等，所指的就是办事公道。办事公道是在爱岗敬业、诚实守信的基础上提出的更高一个层次的职业道德的基本要求。办事公道需要有一定的修养基础。

办事公道是几千年来为人所称道的职业道德。人都是有尊严的，人们都希望自己能够与别人一样受到同等的对待，企盼在法律面前人人平等，自古就有“王子犯法与庶民同罪”的说法。我们现在所使用的大公无私一词，最初所指的，就是国家的公职人员能秉公办事、不徇私情。自古至今，人们一直歌颂那些秉公办事、不徇私情的清官明主。如宋朝的包拯，家喻户晓，老少皆知。在日常生活中，能够办事公道的人威信极高。哪个部门的领导人办事公道，哪个部门的团结就比较好，从业人员的积极性就比较高。可见，办事公道是人心所向。古人云："治世之道为在平、畅、正、节。天下为公，众生平等，机会均等，一视同仁；物尽其力，货畅其流，人畅其思，不滞不塞；上有正型，下有正风，是非分明，世有正则；张弛疾徐，轻重宽平，皆有节度"。不平行便不平衡，不平衡则人心不平。人心不平便失去社会安定；不通畅便存在蒙蔽、隔膜、压抑；不公正便失去原则，失去是非、失去信任；没有节度，便失去控制，泛滥成灾，从这里可以看到平等原则的重要性。

（二）办事公道的职业道德要求

办事公道是职业交往中的一项重要原则，是每一个从业人员都必须遵守的职业道德规范。

首先，各行各业的领导者要办事公道。公正无私、办事公道，历来是人民群众对为官者处事的品行要求。荀子曾说过："上公正则下直矣"，即认为上级公正，下级才能正直。在社会主义条件下，各级领导干部手中都掌握着人民赋予的一定权力，他们如果办事不公道，就有可能给社会主义事业造成损失，影响党和人民群众的关系。为官从政者，要正确对待手中的权力，坚持按原则办事，反对人情风；要建立办事公开制度，政策公开、程序公开、结果公开，接受群众的监督，以提高我们政策的公信力。当前我们正处于市场经济的大潮中，市场经济中的平等互利原则体现了买卖双方的平等地位，因此在经济领域中买卖双方都要求处事公平、办事公道。

其次，各行各业的普通从业人员要遵守办事公道的道德规范。办事公道不仅是对手中掌握着一定权力的人的要求，对于各行各业从业者来说，也都存在着办事公道的问题。比如有些售货员、服务员将服务对象分成三六九等，将熟人与陌生人分开，将领导与一般群众分开，将穿着阔绰的与穿着寒酸的人分开，将给自己带来好处的人与对自己用处不大的人分开，等等，如此做法不仅极不公平，而且直接违背了办事公道这一职业道德要求。办事公道要求商家在进行商业活动时，要严格遵守等价交换和公平竞争的原则，按照正当手段去占领市场，赢得顾客，坚决反对价格歧视，反对依靠权势和采取不正当的手段挤压对方。如果办事不公正，徇私舞弊，势必会损害社会主义平等竞争的原则，形成不正当竞争，造成新的不平等，就会对社会各方面产生消极的影响，最终会阻碍社会经济的发展。

需要注意的是，我们所讲的公平并不是平均。以往我们在计划经济体制下，认为平均就是公平，不平均就是不公平，这是非常错误的。公平是指人们的社会地位的平等，受教育的权利、劳动的权利的平等，多劳多得，少劳少得，不劳动者不得食，每个人都一样，没有特权。

（三）怎样才能做到办事公道

首先，要热爱真理、追求正义。办事是否公道关系到一个以什么为衡量标准的问题。要办事公道就要以科学真理为标准，要有正确的是非观，公道就是合乎公认的道理，合乎正义。不追求真理、不追求正义的人办事很难会合乎公道。办事公道还是一种较高的人格修养。要想真正做到办事公道，关键是平时就要有意识地培养自己追求真理、追求正义的精神，培养自己对人公平、正直、平等的品格。只要心中有了真理、正义的意识及公平、正直、平等的品格，就会心胸坦荡，坚持原则，不屈服于压力；就会从政不奉奸，交往不媚俗，事事出于公心和坦诚；就是受到暂时的挫折和压力，也能勇于追求真理、追求正义。相反，不坚持真理、正义、公平等原则，徇私情、牟取私利，八面玲珑、四方讨好，这样的人是无法做到办事公道的。

其次，要遵纪守法、坚持原则。遵纪守法、坚持原则是指从业人员都无一例外地按照国家法纪法规和职业纪律、规章行使职业权利，履行职业义务。简言之，就是遵循国家法律，严守职业纪律。办事公道只停留在知道是非善恶的标准是不够的，还必须在处理事情时遵纪守法、坚持标准、坚持原则。遵纪守法、坚持原则是维护国家和人民利益的需要。从业人员只有在法律和纪律要求的范围内行使职权、履行职务，才能保证社会的经济、政治、文化生活秩序上的有条不紊；保证国家、集体、个人三者利益的协调一致；保证物质文明和精神文明建设的顺利进行。否则，各种秩序就要混乱，国家和人民的利益就要遭受损失。遵纪守法、坚持原则是一切从业人员必须具备的最起码的道德品质。它是衡量职业劳动者思想道德水平的尺度。只有坚持原则，才能扶持正气，顶住歪风。

第三，廉洁奉公、不徇私情。廉洁奉公、不徇私情是指公职人员不借职权职务之便而损公肥私、多贪多占。不徇私情是公正的思想基础。只有不徇私情才能任人唯贤、办事公道，才能深得民心。廉洁奉公、不徇私情对于从业人员来说，是“慎独”、“修身”、自我约束、洁身自好的道德风范在职业生活中的体现。廉洁奉公、不徇私情，要求职业劳动者根据自身工作特点，在实际工作中不侵犯公共财物，不损害公共利益，不贪图便宜，不假公济私，要做到公私分明、办事公道；说话办事一定要出于公心，不以个人好恶处事。俗话说：“利令智昏”，私利能使人丧失原则、丧失立场，从古至今有多少人拜倒在金钱的脚下。只有不牟私利，才能光明正大、廉洁无私，才能主持正义、公道。

第四，照章办事、平等待人。政府公务人员在处理个人与群众以及群众与群众之间的关系问题上，要公平对待，一视同仁，不论职位高低、关系亲疏，一律以同志态度热情服务，一律按党的方针政策办事，按规章制度办事，该解决的就解决，该怎么办就怎么办，决不搞拉关系、走后门那一套，决不以关系远近来定夺事情。要办事公道，就必然会有压力，会碰上各种干扰，特别会碰上那些不讲原则、不奉公守法的有权有势者的干扰。要办事公道就要大公无私，不计个人得失，不向有权有势者屈服。

四、服务群众

（一）服务群众的内涵

所谓服务群众就是为人民群众服务。服务群众揭示了职业与人民群众的关系，指出了从业人员的主要服务对象是人民群众。服务群众的具体要求就是每个从业人员心里时时刻刻为群众着想，急群众所急，忧群众所忧，乐群众所乐，全心全意地为人民服务。服务群众是为人民服务精神和集体主义原则在职业道德中更具体、更集中的体现。

在社会主义社会，我们所从事的各项正当的职业都是为群众服务、为社会服务。服务群众是职业行为的本质，每一位从业人员都必须按照服务群众的具体要求去做。否则，就是渎职。在社会生活中，人人都是服务对象，人人又都要为他人服务。就是说，任何人要生存、要发展、要工作、要劳动，必然先接受社会和其他人提供的大量服务；同时，每一位从业人员也在自己的工作岗位上通过自己具体的工作，为他人、为社会提供服务。所以，服务群众是全体从业人员通过互相服务，来达到社会发展、共同幸福。服务群众是一种现实的生活方式，也是职业道德要求的一个基本内容。

（二）服务群众的职业道德要求

首先，服务群众是对党和国家机关干部、公务员的基本要求。

邓小平曾精辟地概括了社会主义条件下领导活动的根本目的和意义。他说，“领导就是服务”。它的核心就是要求领导者必须时时刻刻为了国家和人民的利益而贡献自己的才智。我们的领导干部、各级公务员一定要坚持“领导就是服务”的观点，真心诚意服务群众，绝不能践踏人民的利益，不能利用人民赋予的权力骑在人民头上作威作福。我们党历来认为，人民群众才是创造世界历史的动力，无论是过去革命战争年代，还是社会主义建设和改革开放时期，我们的一切工作都离不开人民群众。所以，一切依靠人民群众，一切服务于人民群众，既是我们党 80 多年来的根本宗旨，又是中国革命和建设取得胜利的力量源泉。服务群众是党的群众路线在社会主义职业道德上的具体表现，也是社会主义职业道德与以往私有制社会职业道德的根本区别。

其次，服务群众是对所有从业人员的要求。

在社会主义社会，每个从业人员都是群众中的一员，既是为别人服务的主体，又是别人服务的对象。每个从业人员都有权享受他人提供的职业服务，同时又承担着为他人提供职业服务的义务。因此，服务是每个从业人员的责任和义务，服务者与被服务者都是平等的。近些年来，我国各行各业都涌现出了许多为群众服务的先进模范人物，他们在平凡的岗位上都取得了不同凡响的成绩，受到政府和广大人民的尊敬。徐虎是一名普通房修水电工，20 多年来他勤勤恳恳、默默无闻地为群众服务，风雨无阻。只要有报修单，即使在节假日、公休日也是照修不误。他说他的“最大心愿就是做好自己的本职工作，及时为住户排忧解难”。北京公共汽车售票员李素丽热心为乘客服务，时刻把方便群众放在心上，受到了群众的信任、人民的赞扬。

（三）怎样做到服务群众

首先，要树立全心全意为人民服务的思想。要做到服务群众，必须先树立服务群众的观念，也就是先树立为人民服务的思想。目前我国尚处于社会主义初级阶段，生产力水平比较低，人们的生活水平比较低，思想觉悟参差不齐，每个从业人员从事劳动的目的多半是为谋生，为他人服务的观念较淡薄。因此，树立服务群众的观念十分必要。是否具有为人民服务的思想主要表现为心中时时有群众，始终把人民的利益放在心上。想问题、做事情，要看一看是否符合群众的利益，看一看群众是否高兴和满意。焦裕禄就是一位被人民群众称为“心里装着全体人民，唯独没有他自己”的好干部。夏天下大雨，他想到的是洪水泛滥是否会淹了群众的房屋和土地，他带着干部，冒雨勘察水情；冬天下大雪，他想到的是受灾群众的生活情况，领着干部，带着救济粮、救济款，顶风冒雪跋涉几十里路，挨门挨户访贫问苦。焦裕禄做到了时刻把人民群众的安危冷暖放在心上，关心群众疾苦，努力为群众办实事、办好事。

其次，要充分尊重群众。毛泽东同志说，“群众是真正的英雄”。这句话充分肯定了广大人民群众的作用。没有人民群众的创造，就没有我们辉煌的事业；没有人民群众的需要，就没有我们正在从事的职业活动。人民群众是社会物质财富和精神财富的创造者，群众是我们的生活之源。在古希腊神话中，有个名叫安泰的英雄，力大无比，他依靠大地母亲的力量战无不胜。后来他的敌人知道了这一秘密，将他与大地母亲分开，安泰就被扼死在空中。一个人同群众的关系，就像安泰和大地母亲一样，离开了人民群众，他将一事无成。因此，我们一定要尊重群众，尊重群众的人格和尊严。有的干部自以为比群众高明，脱离群众，高高在上，看不起群众，动辄教训群众。有些服务人员，对服务对象挑剔蛮横，出言不逊，连起码的礼貌都不讲，这又如何服务群众呢？只有尊重群众，才能了解群众所思、所想、所需，才能真正做到服务群众。

第三，方便群众，为群众谋福利。服务群众是件实实在在的事，仅仅树立服务群众的观念还不够，还必须落实到行动上，即每个从业人员无论做任何事情，都要想到群众的利益，根据群众的实际情况为群众提供方便，实实在在地为群众做点实事。如劳动模范李素丽真心待群众，体现在方方面面、点点滴滴。1997 年初，李素丽由原来的 60 路车调到 21 路车上，跑的是一条新路线，而且客流量大，外地人多。为了回答乘客的询问，李素丽利用业余时间了解这条线路沿线的地理环境、机关单位。恰恰在这时，她妹妹因病住院，她每天要跑医院、上班，还要走访、熟悉沿线的大街小巷、各个机关单位。一天下来，疲惫不堪。她爱人劝她晚几天再去熟悉线路环境，她说："我早一天摸清，就早一天心里塌实，我多走几步路，乘客就可能少走许多冤枉路。"李素丽时刻把方便群众放在心上，这才是真正地服务群众。

五、奉献社会

奉献社会是社会主义职业道德的特有规范，是社会主义职业道德的最高要求，是为人民服务和集体主义精神的最高体现。

（一）奉献社会的内涵

所谓奉献社会，就是全心全意为社会作贡献，是为人民服务精神的最高体现。奉献，就是不期望等价的回报和酬劳，而愿意为他人、为社会或为真理、为正义献出自己的力量，甚至宝贵的生命。它是建立在对个人利益与社会集体利益关系的正确理解的基础上。有这种精神境界的人，从事工作的目的不是为个人，不是为家庭，不是为名利，而是为了有益于他人，有益于社会公众。有这种精神境界的人会把一切都奉献给国家、人民和社会。奉献精神有两个基本特征：一是谦让性，即具有奉献精神的人在个人利益与他人利益、社会利益发生对立冲突不能两全时能够牺牲个人利益；二是高度的自觉性，奉献行为是一种高度自律的行为，它不是出自外在力量的压制，而是完全出自行为者自我的主动选择。

奉献社会是职业道德中的最高境界。奉献社会是一种人生境界，是一种融入一生事业中的高尚人格。与爱岗敬业、诚实守信、办事公道、服务群众这四项规范相比较，奉献社会是职业道德中的最高境界，同时也是做人的最高境界。爱岗敬业、诚实守信是对从业人员的职业行为的基础要求，是首先应当做到的，做不到这两项要求，就很难做好工作；办事公道、服务群众比前两项要求高了一些，需要有一定的道德修养做基础；奉献社会，则是这五项要求中最高的境界，一个人只要达到一心为社会作奉献的境界，他的工作就必然能做得很好，这就是全心全意为人民服务。

奉献精神源远流长。我国自古就有屈原、岳飞等爱国志士，为了祖国、人民的利益而无私奉献；在革命战争年代，有无数先烈为了人民的解放事业而甘洒热血、牺牲生命，涌现了一批以张思德、白求恩为代表的无私奉献的先进人物，形成了“毫不利己，专门利人”的革命传统；新中国成立后，涌现了一批以雷锋、焦裕禄、钱学森为代表的先进人物，形成了一种无私奉献的精神；在发展市场经济条件下，同样也涌现了一大批如孔繁森、李向群等无私奉献的模范人物，对纠正市场经济的不良倾向起到一定作用。奉献精神亘古至今绵延不绝。

奉献社会的精神主要强调的是一种忘我的全身心投入精神。当一个人专注于某种事业时，他关注的是这一事业对于人类、对于社会的意义。他为此而兢兢业业，任劳任怨，不计较个人得失，甚至不惜献出自己的生命。这就是伟大的奉献社会的精神。一个人不论从事什么行业的工作，不论在什么岗位，都可以做到奉献社会。如在国家贸易部表彰的十大劳动模范中，黑龙江鸡西市浸油厂的工人王乙，就是一个在普通岗位上奉献社会的模范。王乙的工作任务就是负责打扫作业场地，打扫运输、加工过程中撒落在作业场地的大豆和豆粕。原来由 80 多个人干的活由他一人承担，而且工作任务大量增加，原来打扫起来的豆粕不经整理挑选就卖掉了，而王乙要将打扫起来的大豆和豆粕过筛、挑拣，回收利用。王乙任劳任怨、兢兢业业、毫无怨言。几年来他扫回的豆粕共 114 吨，价值 23 万元，为浸油厂节省了原材料，降低了产品成本。而王乙一家 6 口人，只靠他每月四五百元的工资维持生活。老伴是个病人，家里还欠了 4000 多元的债。当地许多人都养猪贴补家用，而王乙为了避免别人误会他拿公家的豆粕喂猪，没养一头猪。王乙的行为就是一种奉献社会的崇高行为。

（二）奉献社会的精神是现代社会生活的客观要求

首先，随着现代市场经济的发展，生产、交换、消费高度社会化，商品生产的为他性、服务性更加明显地凸现出来。我们建设有中国特色的社会主义，是要发展以公有制为基础的社会主义市场经济，商品生产的目的是为了满足人们日益增长的物质文化生活需要和精神文明建设的需要，产品的运行机制和分配方式从根本上体现了人民群众的利益。这就为更好地体现和发挥商品生产的为他性、服务性，为社会主义、集体主义和为人民服务的奉献精神提供了制度保证和社会基础。

其次，奉献社会是社会主义市场经济发展的需要。社会主义市场经济不同于资本主义条件下的市场经济，其目的是消灭剥削、消除两极分化，最终实现共同富裕。在社会主义市场经济条件下公有制的主体地位以及共同富裕目标，已把广大人民群众联合为最广泛的社会集体，使全体人民有了共同的根本利益，社会成员只有在保证社会集体利益的前提下，才能实现个人利益，这就为奉献精神的生成提供了肥沃的土壤。诚然，社会主义市场经济也追求经济效益，它必然要通过竞争机制，实现优胜劣汰，实现资源的优化配置。但这种竞争与私有制条件下的竞争有实质的区别，私有制下的竞争是资本拥有者为无限度地追求高额利润而展开的不择手段、你死我活的争斗；而社会主义条件下的竞争是为了打破人们长期形成的平均主义观念，倡导开拓进取的精神，提高生产效率，发展社会生产力，实现共同富裕的目标。这样的竞争是与协作、谦让等奉献精神紧紧联系在一起的。社会主义市场经济的等价交换原则也具有同样的意义，它体现着市场经济活动中经营者、劳动者的平等互利关系，并不妨碍人们在市场经济之外更广泛的生活空间中谦让等奉献精神的实现。

奉献社会的精神既是一种崇高的道德境界、高尚的道德情操，又是一种对事业、对工作全身心投入的表现。搞好市场经济需要人们对事业、对工作的全身心投入，无私奉献精神就成为搞好经济建设的强大精神动力。

市场经济属于经济活动范畴，市场经济运行机制的实质是优胜劣汰，而其判定的标准是经济效益。为了获得最大的经济效益，人们在市场经济活动中必须遵循市场经济规律，如价值规律、供求规律和竞争规律等。无私奉献精神属于道德活动范畴。在这个领域里，推动人们行为的力量不是物质利益，而是渴望高尚、追求高尚的精神力量。无私奉献精神是从精神动力的高度促进着市场经济机制的运行，并使之朝着人类理想的方向发展。在市场经济条件下，倡导无私奉献的精神，可以使企业和个人改善服务质量，增强竞争实力，从而赢得顾客，赢得市场。总之，奉献社会精神是社会主义市场经济发展的需要。

（三）奉献社会精神是每个人的精神需要

首先，奉献社会精神是每个人的内心道德需要。从人的需要来看，道德的需要是人的一种高级需要，是人格完善的核心内容。人们实施了某种道德行为，心里就会感到慰藉和畅快，体会到人生的意义和自身的价值，精神就会感到愉悦和满足，这种满足感是一种比单纯索取更高的道德愉快感。相反，如果违反了道德伦理，受到舆论的谴责和批评，内心就会感到无比内疚。奉献精神是一种崇高的道德理性，它体现了人对赖以生存的共同体以及共同体中其他成员的认同感和责任心，体现了人性特有的光辉。这一点几乎得到一切伟大思想家的肯定。就连功利主义的倡导者密尔也不得不承认奉献精神是一种美德：“只是在社会组织很不完美的状况下，绝对牺牲自己幸福才会是任何人促进幸福的最好方法；但是，在这个世界还存在那个不完善状况的期间，我完全承认甘心作这种牺牲是人类最高的美德。”

其次，奉献社会精神是人生获得幸福的源泉。奉献社会不仅是为社会作出贡献，也充实了人的精神世界，这无疑是获取幸福的源泉。奉献者虽然苦了他一人，却幸福了千万家。在千万家幸福之中，他也同样从辛苦中体验到幸福。人生的幸福在于奉献。正如法国著名文学家雨果在《莎士比亚论》中所说：“献身的人是伟大的！即使他处境艰困，但也能平静处之，并且，他的不幸也是幸福的。”苏联著名教育家苏霍姆林斯基在《给儿子的信》中也说：“什么是生活的最大乐趣？我认为，这种乐趣寓于与艺术相近的创造性的劳动之中。如果一个人热爱自己所从事的劳动，他一定会竭尽全力使其劳动过程或劳动成果充满美好的东西，生活的伟大、幸福就寓于这种劳动之中。”全国劳动模范徐虎，是一位水电维修工人，他十年如一日，为居民解决水电急修的困难，把温暖送到千家万户。他曾说：“你不奉献，我不奉献，谁来奉献；你也索取，我也索取，向谁索取？辛苦我一个，方便千万家。”徐虎朴实的话语中流露出他的幸福观。

[阅读案例]

杂交水稻之父——袁隆平

袁隆平，一位享誉世界的中国农业科学家！被国际稻作学界誉为“杂交水稻之父”。

袁隆平6岁在武汉郊区的一家园艺场参观时，看到茂盛的花果挂满枝头，就憧憬在植物王国里畅游和飞翔。也就从那时起，他就喜爱上了农业。1953年，毕业于西南农学院农学系的袁隆平，被分配到湖南安江农校任教。此后，他的工作和研究几经波折，但丝毫没有动摇他为农业科研奋斗的信念。

按经典的遗传学理论，水稻、小麦等自花授粉作物没有杂交优势。这与袁隆平多次观察到的实际现象极不相符合。于是，他冲破传统理论观念的束缚，大胆创新，反复试验。经过千辛万苦，终于研究成功了三系杂交水稻。袁隆平成功了，但他没有居功自傲、固步自封，而是不断创新，相继进行了两系杂交水稻和超级杂交水稻的研究，使我国在这一高科技领域保持长达20年之久的国际先进地位，为我国争得了荣誉。

为了加速杂交水稻的研究进程，他把自己课题组的珍贵研究材料，毫无保留地分给其他研究单位使用。国务院给他下拨的杂交水稻专项研究经费1000万元，他主动提出并组织全国各稻区研究单位协作研究，并将其中的410万元的研究经费分拨给各个协作单位。

如今，袁隆平虽已年过70，却仍然一如既往地下到试验田里观察、研究，风雨无阻，从不间断。甚至到北京领奖时，他还时刻挂念着海南岛的试验情况。每次出差到外地，他都要助手每隔三天给他报一次试验数据。“隆平高科”上市前，他的老伴还在奉劝他，不要用自己的名字命名股票，免得让大家整天议论今天袁隆平涨了几分、明天降了几毛。然而，为了杂交水稻研究能获得更多的经费支持，为了能在国际上获得更大的推广，他决意要尝试一下。

一双田间里捏惯了泥土和稻粒的大手，能拨弄发出优美旋律的小提琴弦；看似老农般笨拙的嘴巴，能讲出一口流利的英语，这就是袁隆平——杂交水稻之父。

（四）奉献社会精神对于纠正社会不良倾向的作用

首先，发扬无私奉献精神有助于抑制极端利己主义和享乐主义的蔓延。市场经济的求利原则能够激励人们的积极性和创造性，促进经济发展和效率的提高，但同时又能够刺激个人欲望的不断膨胀，自私自利、唯利是图、不择手段地获取金钱的极端利己主义，或是只知索取、不讲奉献的享乐主义，都不利于市场经济的发展。发扬无私奉献精神，可以抑制某些人私欲的膨胀，调节人与人之间的利益冲突，这将有利于市场经济长期均衡的发展。

其次，发扬无私奉献精神有助于弥补市场经济力不能及之处。在市场经济中，市场对资源配置起主要作用，那些可以市场化的赢利性事业，在资源配置上占有较大的优势。而那些难以进入市场却是社会所必需的公益性事业，诸如社会科学、自然科学等基础理论研究领域和教育、卫生、环境保护等都无法依靠市场本身的力量得到必要的关注。对此，除了国家宏观政策调控外，也需要一些有余力的企业或个人发扬无私奉献精神，积极提供财力、物力、人力的支持。随着市场经济的深入发展，公益事业会面临越来越严重的生存与发展的挑战，同时又会有越来越多的企业与个人具备了作出奉献的经济实力。因此，发扬无私奉献精神可以弥补市场经济的不足之处，对公益事业具有极大的必要性和现实意义。

再次，发扬无私奉献精神有助于营造互助友爱、安定和谐的社会风气。无私奉献精神，要求在他人危难之际人人伸出援助之手。它可以具体表现为见义勇为、青年志愿者活动、希望工程以及扶贫工程等多种形式，为社会奉献出爱心，在社会上扶危济困，营造出一种互助友爱的社会风气，从而大大提高社会凝聚力，保证社会主义市场经济健康有序地发展。

[阅读案例]

新时代的中国工人许振超

够普通的岗位——吊车司机；够单调的工作——把货物从码头吊上车、船，或是从车、船吊到码头。30 个春秋就这样悄然而去。然而，人们说，30 年来，从他坚守的这个普通的操作台上流泻出的，不是单调的音符，而是一曲曲华美的乐章。

他，就是青岛港的吊车司机，一个只有初中文凭的桥吊专家，一个一年内就两次刷新世界集装箱装卸纪录的人——许振超。

“干活不能光用力气，还要动脑筋；干一行，就要爱一行，精一行”

1974 年，许振超初中毕业后到青岛港当了一名码头工人。他操作的是当时最先进的起重机械——门机。许振超勤学苦练，7 天就学会了，在一起学习的工人中第一个独立操作。

然而，会开容易开好难。师傅开门机，钩头起吊平稳，钢丝绳走的是“一条线”；到了许振超手里，钩头稳不住，钢丝绳直打晃。特别是矿石装火车作业，一钩货放下，撒在车外的比进车内的还多。看到工人们忙着拿铁锹清理，许振超十分内疚。

还有，矿石装火车装多了，工人要费不少劲扒去多的；装少了，亏吨，货主不干。为了早日掌握这项技术，每次作业完毕，别人歇着了，许振超还留在车上，练习停钩、稳钩。四五个月后，他开的门机钢丝绳走起来也是一条线了，一钩矿石吊起，稳稳落下，不多不少，正好装满一车皮。这手“一钩准”的绝活，很快就被大家传开了。

一次，许振超干散粮装火车作业，发现粮食颗粒小，更易撒漏。他便在工作之余，吊起满满一桶水，练习走钩头，直至练到钩头行进过程中滴水不洒。再去装散粮，一抓斗下去，从舱内到车内，平平稳稳，又一个绝活——“一钩清”。许振超的活干净利索，装卸工人们二次劳动大大减轻，谁都愿意跟他搭班。

1984 年，青岛港组建集装箱公司，许振超当上了第一批桥吊司机。许振超又钻研上了。桥吊作业有一个高、低速减速区，减速早了装卸效率下降，减速太迟又影响货物安全。于是，他带上测试表反复测试，终于成功地将减速区调到最佳位置。以前一台桥吊一小时吊 14、15 个箱子，改革后能吊近 20 个箱子，使作业效率提高 1/4。

一次，一场大雾使整个码头的装卸作业被迫停下，直到中午雾仍不散。货轮的船长急火火地找到许振超，请求马上把集装箱卸下来。原来，该货轮装载的全是冷藏箱，不料供电电源发生故障，如不抢卸，一旦箱里温度升高货物变质，损失就是好几百万元。

一台桥吊有十几层楼那么高，而集装箱上起吊用的4个锁孔，每个不过一块香皂大小。司机在40多米高的桥吊上，要让重达十几吨的吊具的4个爪准确插入集装箱的锁孔中，好天气操作起来都不那么容易，何况大雾弥漫。

艺高人胆大，许振超一咬牙答应了。他在船上、岸边各安排两个经验丰富的老司机，通过对讲机随时报告集装箱位置，自己登上桥吊，精心操作。随着船上、岸边清晰的报告声，一个个箱子一钩到位，顺顺利利全卸了下来。许振超凭着过硬的功夫、娴熟的技巧，闯过了雾天作业禁区，为客户挽回了巨额损失。

1991年，许振超当上了桥吊队队长。他在工作中发现，桥吊故障中有60%是吊具故障，而故障主要是由于起吊和落下时速度太快，吊具与集装箱碰撞造成的。他提出，这么操作不仅桥吊容易出故障，货物也不安全，必须做到无声响操作。

司机们一听炸了窝。“集装箱是铁的，船是铁的，拖车也是铁的，这集装箱装卸就是铁碰铁，怎么能不响呢?”说出口的道理很硬，没有说出口的道理更硬：桥吊队实行的是计件工资，多吊一箱就多挣一份钱。搞无声响操作，轻拿轻放，不明摆着要降低速度，减少收入么?

许振超没多解释，自己动手练起来。他通过控制小车水平运行速度和吊具垂直升降之间的角度，操作中眼睛上扫集装箱边角，下瞄船上装箱位置一点，手握操纵杆变速跟进找垂线。打眼一瞄，就能准确定位，又轻又稳。然后，他专门编写了操作要领，亲自培训骨干并在全队推广，以事实说服人。就这样，“无声响操作”又成了许振超的杰作、青岛港的独创。

1997年11月，老港区承运一批化工剧毒危险品。这个货种一旦出现碰撞，就有可能引发恶性事故。为了确保安全，码头、铁路专线都派上了武警和消防员，身着防化服全线戒严。船靠岸后，在许振超的指挥下，练就一手“无声响操作”的桥吊司机们个个精心操作，一个半小时，40个集装箱被悄然无声卸下，又悄然无声装上火车。船东代表感慨地说：“你们的作业简直是‘行云流水’，太神奇了!”

“咱当不了科学家，但可以做个能工巧匠”

当了队长的许振超，除了开好自己的桥吊，还想做更多的事。

一次，队里的一台桥吊控制系统发生了故障，请外国厂家的工程师来修。专家干了12天，一下子挣走4.3万元。这件事深深刺痛了许振超。他想，如果自己会修，这笔钱不就省了吗?

然而，桥吊的构造很复杂，涉及电力拖动、自动控制等6门学科，就是学起重机械专业的大学生也至少得两三年才能够处理一般性故障。许振超只有初中文化，可为了攻克这门技术，他着了魔似地钻研，终于发现，所有的技术难点都集中在一块块控制系统模板上，而这正是外国厂家全力保护的尖端技术——不仅没提供电路模板图纸，就连最基本的数据也没有。

许振超不信邪。每天下了班，他拿着借来的备用模板，一头扎进自己的小屋里。一块书本大的模板，一面是密密麻麻镶嵌的上千个电子元件，另一面是弯弯曲曲的印刷电路，这样的模板在桥吊上一共有20块。为了分辨细如发丝、若隐若现的线路，许振超专门用玻璃做了个支架，将模板放在玻璃上，下面安上100瓦的灯泡，通过强光使模板上隐身的线路显现出来，然后一笔一笔绘制成图。光分辨这2000多个焊点，已够麻烦了，要弄明白它们之间的连接更麻烦。一个点前后左右可能有4条连线，而且每一条连线又延伸出两条连线，两条再变成4条，最多的变成20、30根连线，每个点、每条线，许振超都要用万用表试了又试，一条线路常常要测试上百个电子元件，直到最终试出一条通路来。这样精细的活，特别累眼，累得看不清了，许振超就到冰箱里取出冰块，敷上一会儿。接着再干，每天晚上坚持干3个多小时。

就这样，许振超用了整整4年时间，一共倒推了12块电路模板，画了两尺多厚的电路图纸，终于攻克了技术难点。这套模板图纸后来便成了桥吊司机的技术手册，成了青岛港集装箱桥吊排障、提效的“利器”。一次，一台桥吊上的一块核心模板坏了，许振超跑到电器商店花8元钱买了一个运控器，回来换上后桥吊就正常运作了。而这要是在以前，换一块模板得花3万块钱！

2000年，队里的6台轮胎吊发动机又到了大修的时候。许振超找到公司领导主动要求，把这个项目交给他组织技术骨干来完成，一来锻炼队伍，二来节约资金。面对复杂的维修工艺，他与攻关小组一起边琢磨边实践，加班加点，提前完成了轮胎吊发动机的大修。近几年来，经他主持修理的项目累计为青岛港节约800多万元。

许振超的维修技术出了名，公司奖励了他一台传呼机，许振超的传呼机一天24小时都开机，只要桥吊有故障，随叫随到，随到随修。

掌握了修桥吊的技术，许振超仍不满足。因为作业中桥吊一旦发生突发故障，如果不能及时排除，将对装卸效率和船东利益造成严重影响。许振超又提出了一个新目标——“15分钟排障”。他从解剖每一个运行单元入手，不断探索，终于做到心中有数，手到“病”除。目前，桥吊队从接到故障信息，到主管工程师到场排除，已缩短到15分钟以内。

“现代化大生产说到底最需要团队协作。仅凭我一个人，就是一身铁又能打几个钉”

2001年，青岛市和青岛港集团实施外贸集装箱西移战略，启动前湾集装箱码头建设。然而，由于种种原因，直到11月下旬，桥吊安装仍然没有大的进展。关键时刻，青岛港集团总裁常德传现场发布任命：许振超任桥吊安装总指挥，年底前完成桥吊安装。

接下任务，许振超办了两件事：一是打电话告诉爱人，从现在到年底一个多月不能回去，让她放心；二是买了10箱方便面，往现场一扔。

前湾码头当时还是一片荒地，现场办公就在工地上一个集装箱里。零下十几摄氏度的天气，集装箱里里外外一样冷。每天早晨脸盆里的水都冻成冰坨，穿上工作鞋先要跺几分钟。吃饭要到三里地以外，错过点只能干啃方便面、凉馒头；睡觉就在集装箱一角铺上硬纸壳加大衣。有一次许振超发烧，几天不退，身子像散了架一样，走路都发飘。但晚上给家里打电话仍是那句话：“工程进展顺利，我一切都好。”

妻子许金文和女儿小雪放心不下，乘轮渡到码头上看望许振超。只见他眼里布满血丝，嘴上裂着口子。荒凉的前湾码头空地上，只有两个铁皮集装箱。其中一个，就是许振超的办公室兼卧室，里面的“家当”有三件：一把电水壶，一件军大衣，一张硬纸壳。妻子含着眼泪说：“这么苦，你的身体怎么受得了？”许振超笑笑说：“做心里喜欢的事，就不觉得苦。”

经过40多天的奋战，重1300吨、长150米、高达75米的超大型桥吊，终于矗立在前湾宽阔的码头上。许振超和工友们激动地流下了热泪。而许振超的风湿病又加重了，走起路来左腿常常不敢吃劲。直到现在，每天晚上睡觉时，都得穿上厚厚的毛袜子。

随着港口西移战略的顺利推进，一个念头在许振超脑海里越来越强烈：提高装卸效率，创造集装箱装卸船世界纪录！

2003年4月27日，青岛港新码头灯火通明，许振超和他的工友们在“地中海阿莱西亚”轮上开始了向世界装卸纪录的冲刺。20:20,320米长的巨轮边,8台桥吊一字排开,几乎同时,船上8个集装箱被桥吊轻轻抓起放上拖车,大型拖车载着集装箱在码头上穿梭奔跑。安装在桥吊上的大钟,记录了这个激动人心的时刻。4月28日凌晨2:47，经过6小时27分钟的艰苦奋战，全船3400个集装箱全部装卸完毕。许振超和他的工友们创下了每小时单机效率70.3自然箱和单船效率339自然箱的世界纪录。5个月后，他率领团队又把每小时单船效率339自然箱这个纪录提高到每小时381自然箱。

青岛港集装箱“10小时完船保班”这块品牌，让这项纪录擦得更加金光闪闪，“振超效率”扬名国际航运界！

而许振超总是谦虚地说：“装卸效率是集体协作的结晶，现代化大生产说到底最需要团队协作。仅凭我一个人，就是一身铁又能打几个钉。”几十年来，许振超创出了许多绝活儿，也带出了一支会干绝活又能创新的团队。现在，队里涌现出了许多像他一样的装卸专家，不少技术主管成功地主持了许多桥吊的电控改造，桥吊队维修班还改进了桥吊钢丝绳更换方式，大大缩短了换钢丝的时间——这个时间又为全国沿海港口最短。

更令许振超和他的桥吊队振奋的是，“振超效率”产生了巨大的名牌效应，青岛港在世界航运市场的知名度越来越高。一年来，海内外，世界许多知名航运公司，主动寻求与青岛港合作，纷纷上航线、增航班、加箱量，仅短短8个月时间，青岛港就净增了13条国际航线，实现了“全球通”。2003年完成集装箱吞吐量420万标准箱，实现了24.3%的高速增长。

在热火朝天、一派繁忙的青岛港码头采访许振超时，这位朴实的“老码头”指着海上熙来攘往的货船，说了一句很朴素的话：“货走得快，走得好，咱心里就踏实。”

思考题：

1. 社会主义职业道德是怎样形成的？
2. 社会主义职业道德有哪些基本特征？
3. 社会主义职业道德的构成要素有哪些？
4. 试述社会主义职业道德的重要社会作用。
5. 试述社会主义职业道德基本规范、基本内容。

第四章　建设行业职业道德概述

【学习目标】建设行业是国民经济的支柱产业之一，属于劳动密集型行业。由于工程建设活动的特殊性，从业人员职业道德水平的高低，对本行业的发展具有极其重要的影响。通过本章学习，了解建设行业的地位、职业道德建设的现状，充分认识加强职业道德建设的重大意义，认清工程建设行业的崇高使命。

第一节　建设行业概述

每个人职业道德信念的确立，首先是必须正确认识本行业和本职工作在社会分工中的地位、责任和由此产生的职业责任感、义务感，自觉遵守社会分工，热爱自己的职业，忠实履行自己的职业责任，也就是人们所说的敬业爱业。这是从事任何职业都必须首先具备的职业道德品质。因此，提倡和发展建设行业的职业道德，必须以中国共产党的基本路线为指导，深刻认识建设行业在国民经济中的地位及其对社会发展所负的职业责任。

世界经济发展的历史表明，工业化的发展，必然带来城市人口比重的急剧上升，而随着城市化规模的扩大，又将国民经济带入了一个新的发展阶段。无论是工业化的提高，还是随之而来的城市化的扩大，都将产生对建筑产品的旺盛需求。在一定的历史时期内，建设行业的发展，直接影响着这一进程的速度，带动着相关产业的发展，成为经济繁荣的重要支撑点之一。在我国，建设行业是一个规模庞大的产业部门。建设行业对国民经济和整个社会发展所负的职业责任以及所起的作用，可以概括为以下几个方面。

一、建设行业的重要地位

（一）为国民经济各部门的发展创造必要的物质技术基础

建设行业作为国民经济的重要物质生产部门，对各个行业的发展都起着重要的作用。建设行业主要从事规划、勘察、设计、施工、维修、房地产等及与此相关的生产经营活动，为国民经济提供的产品可分为：房屋建筑，包括厂房、仓库、住宅、写字楼、医院、学校、商业用房等；构筑物，包括水塔、道路、桥梁、窑炉等；机械设备和管道的安装工程，包括设备安装、给排水管道、智能布线等。

建设行业是国民经济的基础和先行行业，将向其他产业部门提供大量的物质技术基础。任何一个国家、民族或企业，要想更好地生存，就必须要扩大再生产，也就是我们所说的发展，否则必定走向衰败，这是我们国家五千多年历史发展中，用血和泪总结出来的结论。因此，邓小平同志早就指出："发展是硬道理"。当然，经济的发展必然要扩大生产规模，诸如新建厂房、仓库、住宅、道路，更新或增加机械设备及扩大城市规模，等等，这就必然首先要发展以建造和安装为主的建设行业，也就是通常所说的"兵马未到，粮草先行"。

改革开放 20 多年来，我们国家的经济以较高的速度持续增长，其中建设行业的增长速度也是空前的。仅郑州市自 2000 年以来，先后进行了东高新经济开发区、新郑机场、大学城、旧城改造等大规模的基本建设，特别是郑州新城的建设，把整个郑州市的城市品位提高到了一个较高的水平。这是建设行业广大职工多年来南征北战、栉风沐雨、战严寒、斗烈日，用自己勤劳的双手和聪明才智，为国家各行业的发展作出的巨大贡献。另外，建设行业可以吸收国民经济各部门大量的物质产品，从而带动众多相关产业的发展。我国建筑成本中，70% 是材料消耗，而建筑材料不仅用量大，而且涉及诸如冶金、化工、石油、森林、机械、材料制造、纺织等 50 个以上部门的产品。每年，建设工程消耗的钢材约占钢材总消耗量的 25%，木材占 40%，水泥占 70%，玻璃占 70%，塑料制品占 30%，运输量占 8%。因此，建设行业的发展必然对相关行业的发展起到“推动”作用。建设行业的发展，也直接刺激了建材工业的快速发展。仅以水泥为例，总产量已连续多年居世界首位，水泥自 1949 年的 66 万吨发展到目前的 20000 万吨以上，增长了 300 倍以上。在完成本世纪把我国建设成小康型社会的历史时期，建设行业为我国各行各业的发展，必将承担更加繁重的任务，作出更大的贡献。

（二）为社会所有成员营造生存必需的住宅和公用房屋

建设行业其中重要的一项任务就是建造人们赖以生存所必需的住宅及相关设施。人所共知，住宅的建造和食物、衣物的生产同样重要。人类自从脱离了天然山洞和架木为巢的生活后，就开始了住宅的建造。至今建设行业还是“每日每时”地为人民建造各种类型的住宅和其他公用房屋，以满足人们生存的基本需求。国家目前每年都要用大量的资金建造安居工程、文教卫生与城市公共设施和基础设施等。仅郑州市自 2000 年以来，新建一大批安居工程、中小学校、博物馆（展览馆），扩建和新建了城市道路，新建 3 座电厂、1 座自来水厂，等等。这些房屋和公共设施的建成，特别是郑州新城的规模建设，不仅使人民的居住条件得到了很大的改善，同时还使城市更加美丽、更加可爱。当然，目前人们已不仅把住宅作为生存的要素，还把它作为提高生活水平的一个主要标志。今后建设行业还必须忠实履行这种职业责任。

（三）为社会创造新价值，增加国民收入

我国的建设行业，经过 50 多年的发展壮大，已经具备了较强的经济规模，足以对国民经济和社会的发展产生强大的推动作用。仅本世纪过去的 5 年中，建设行业共创造社会总产值占社会总产值的 6.4%～6.7%。截至 2003 年，已完成产值突破 21865.49 亿元，成为国民经济中一支不可忽视的力量。

事实表明，在社会主义社会中，建筑产品也是商品，生产建筑产品既创造使用价值也创造价值。因此，建设行业也是能够创造国民收入的。由于过去人们对建设行业和建筑产品的性质在理论上认识不清，建设行业不被当做独立的生产部门，建筑产品不被视为商品，所以实行了不合理的管理体制，使建设行业的人、材、物分割，责、权、利脱节，缺乏独立的经营条件，以致国家财政未见多收，企业收入很少，经济效益不高，有的还有亏损。现在我国经过了 20 多年的改革，就是要从根本上解决这些问题。我们坚信，随着改革的进一步深入，建设行业为国家创造国民收入的比重必定会越来越高，企业的收入和职工的收入也将逐步增长。

[阅读案例]

浙江建筑业继续领跑全国

建筑大省浙江去年又创下了新的业绩。最新统计表明，2004 年全省完成建筑业总产值 3967 亿元，连续 3 年排名全国第一，实现利税 221 亿元，已连续 7 年位居全国第一。

据统计，2004 年浙江省完成建筑业总产值和利税总额分别比 2003 年增长 26.8%和 24.3%，建筑业实现增加值 730 亿元，占 GDP 的 6.5%左右。创出全国建筑行业工程质量最高奖“鲁班奖”8 项，浙江省“钱江杯”优质工程 101 项，以及一批上海、湖北和北京等省（市）的优质工程奖。

（四）可以容纳大量人员就业

建设行业产品的施工是一项十分复杂的生产活动。建设产品与其他各种工业产品相比，有其一系列特定的技术经济特点。由于建筑产品的固定性和庞大性，就决定了建筑施工中要投入大量的生产要素（包括劳动力、材料、机具等），并随着建筑物的不同部位而流动，这就需要组织平行、交叉、流水的立体作业。另外，由于建筑产品的多样性和复杂性等，使每一个建筑物或一个建筑群的施工工艺、施工方法也不尽相同，加之国家经济十几年来的持续高速增长，所以建设行业需要并且也可以吸纳大量的劳务人员就业。据有关资料测算，每增加 1 万平方米的建筑安装任务，就可直接和间接增加就业人员 1000 人左右。

建设行业属于劳动密集型行业，生产领域广阔。据统计，新中国成立初期，我国有组织的建设队伍不足 20 万人，占国家职工总数的 2.5%。而目前，我国建设行业的人数已由 20 世纪 90 年代初的 2500 万人，增加到 2003 年的 3893 万人，占全社会从业人员的 5%；吸纳农村富余劳动力 3137 万人，占全行业职工总数的 80.58%，占农村富余劳动力进城务工总数近 1/3。仅河南省就有建设行业人员 300 万人以上，其中，有 50 万以上的建设劳务大军分布在北京、上海、山西、海南等本省以外的全国各地，甚至走出国门，成为我国经济发展中一支不容忽视的行业大军。我们相信，随着社会分工的进一步深入和国家经济的持续发展，建设行业将还需要更多的劳动人员。

（五）有创外汇的巨大潜力

我国建设行业人力资源雄厚，全员都具有吃苦耐劳的优秀品质，我国建筑艺术又具有独具一格的特色，打入国际市场，是一个极具优势的部门。建设行业打入国际市场，不仅可以为国家赚取外汇，而且还可以带动机电设备和原材料等部门产品的出口，并可以学习国外先进的技术和管理经验，可谓一举多得。

我国对外承包和劳务合作，是党的十一届三中全会后逐步发展起来的，在过去的 20 多年里，已经取得了可喜的成就，开创了全新的局面。在 1986 年涉外工程年承包额在 10 亿美元左右，出国人员每年都在 5 万人以上。而目前，已经从单纯的劳务承包、分包和联合承包，发展到工程总承包。但是，我国建设行业国际承包的潜力尚未完全发挥出来。目前，国际承包市场年承包额约 2000 亿美元，我国仅占较少的份额，这与建设行业雄厚的人力资源很不相称。以韩国为例，在政府的扶持下，每年外汇收入的 40%来自对外工程承包收入。因此，只要政策对头，改革经济管理体制，不断提高技术水平，出现创汇成倍增长的局面是大有希望的。

值得注意的是，由于目前中东石油危机和政治动荡，以及中国的对外开放和经济振兴，国际承包商竞争的主要市场将可能从中东转向我国。我国建设行业在巩固国内阵地、减少外汇倒流中，也将担负起重要的使命。

（六）为国家和社会在创造物质文明的同时，创造精神文明

建设行业不但为社会创造物资财富，而且也为社会创造精神财富。建筑也是一种艺术，是环境艺术和科学技术的统一。历史留下来的优美建筑物，以其丰富多彩的姿态，向人们展现出各个不同时代的风貌。当我们漫步在金碧辉煌的故宫、遥看万山丛中蜿蜒起伏的万里长城时，就会强烈感受到我们的前辈众志成城和坚韧不拔的民族毅力，这又怎能不使我们更加热爱我们伟大的祖国和伟大的人民！遍布祖国各地的古典建筑与园林建筑，有的庄重典雅，有的玲珑俊秀，有的气势雄伟，有的优美别致。真可谓巧夺天工，构思奇妙，千姿百态，绚丽多彩，从而使我们祖国江山变得如此多娇。看到这些祖国文化遗产中的艺术珍品，怎不使我们为前辈能工巧匠们高超的建筑艺术而钦佩赞叹！那雄峙在天安门广场两边的人民大会堂和历史博物馆，则以其高大、宏伟、壮丽而又朴实的体态，展现出中国人民特有的勇敢、勤劳、朴实的性格和新中国的伟大、庄严、稳重；同时也表现了新中国建筑工作者的集体聪明智慧与充满信心的英雄气概。今天，当我们乘车行驶在各个城市的大街小巷，矗立在街道两旁的高层建筑，特别是在建的2008年奥运工程，无不生动地告诉我们：一个社会主义现代化建设的新时期已经到来了！我们看到这些不同时代、不同风格的建筑物，如同读了一部有立体形象的历史教科书，使我们增长了知识，得到了美的享受，并受到了深刻的爱国主义教育。

综上所述，我们可以豪迈地说：国民经济的发展，人民生活的改善，人类历史文明的创造，其中有很大一部分取决于建设行业。在世界历史文化遗产中有很大一部分就是建筑物。它们不但在当时有重要的实用价值，而且到现在还有很高的艺术欣赏价值和科学研究价值。现代城市文明，在很大程度上也是以城市建筑的布局、风貌和建筑科学技术水平为标志的。优美的、有纪念意义的建筑还可成为一个民族、一个国家的象征。如在电视屏幕上一出现金字塔，人们就知道那是埃及；一出现红场，就知道那是俄罗斯；一出现庄严雄伟的天安门或气势磅礴的长城，那就是我们伟大的祖国。

20世纪80年代初，邓小平同志在一次讲话中就指出："应当看到，建筑业是可以赚钱的，是可以为国家增加收入、增加积累的一个重要部门。要不然，就不能说明为什么资本主义国家把它当做三大支柱之一。所以，在长期规划中，必须把建筑业放在重要地位。与此相联系，建筑业发展起来了，就可以解决大量人口的就业问题，就可以多盖房，更好地满足城乡人民的需要。随着建筑业的发展，就带动了建材工业的发展。"邓小平同志的这一讲话，明确了建设行业的性质、任务和在国民经济中的地位，澄清了人们多年来争论的一些原则问题。从此，我国建设行业被确认为独立的产业部门，在国民经济中得以和农业、工业、商业及交通运输等行业并驾齐驱。

[阅读案例]

聚焦润扬大桥：中国第一桥

长江欢歌，巨龙腾空。2005年建成通车的润扬长江公路大桥，以中国第一、世界第三的跨径，标志着我国桥梁建设能力达到世界先进水平。

挖“天坑”放“巨锚”

有人形象地比喻说，悬索桥的结构就像一个晾衣架：在晾晒衣物时，将两根竹竿插入地面，用竹竿挑起一根绳子，再把绳子的两头绑在地面的两块石头上。石头在晾衣架中起到了固定的作用，而悬索桥两端的锚碇就发挥着这样的功能。因此，悬索桥的锚碇是整座润扬大桥建设的关键。

润扬大桥南汊悬索桥的特点是大跨径、宽桥面，跨径1490米，居中国第一、世界第三。桥面设计为双向6车道，宽38.9米。大桥通车后要求南汊悬索桥的北锚碇承受68000吨的主缆拉力。经过测算，北锚碇是一个长70米、宽50米、高50米的巨大长方体。北锚碇由近6万立方米混凝土浇筑而成，堪称“神州第一锚”。为了给锚体安个“家”，必须在地面挖出一个世界罕见的特大深基坑，它的基础规模巨大，堪称“天坑”。

国际桥梁协会主席伊藤学会惊叹：“像如此规模的地下基础施工，在日本光开挖至少就要5年，而你们才用了不到6个月!”

“巨人之手”托钢梁

临江远眺，润扬大桥仿佛是悬挂在长江上的一架巨大秋千，线条柔美流畅，丰姿绰约。它又像仙女玉手轻拌的银色丝带，将江南江北连接在一起。

悬索桥主要由锚碇、主塔、主缆、桥面组成，桥面承受的荷载经过吊杆传给主缆，再由主缆传至主塔和两端的锚碇。主缆是吊挂钢箱梁的主要受力结构，它是大桥的生命线。润扬大桥南汊悬索桥的主缆，上、下游各一根，有2000多米长、2万多吨重。两根主缆如同巨人的一双臂膀，将重达2万多吨的桥面稳稳提起。

桥面由47节钢箱梁拼接而成，每节钢箱梁重达500吨。安装时，工人们进行极其准确的桥下定位，再从停泊在江面的船上，将这些庞然大物提起并准确地安装到位。建设者请来了“巨人之手”跨缆吊机。在操作人员的控制下，一节节体积硕大的钢箱梁被跨缆吊机轻轻抓起，分毫不差地进入了预定位置。

桥面不留下一滴水珠

大桥合龙之后，建设者们又迎来一个新的难题，那就是给赤裸的钢桥面铺上沥青。也许一般人难以理解，这看似简单易行的工序里面，竟有着重重困难。

2004年5月17日，大桥指挥部邀请国内有关专家召开了润扬大桥钢桥面铺装施工方案审查会。最后确定的铺装厚度下层25毫米、上层30毫米的双层环氧沥青铺装方案征服了所有的人。

2004年天气最热之时，润扬大桥钢桥面铺装工作正式启动。

钢桥面铺装，不能有一滴水珠，甚至对空气的湿度也有苛刻的要求，并且铺路的沥青只有在高温下才能保持液化时间，所以炎炎三伏天气，便成为桥面铺装施工的唯一选择。

灼热的阳光直射赤裸的桥面，温度计很快飚升到了60多摄氏度。整个桥面变成了一面明晃晃的巨大的镜子。钢桥面铺装的总长度是2248米。令人窒息的环境中，工人们一个厘米一个厘米地前进着，汗如雨下。可是，他们的每一滴汗珠，都绝对不能落到桥面上。

当工人们一点点铺完这2248米后，回转身子，看见大桥依旧如一面光滑的镜子，只是，这面镜子如今变得深沉而细腻，它散发出乌金一样的光泽。

敢为人先铸丰碑

建设润扬大桥，花去5年的时间。

5年来，润扬人用自己的毅力、奉献、勇敢和智慧，谱写了一个传奇，它是这个伟大时代的产物，它将被历史铭记。

润扬大桥现场总指挥吴胜东告诉记者，长江上有许多著名的大桥，武汉长江大桥、南京长江大桥。但我国真正开始自己设计、自己施工的大桥，还是从上海的南浦与洋浦大桥开始的。最近10多年来，我国大江大河上修建的桥越来越多，但以斜拉桥为主，而悬索桥的技术始终没达到世界先进水平。

润扬大桥南汊桥的建设，原本也可以选择斜拉桥，但如果选择斜拉桥，桥的双塔就会修建在江水中，影响长江的航运和江水的流势。建设者们没有满足于斜拉桥，他们发扬敢为人先、追求卓越的精神，建成了世界第三的悬索桥。

润扬大桥留给历史的不仅仅是一座桥，而是一座时代的丰碑。

二、建筑业的发展现状

（一）建筑业规模持续扩大，对国民经济的支柱作用日益增强

进入新世纪以来，建筑业继续呈现出快速发展的态势。2001年至2003年，建筑业总产值和增加值的年均增长率都超过20%。2003年，建筑施工总承包和专业承包建筑业企业完成总产值23083.87亿元，全社会建筑业实现增加值8181.3亿元，占GDP的比重达到6.9%。建筑业作为我国国民经济的支柱产业，为推动国民经济增长和社会全面发展发挥了重要作用，主要表现在：第一，建筑业的快速发展支撑了国民经济的稳定、快速发展，为改善城乡面貌、统筹城乡发展作出了积极贡献。第二，大量的投资正是通过建筑业的转化作用，形成了促进国民经济长期发展的固定资产。2003年固定资产投资规模达5.56万亿元，其中3.34万亿元是由建筑业转化为生产力的，占到总规模的60%。建筑业对国民经济的发展具有不可缺失的作用。第三，建筑业对相关的上下游产业，包括相关的研发、咨询服务以及各类新型建材产业的发展，都起到了明显的拉动和辐射作用。第四，建筑业在安置人员就业，尤其是吸纳农村富余劳动力就业方面作用突出。2002年全国建筑业农民工3137万人，占建筑业从业人员总数的80.58%，占农村进城务工人员总数的近1/3。第五，建筑业和建筑劳务输出已经成为部分地区县域经济增长和农民增加收入的

重要来源。即使在发达地区，如江苏、浙江的建筑业重点地区，农民收入中也有超过40%来自于建筑业。

（二）建筑业生产力快速发展，工程质量水平不断提高

改革开放以来，我国建筑业生产力得到了快速发展，建造能力不断提高，超高层、大跨度房屋建筑设计、施工技术，大跨度预应力、大跨径桥梁设计及施工技术，地下工程盾构施工技术，大体积混凝土浇筑技术，大型复杂成套设备安装技术等都达到或接近国际先进水平。长江三峡大坝、西气东输、南水北调、岭澳核电等能源和水利工程，青藏铁路、杭州湾跨海大桥、上海东海大桥等一大批投资规模大、技术要求高、举世瞩目的特大型建设工程项目，高质量、高速度地建成或正在投入建设，极大地支持了国民经济的快速发展。主跨550米、位居世界拱桥第一的卢浦大桥，主跨1490米、居世界悬索桥第三的润扬长江大桥，主跨1088米、居世界斜拉桥第一的苏通长江大桥，世界上最大盾构直径（14.5米）的上海上中路越江隧道等许多重大基础设施项目，完全依靠我国自己的设计和施工力量承包建设。这些工程项目的建设充分反映了我国建筑业技术能力和建造水平，展现了我国建筑业的崭新风貌。

（三）建筑业企业国际竞争力明显提高，“走出去”势头方兴未艾

近年来，我国建筑业企业积极拓展国际市场，取得了显著成效，在国际建筑市场的影响力不断攀升。美国《工程新闻记录》评选的2004年全球最大225家国际承包商中，中国公司有47家进入排行榜，约占225强的1/5。上榜企业的全球业务营业额为540.4亿美元，比上年增长了30%。

目前，我国对外承包工程开始进入快速、良性发展的轨道。对外承包工程经营方式从20世纪80年代的劳务分包、土建分包发展为大量的总承包以及BOT等方式。承包工程范围不断拓宽，从最初的房屋建筑和交通领域发展到涉及冶金、石油、化工、电力、通讯以至航空、航天及和平利用原子能等高科技领域，科技含量和带动国内机电产品出口的能力进一步提升；海外市场从初期以非洲、中东为主要市场，发展到业务遍及全世界180多个国家和地区；在“走出去”的队伍中，大型建筑业企业特别是中央企业所占比重不断增加，涌现出中建、中港、中国路桥等一批优势骨干力量。许多项目都受到所在国政府和业主的一致好评。

（四）各地区积极出台有关政策引导建筑业改革发展，建筑业企业现代产权制度改革全面展开

各地党委和政府高度重视建筑业的发展，出台了一系列政策或指导意见，积极推动本地区建筑业的改革与发展。江苏、福建、湖北、山东、湖南等省政府颁布了建筑业改革发展指导意见；江苏省研究制定了构筑建筑强省的指标体系，每年发布建筑业发展报告，河北省研究制定了建筑业改革发展规划；北京、天津、上海、重庆、内蒙古、吉林、广东、河南、安徽、甘肃等省（市、区）都积极引导建筑业企业以产权制度改革为突破口加快改革步伐，引导建筑业企业建立现代企业制度。至2003年底，浙江省90%以上的国有和集体建筑业企业完成了改制工作；江苏省394家国有和县以上集体建筑业企业中有362家完成了改制，占企业总数的92%；内蒙古、新疆等中西部省（区）也已经基本完成了国有中小型建筑业企业改制。同时，中央施工企业积极开展主辅分离、辅业改制等工作。

改革进展较快、力度较大的省（市、区），建筑业发展优势进一步增强，区域性优势企业集群正在逐步形成。2003年浙江、江苏两省的建筑业总产值已占到全国建筑业总产值的近1/4。这两个省有两个特点：一是建筑业改革，特别是对原来集体所有制的乡镇企业改革比较早、进度比较快，近两年建筑业增加值的增长幅度也很大；二是管理体制顺、力量强，两省建筑工程管理局都发挥了重要作用。

（五）行业和企业结构调整取得明显进展，产业集中度不断提高

目前，全国建筑业结构调整已取得明显成效，整个产业组织结构进一步优化。一是在建筑业发展的过程中，经过政府引导和企业自身的调整，总承包、专业分包、劳务分包的组织结构初步形成，行业组织结构趋向合理。建设部从2002年对施工企业进行资质重新就位后，全国施工总承包类企业共计33652家，比重新就位前减少了28.7%；专业承包类企业29886家，比重新就位前增加了27.2%，建筑业结构调整取得明显进展。二是建筑业企业围绕提高核心竞争能力开展了企业组织结构调整，强化技术、资金、机制、市场、功能等关键竞争要素，打破部门、行业、地区、所有制的界限，在广泛的空间里展开了兼并重组和资源优化配置活动。同时，围绕价值链重组展开经营结构调整，确定企业的主营业务板块，集中资源发展自己的优势业务。许多传统骨干工业设计院和大型施工企业积极发展工程总承包和项目管理业务，重视培育前期研究、策划、融资、专有技术等能力，逐步具备国际型工程公司的形态和功能。2003年全国由设计院改造而成的工程公司就完成工程总承包项目5808项，合同额达250亿元。随着结构调整的进一步展开，建筑业的产业集中度正在逐步提高。

（六）建筑业企业管理和技术创新能力增强，市场竞争力逐步提高

经过多年市场竞争的磨炼，建筑业企业管理正在向科学化、现代化和国际通行模式转变。目前，企业发展战略管理已得到许多优秀企业的重视和应用。各类建筑业企业根据自己的市场定位，不断进行工作流程再造，工程项目管理水平不断提高。同时，锻炼培养了一大批优秀工程项目管理和技术人才。目前，我国已有注册建筑师4.1万人，注册结构工程师3.3万人，注册监理工程师8.2万人，项目经理100万人（其中一级项目经理13万人）。

建筑业企业在技术创新方面也取得了长足的进步，技术创新能力正在成为提升建筑业企业核心竞争力的关键要素，越来越多的企业更加积极主动地追求科技、信息化水平的不断提高。许多优势企业依靠专利技术或专有技术不断扩大市场规模。建设部门在制定企业资质条件时不仅要看注册资金，还应该更多地考虑企业的技术优势、人才优势。

（七）整顿规范建筑市场取得积极成果，市场秩序和工程质量安全形势进一步好转

各级建设行政主管部门深入研究我国建筑业改革与发展的实际问题，积极转变政府职能，改进和加强执法监督，统一、开放、竞争、有序的建筑市场体系正在逐步形成。近年来，各级建设行政主管部门大力整顿和规范建筑市场秩序，强化工程质量安全监管，深化工程造价体制改革，积极开展政府投资工程建设组织实施方式改革试点。整顿规范建筑市场工作取得积极成果，符合市场经济的建筑市场运行机制逐步形成。

质量和安全是企业的生命，是建筑业改革与发展的基础和前提，丢掉了工程质量和安全生产这两个大目标，建筑业健康发展就无从谈起。因此，各项改革工作应十分重视提高工程质量和安全生产水平。近年来，各级建设主管部门认真贯彻中央和国务院领导对于安全生产工作的一系列批示精神，积极落实安全生产要求，加强安全生产形势分析，抓住重点地区、重点环节，强化监管，紧紧抓住安全目标不放松，建筑施工安全生产形势进一步好转。

三、建筑业改革与发展中存在的问题

建筑业改革与发展中存在的问题主要有以下几方面：

一是从长期计划经济体制延续下来的勘察、设计、施工、使用及运营过程相互分割的管理体制和运行模式还没有彻底转变，这几个阶段至今还未能有机地结合起来；企业诚信体系和工程风险管理制度还没有全面建立，工程咨询服务体系及相关中介服务不适应市场经济发展的要求；工程建设的市场化、社会化、专业化水平还较低；建筑市场中条块分割、地方保护的现象仍然存在；业主不合理压价、拖欠工程款、拖欠农民工工资等情况仍然突出；规范建设市场行为的法规和技术规范尚不完善。

二是建筑业企业法人治理结构不完善，国有企业产权单一、财务风险突出等问题仍然是制约企业发展的主要因素。中央和省属大型国有建筑业企业的产权制度改革相对滞后。我国建筑业尚缺乏一批资金、管理、技术密集，具有行业整合能力和国际竞争力的大型企业集团。

三是企业依靠专有技术和企业标准领先市场的意识还不够强。许多建筑业企业更看重规模、产值，缺乏自主知识产权的专有技术和专利技术，技术竞争优势不强。建筑业企业之间或与科研机构、相关院校之间尚未形成良好的技术创新合作机制。同时，缺乏有效的技术创新激励机制；知识产权保护不足，科技投入远远不够。

四是现行的政府投资工程管理方式主要还是“投资、建设、监管、使用”多位一体，工程建设管理的政企职责不分，政府投资工程建设项目组织实施的市场化手段应用程度不高，利用专业化的项目管理力量还不充分。

第二节　建设行业职业道德建设现状

目前，我国尚处在社会主义初级阶段，经济体制改革的目标是建立和完善社会主义市场经济体制。随着改革开放的进一步深入和市场经济的迅猛发展，我国社会主义职业道德建设工作正面临着许多新情况和新问题。这是因为，当前我国职业道德建设工作在现行的经济体制中，既受我国传统道德的影响，又受西方资产阶级道德的影响。因此，如何搞好市场经济条件下的我国社会主义职业道德建设工作，就已经成为全党和全社会共同关注的一个重大问题。

建设行业，作为人员数量庞大、技术和管理相对滞后的行业，在我国现行市场经济的阶段，职业道德建设也存在有喜有忧的现状。以下就三个方面分别对建设行业职业道德建设的现状进行阐述。

一、社会主义市场经济与建设行业职业道德建设

我们国家现行的经济体制是社会主义市场经济体制。这一体制具有以下特征：在国家宏观调控下，充分发挥市场对资源配置的基础作用，以自由竞争为前提，价值规律是基本规律，等价交换是基本原则。市场经济的这些特征，决定了市场经济内在地包含着处理行业内部的关系、行业之间的关系、人与物的关系和处理人与人的（社会）关系的规则，如社会成员彼此之间的经济行为是通过物质刺激来推动的，消费者和生产者在谋求各自的利益中存在着矛盾和竞争等。

建设行业也无一例外地受这些规律的制约，并产生一些积极的影响。然而社会主义市场经济的建设是一项前无古人的伟大创举，建立完善的社会主义市场经济还需要一个发展过程，它对人们的思想道德修养具有双重影响。市场经济的不规范、不成熟，必然对我们建设行业带来一些消极的东西。因此，要有一个正确的立场，用一分为二的观点，来分析认识这一不可回避的双重问题。

（一）市场经济对建设行业职业道德建设的积极影响

1. 增强建设行业的拼搏进取精神

市场经济是建立在发达的商品货币关系基础上的。而商品货币关系的实质，是不同经济主体之间的平等独立的等价交换关系。因此，作为市场交换主体之一的建设行业及各部门都必须做到：产权明晰；自主经营；能对市场的变化及时做出灵活的反映和判断；冲破传统计划经济条件下形成的依附观念、惰性意识、无所作为、等级特权等落后的道德观念，形成自强不息、勇于创新、积极进取的新观念。所以，自强、自立、勇于进取是我们建设行业在市场经济中所必须具备的道德精神。

2. 增强建设行业的竞争、风险和开放观念

市场经济是开放和竞争的经济，国内市场与国际市场、本地市场与外地市场相互联系、相互贯通、相互影响。在这一开放型的经济中，建设行业为了生存，必定要参与国内、国际的激烈竞争，并且在竞争中求得发展，在竞争中求得生存，而竞争意味着“优胜劣汰，适者生存”。因此，市场经济还是风险的经济。市场经济的这些特点反映到行业的思想观念中，就有助于冲击、削弱建设行业内的闭关自守、安于现状、绝对平均、端“铁饭碗”的陈旧观念，有利于调动建设行业内在的潜力，强化行业的竞争、风险观念，促进整个行业的拼搏精神。

3. 增强建设行业的效率、效益观念

价值规律是市场经济的基本规律。价值规律从内在机制上要求经济主体少投入、多产出，高质量、高效益。这个特点反映在建设行业职业道德观念上，就是诸如采用项目法施工、加强投资控制、提高施工的工业化程度等，从而增强建设行业的效率、效益的观念。这有助于克服不讲究经济核算、不珍惜时间、散漫、拖沓等旧观念，有利于促进建设行业生产力发展，增强经济活力。

4. 增强建设行业的平等、公正、法制意识

等价交换是市场经济的基本原则。在等价交换面前，没有特权，人人平等。为了确保市场原则和准则的有效贯彻与有序进行，必须建立健全各项法制。这种平等、法制意识的

加强，又必然强化“公正”的道德意识，并有利于破除等级观念、宗教观念和种族观念，使整个建设行业的平等、公正和法制意识得以强化。在目前建设行业所进行的项目管理中，认真贯彻国家和行业的规范、标准和规程就是这一意识的具体体现。

（二）市场经济对建设行业职业道德建设的消极影响

1. *滋长拜金主义价值观*

拜金主义价值观，就是把金钱（货币）作为人生的目的和价值，对金钱顶礼膜拜，不择手段追逐金钱。商品的价值要通过一般等价物——货币来表现，这就极容易使一些行业认为“钱”就是一切。在市场经济条件下，建设行业有些企业和个人以追求经济效益最大化为直接目的，认为金钱是万能的，甚至出现了见利忘义、贪污腐败、欺诈盗窃、坑蒙拐骗等丑恶现象。长此以往，亲情、民族感、责任感将不复存在，其后果是可想而知的。

2. *滋长享乐主义人生观*

享乐主义人生观，就是把追求吃喝玩乐、挥金如土、穷奢极欲作为人生的目标。在市场经济的条件下，一些建设行业的企业和个人出于交易双方各自的利益动机，在接待方面奉行高消费、高享受，有的甚至以采取严重败坏社会道德的非法手段，牟取私利。凡此种种，如不能加以正确地引导和限制，在建设行业内就很容易形成享乐主义人生观的温床，这对我们的国家、民族和人民都如同一种犯罪，是我们所深恶痛绝的。

3. *滋长极端利己主义道德观念*

极端利己主义道德观念是私有制和剥削制度的产物。一切剥削阶级将利己主义奉为金科玉律，所谓“人不为己，天诛地灭”。在市场经济的条件下，利益的原则是发展生产的根本原则。只有肯定了正当的个人利益，经济规律才能够有效地运行。但是，建设行业的一些主体所追求的只是眼前的、微观的、直接的利益最优化。因此，“趋利”往往成为行业当中有些人思想行为的自发倾向。这就容易刺激人们为了个人和小团体的利益，不惜损害整体和社会的利益。

（三）如何正确认识市场经济对建设行业职业道德建设的双重作用

正确认识社会主义市场经济对建设行业职业道德建设的双重作用，还需要理解以下问题：

第一，社会主义市场经济的积极作用是本质、主流的方面。与传统的计划经济相比，励精图治、知难而进和自强不息的精神被大大地发扬起来；时间观念、竞争观念、效率观念和创新观念渗透到社会的各个方面；用诚实劳动创造幸福生活已成为时代的主旋律。

第二，对建设行业所产生的消极作用，绝不能掉以轻心，要采取有效措施逐步加以解决。在市场经济的条件下，建设行业出现的这些道德失范和社会丑恶现象往往是难以逃避的，但是这绝不构成行业中有些人道德沦丧和忽视道德建设的理论依据。相反，它说明了在改革开放和现代化的建设中，全面加强道德建设具有重要性和紧迫性。

第三，如何正确看待和分析道德“滑坡”现象。从总的方面说，社会历史发展不断进入更高的阶段，各种社会问题的性质、影响及表现形式是完全不同的。建设行业在过去实行高度集中的计划经济环境里，较容易抵制其他任何外来意识形态的侵蚀和干扰；“黄赌毒”等丑恶现象易于打击和限制；极少有分配不公和贪污受贿现象，自然也不会产生由此引发的许多社会道德问题等。在改革开放和实行市场经济的环境里，旧道德观念的消亡，新道德观念的形成，需要有一个适应生产力发展的过程。在社会转型时期，由于经济关系的变化和利益关系的调整，风险因素增加，错误的价值观念的影响等，使一些人的道德观念出现了滑坡和判离。比如建设行业中少数干部以权谋私、腐化堕落，一些地方“黄赌毒”现象比较严重，市场领域里较大范围存在的假冒伪劣和欺诈行为等。所有这些道德的倒退和堕落现象，都是与社会主义精神文明建设格格不入的，都对社会主义市场经济繁荣发展和实现社会长治久安带来极大危害。我们最根本的态度是，有决心解决这些问题。随着改革的深入和经济的发展，社会主义道德规范体系一定会全面建立和实施起来。

二、我国传统道德与建设行业职业道德建设

我国素以“文明古国”而著称于世，中华民族传统文化源远流长。我国几千年所形成的传统道德，在总体上已经与当代的社会生活和时代要求有很大差异。但是，也应当看到，任何国家、任何民族的道德发展，都具有继承性的特点。因此，传统道德对建设行业职业道德建设的影响也具有双重性。

（一）积极影响

1. 崇尚统一与爱国主义传统

我国历史悠久、幅员辽阔、人口众多，是一个具有多民族的发展中大国。综观历史，崇尚国家统一与爱国主义的精神世代延续。自古以来，许多爱国人士、爱国思想、爱国事迹，陶冶着一代又一代中华儿女的爱国情操。例如，“精忠报国”的抗金英雄岳飞、写下“人生自古谁无死，留取丹心照汗青”视死如归的文天祥、抗击倭寇的著名将领杨靖宇，以及痛歼侵略者、使台湾重新回到祖国怀抱的郑成功等，都是家喻户晓、深受人民敬仰的民族英雄。

在每一个历史阶段，爱国主义总是与时代的主题紧密结合，它集中表现为反抗民族压迫，维护民族团结，反对分裂，维护国家统一；反抗外国侵略，维护国家的主权和独立；对祖国的山河和同胞无限热爱，对祖国的历史、文化具有高度的民族自尊心和自豪感；对祖国的前途、命运无比关心，为不断丰富和发展中华民族的文明努力进取、奋斗不息。

在中国近代历史中，我们祖国曾遭受外国列强的侵略和欺凌。无数中华儿女为挽救中国被瓜分的命运、挽救民族的危亡，进行了前仆后继、宁死不屈的斗争。中国共产党成立后，继承和发扬中华民族的爱国主义传统，在争取民族独立、维护国家主权的斗争中，不怕牺牲、英勇战斗的精神震惊了世界，赢得了全中国人民的衷心爱戴和拥护。所有这些，都说明中华民族悠久的爱国主义传统，对增进民族团结、维护国家独立与统一等，都起到了不可磨灭的积极作用。经过继承、改造和提高，崇尚祖国统一与爱国主义传统，仍将成为全中国人民的宝贵精神财富。最近，一些“台独”分子不断制造分裂祖国的言论，企图利用外部势力搞“台独”，就立即受到了包括台湾民众在内的所有炎黄子孙的强烈谴责。如果这些“台独”分子不悬崖勒马，彻底放弃“两国论”，必将步汪精卫等之后尘，成为中华民族的千古罪人。这就是在新的历史阶段，追求祖国统一、发扬爱国主义传统的鲜明体现。

2. 仁爱的观念

中国历史上，以孔子为代表的儒家的思想一直深刻影响着人们的言行，儒家思想道德

核心就是“仁爱”。例如，孔子提出的“孝、悌、忠、信、礼、廉、耻”；孟子提出的“恻隐之心，人之端也”；范仲淹提出的“先天下之忧而忧，后天下之乐而乐”；陆九渊提出的“遏恶扬善，举直措枉”；以及梁启超的“有益于群者为善，无益于群者为恶”等。这些思想虽有其特定的阶级内容和历史局限性，但却有积极的、普遍的价值导向意义。在建设行业乃至中华民族的道德建设上产生过重大的作用，因而是我国优秀道德传统的重要组成部分。

仁爱学说，要求“克己”、“爱众仁”、“舍己为群”、“恻隐为怀”、“体恤仁民”等。这种识大体、先人后己的理想价值观，在阶级社会中是不可能普遍实现的，是当时社会阶级利益的反映。但是仁爱学说毕竟体现了中华民族崇高的道德情操，表现了崇高的人道主义精神。因此，我们在进行社会主义现代化建设的今天，特别需要大力加以继承和弘扬。

3. 勤俭节约、艰苦奋斗的精神

勤俭节约、艰苦奋斗，是劳动人民在生存斗争中造就出的民族性格和优秀品德，是我们民族发展的强大精神动力之一。古人云：“侈而惰者贫，而立而俭者富”；“一粥一饭，当思来之不易，半丝半缕，恒念物力维艰”；“忧劳可兴国，逸豫可以亡身”。这些古训总结了我国历史上艰苦朴素可以兴国、奢侈腐化可以灭邦的经验教训，说明了艰苦奋斗才能成才的道理。多少年来，建设行业以勤俭节约、艰苦奋斗的精神，继承和发扬着中华民族的传统美德，战天斗地、不畏困苦，创造了一个又一个人间奇迹。

艰苦奋斗是一个历史范畴，在不同的时代、不同时期有着不同的内容和表现形式。今天不同于过去，将来不同于现在。可是，勤俭节约、励精图治、拼搏实干、奋发向上的进取精神和奉献精神是永远不能淡化和丢弃的。如果我们放开眼界综观古今中外的工程建设即可看出，世界上没有一项工程建设事业不是靠艰苦奋斗建造而成的。作为无产阶级的我们是这样，甚至资产阶级和其他剥削阶级在创业时期也是如此。邓小平同志在总结改革开放的经验教训时指出：“工作中的失误，最重要的一条就是，在经济得到可喜发展、人民生活水平得到改善的情况下，没有告诉人民，包括共产党员在内，应该保持艰苦奋斗的传统。坚持这个传统，才能抗住腐败现象。”邓小平同志的话语，使艰苦奋斗的精神得到了更高层次的升华。建设行业的全体职工必须从社会主义中国的前途和命运的高度，来认识继承和发扬艰苦奋斗精神的重要性。

（二）消极影响

1. 愚昧迷信观念

在我国漫长的奴隶社会、封建社会里，由于科学知识贫乏，人们对自然现象的规律知之较少，崇拜神灵和巫术的迷信活动有其客观的基础。但更重要的是统治阶级为巩固他们的反动统治，就充分利用儒家学说中的糟粕和宗教的教义，大肆鼓吹和传播天命论和封建迷信思想，以达到愚弄、恐吓人民，让人民俯首帖耳，不能逆天行事。例如，孔子提出“君子有三畏：畏天命、畏大人、畏生人之言”，既要人们时刻存在着敬畏心理按照天命的意旨行事；孔子还主张“为上知与下愚不移”，把“上知”与“下愚”说成是天生不变的，被统治者是天生的“下愚”，理应受到统治；朱熹宣扬“存天理、去人欲”、“禀得清高者便贵，禀得丰厚者便富，禀得衰颓薄浊者便为愚不肖、为贫、为贱、为夭”，为什么各人禀受不同，朱熹则认为“都是天所命”。这就为尊卑贵贱的封建等级制度，从人性方面寻找依据，为封建统治秩序服务，等等。

新中国成立后，随着社会生产力的快速提高、科学文化知识的不断普及，特别是辩证唯物主义和历史唯物主义的教育，广大建设行业职工乃至各行各业的群众的精神面貌发生了深刻的变化。这对受长期封建道德传统影响的国家和饱受有神论毒害的人民群众而言，是极其宝贵的历史性进步。但是，我们也要清醒地看到愚昧迷信仍有市场，用科学破除迷信还有很长的路要走。特别是在市场经济的条件下，人们面临种种不确定因素和风险，有些人就会感到无能为力，从而幻想存在一种神秘的力量支配自己。与此同时，也有一些人趁机把那些早已被唾弃的封建糟粕改头换面，或借用、篡改科学术语，打着科学的旗号大搞迷信活动，借以敛钱生财或另有政治图谋。

当前社会上看相、占卦、看风水、建庙宇、修祖坟、盖祠堂等愚昧迷信活动时有发生，其共同特征是信仰鬼神，祈求神灵保佑或借机敛财。事实告诉我们，以科学破除迷信，以文明改变愚昧，还需做出长期的努力。

2. 重人治、轻法治的观念

我国曾长期受封建制度的统治，封建统治者实行的是皇权至高无上、皇帝即国家化身的制度。统治者为了欺骗、麻痹人民，掩盖其压迫和剥削的实质，往往强调“德治”，打出“施仁于民”的旗号。应当承认，强调德治，也就是人治，从社会文明发展的角度看，虽是一种愚民政策，但也有一定的合理成分。统治阶级懂得维护自己的统治，必须“文武并用”。也就是说，在强调德治的同时，也重视用强力，即使用法律来统治人民。在封建统治者看来，“法”就是“刑”，所谓“杀戮禁诛之谓法”。这种用“人治”来“治人”的法制思想，完全是根据统治者的利益和意志来制定的，广大民众根本得不到法律的保障，更谈不上对权力的限制。什么“刑不上大夫，礼不下庶人”，“民可使用之，不可使知之”等，自然成了天经地义的道理。

新中国成立后，曾长期实行计划经济，一度又盛行“个人崇拜”，致使法制不健全，民众的法治观念相当淡薄。即使在现行的改革开放及市场经济的条件下，建设行业当中一些“长官意识”、“以权代法”、“土皇帝”、“有法不依”现象仍屡见不鲜；一部分人无法无天，无所顾忌，最终走上犯罪的道路；还有一部分人不遵守公共秩序、不爱护公共财产、不尊重他人、不自觉纳税以及以感情代替法治的现象还比较普遍，这说明在全体建设行业当中不断清除封建落后意识，树立法制观念，对保障社会主义物质文明和精神文明是相当必要的。

3. 闭关自守、故步自封的观念

在我国封建意识的长期统治下，小生产型的自然经济始终占据主导地位。在这种背景下形成了闭关自守、安于现状、固步自封、不思进取以及不尊重科学的观念。目前，在建设行业中，这些现象也时有发生。建设行业在技术、观念、人员素质等方面，与一些发达的行业相比还相当落后，如果我们不脚踏实地、居安思危，势必在市场经济的大潮中被淹没。中国的五千年发展史告诉我们：“落后就要挨打”，一个历史上长期曾处于世界文明前列的大国，为什么近代落后了呢？就是因为清朝的统治者采取了闭关自守的保守政策，导致妄自尊大、孤陋寡闻，致使对内奢侈腐化、鱼肉人民，对外割地赔款、丧权辱国。

当今世界是一个开放的世界、竞争的世界，要真正使我们国家改变落后的地位，必须同国际市场联系起来，发展各种形式的经济合作。这就要我们所有行业的职工解放思想、转变观念，善于取人之长补己之短，才能求得较大的发展，才能为人类的文明和和平事业作出应有的贡献。

建设行业要适应社会的发展，就必须打破固步自封的封建意识，虚心向先进的行业学习，向先进的国家学习，只有这样，才能完成历史赋予我们行业的使命。

（三）如何对待传统道德的影响

在加强建设行业职业道德建设的过程中，对待传统道德影响的问题，应采取科学的态度，弘扬其积极影响，遏制其消极影响，构建有中国特色的社会主义职业道德。具体应认真做到以下几点：

第一，要取其精华，弃其糟粕。通过吸取、改造、清除的过程，达到“弃恶扬善”、“趋利避害”的目的。要做到这一点，关键是要有取舍的标准。在我国现阶段，一切有利于解放和发展社会主义生产力的思想道德，一切有利于国家统一、民族团结、社会进步的思想道德，一切有利于追求真善美、抵制假恶丑、弘扬正气的思想道德，就是精华，就应当发扬光大；反之，就是糟粕，就应当摒弃。

第二，要根据时代的要求，充实新的内涵。所谓充实新的内涵，就是对传统道德中应加以吸收的“精华”，也要用现代文明的要求和社会主义原则加以改造、充实和发展，使之具有符合社会主义时代要求的内涵，成为社会主义职业道德的有机组成部分。

第三，对现阶段建设行业当中存在的消极、丑恶现象要认真地分析和研究，分清滋生的源头和性质，并且解决这些问题也需要一个过程，绝不能简单化、理想化。我们不是生活在一个真空的社会，一些消极现象的出现从某种角度上说也是正常的。但我们决不可掉以轻心，应本着发展中能够及时发现问题，并能更好地解决这些问题，再促进发展的循环方法解决这些消极现象。

三、西方资产阶级道德与建设行业职业道德建设

西方资产阶级道德是当代资本主义国家尤其是在发达资本主义国家占主导地位的道德，对我国建设行业的职业道德建设有着较大的影响。我们应当结合国情，从加强我国社会主义道德建设的实际出发，冷静地分析、比较、批判，大胆地借鉴和吸收。只有善于批判地吸取一切反映人类文明和进步的先进思想成果，才能使社会主义职业道德与人类文明进步的潮流相一致；同时，对资产阶级道德中维护资本主义制度、推行强权政治和霸权主义，美化极端个人主义以及腐朽生活方式的价值观念，应坚决加以抵制和排除。

（一）积极影响

资本主义市场经济与我国社会主义市场经济虽然有质的区别，但同为市场经济，有必然的共性。这就是：遵循相同的经济规律、相同的运行机制、相同的市场法则。与此同时，在思想道德上就必然要求有相同的价值观念选择、价值观念评价等取向准则。由于我国市场经济体系刚刚建立，了解、借鉴西方市场经济理论、方法和价值观念是非常必要的，是我国社会主义市场经济发展的客观要求。

1. 重视民主、人权的观念

资产阶级在反对封建君主统治、建立资本主义制度的斗争中，提出了民主、人权的思

想。其基本原则是“人人生而自由，权利平等”，如言论自由、出版自由、宗教信仰自由、和平集会权利、私有财产具有不可侵犯的权利等。应当肯定，资产阶级的民主、人权观念较封建地主阶级的专制、残酷观念而言，具有历史性的进步，是人类道德文明发展的体现。但是，资本主义制度形成后，资产阶级的民主、人权观念，往往采用双重标准。对内，维护资产阶级自身的民主、人权，在不涉及资产阶级根本利害关系的前提下，给予劳动人民一定限度的民主权利和人权保障，而对少数种族则实行歧视和排斥政策。在所谓“民主”和“自由”的美国，种族歧视有变本加厉的趋势，这就是最好的说明。对外，则打着所谓“民主”、“人权”等旗号，肆意干涉其他国家特别是发展中国家的内政。以美国为首的西方国家大肆鼓吹什么“人权高于主权”、“人道主义干预论”、“为价值观而战”等谬论，妄想以霸主代替民主、以霸权代替人权、以霸道代替人道。这就是逆历史潮流而动的不义之举，必将激起世界人民的强烈抗争。

2. 重视科技、人才、教育的观念

重视科技、人才、教育，是发展社会化大生产的需要，是资产阶级攫取超额利润的有力手段。比如，美国为什么在20世纪内，能在世界经济、科技、军事等领域始终具有明显优势？这其中固然有其很多主客观条件和因素，但很重要的一点就是，美国投入巨额资金，大力发展科技、振兴教育、培育和网络人才，形成全社会崇尚科学文化、重视教育的观念，这体现了现代社会的科学与文明精神。建设行业广大职工应当学习、借鉴美国这方面的成功经验，努力学习科学文化知识，努力学习先进的经验，为振兴建设行业作出每个人应有的贡献。

目前，在建设行业当中，一个尊重知识、尊重人才、尊重科学的氛围已经形成。许多大中专学校都设立了与建设行业相关的专业，每年都有许多具有大中专及以上学历的学生步入到建设行业的不同部门，为建设行业的发展注入了新的活力。当然，我们建设行业的各个部门，要以发展的眼光接纳这些建设行业的生力军，他们是建设行业的希望和未来。各部门也应为他们施展才华提供较好的环境和条件，尽早使他们为我国建设行业的发展作出应有的贡献。

[阅读案例]

陈祥福：建设有中国特色的超高层建筑

现在各个省（市）包括建筑学者都在提倡限制建高楼，甚至有人提出要以立法的形式执行。可陈祥福却“背道而驰”，谈到他热衷的超高层建筑，年过六旬的陈祥福神采飞扬，看上去只有“知天命”的年龄。你很难想象，曾几何时，他是中国自行设计的的最高建筑——青岛国际会议中心首席设计师；他是面向21世纪中国深基础工程建筑技术开发的开拓者之一；他是中国高层建筑结构设计精粹理论的倡导者之一；他还是多部建筑设计理论著作的主编……最近，陈祥福经过多年的经验积累和思索研究出一套新的理论——空间变刚度群桩等沉降设计新方法，特别值得关注的是，这个新理论的诞生，为目前陈祥福负责的新项目打好了基石。

正在建设之中的卡塔尔国多哈超高层办公楼高231米，是中建总公司设计施工总承包的项目，被誉为国内第一幢网柱外框、内筒结构体系建筑，也是陈祥福的得意之作。也许是他的新理论终于有了“用武之地”，谈到这个项目的设计方案，陈祥福认为这个建筑结构非常有挑战性。他说，在卡塔尔首都多哈建高达231米的超高层外交大楼，是卡塔尔最高的建筑，作为当地的标志性建筑必然备受瞩目，在优化设计的过程中难点很多，首先是当地“喀斯特地区”的石灰岩地质构造，地质复杂，地下水丰富，须采用高压注水泥浆的方法打基础；其次是它的结构很“酷”，是国内建筑不能比的。外框架为空间网状斜柱框筒结构，不对称式偏心荷载，楼板悬臂，预应力环梁，最顶端有钢结构大穹顶，整个建筑幕墙采用铝合金遮阳板……这些特殊结构在设计和施工中难度很大，你必须做好每一个节点，差之毫厘，谬以千里。

与国内建筑不同的是，外交大楼的大厅在地下二层，采用下沉式进楼方式；大穹顶高20多米，主要为散热装备，重效果，轻利用，外表面装饰设计体现阿拉伯文化特色；另外，无加强层、无避难层、无防火层等设计在国内也是前所未有的，在国内建筑领域开创了又一先河。

对于“空间变刚度群桩等沉降设计新方法”理论，陈祥福介绍说，目前，高层建筑或超高层建筑深基础设计方法，主要按静力平衡法进行设计，在确定了超长桩的数量之后，再根据相关规范验算基础的沉降，若沉降计算理论值满足设计要求，此设计即已完成。在高层建筑超长桩箱（筏）基础沉降计算研究中，主要采用半理论、半经验的等代实体深基础方法和弹性力学来分别计算群桩的沉降值。根据地基应力分布规律和地基应力、应变分析，地基的综合刚度对基础的沉降起决定作用，由此提出空间变刚度群桩等沉降设计新方法，改变“等桩长、等桩距、等桩径”的传统设计方法。

陈祥福提出，一般多层建筑和小高层建筑桩基础设计若采用空间变刚度群桩设计，可以按地基处理方法进行设计。在基础底板下设垫层，根据工程结构条件进行空间变刚度群桩设计，采用长短桩、刚柔桩、大小直径桩的设计方案均可。但是，根据设计施工经验，同时要考虑施工方便和可行性，一般采用水泥土短桩和水泥混凝土长桩方案比较好。

在思索中积累经验，在突破中提出创新，陈祥福根据桩基的受力分析和变形规律，以及群桩效应、超长桩性质，长短桩优化组合特性和桩土共同作用的研究，首次提出空间变刚度群桩等沉降设计新方法，这是桩基设计的历史性突破，具有广阔的应用前景和巨大的技术经济效益。

对于他的团队，陈祥福非常重视人才的运用。在他的团队里，不乏有国内外知名设计师，其中有同济大学负责多哈外交大楼结构计算的廖少民博士等。陈祥福认为，无论是国内设计师，还是外国设计师，能力上并没有太大的差别，并没有像外界传播的那样差距很大。他强调，相对而言，在我的设计团队里，国内设计师的业务能力和水平都比较强，如果说有差距，只是在于外语表达上，外国设计师的外语表达能力要强一些。

3．重视效率、管理和法制的观念

西方资产阶级国家工作讲究高效率、快节奏，这是市场经济条件下的行为准则，是保证在竞争中得以生存、发展的重要条件。为适应社会化大生产和市场经济有序运转的需要，资本主义国家和企业重视管理，建立了一套科学的管理理论和规章制度；为维护资本主义社会的稳定和正常秩序，建立了一套比较完整的法律法规和监督、实施机制。应当指出的是，资本主义国家的管理制度、法律法规是为资本主义统治者服务的，从总体上说具有鲜明的阶级性。但资本主义国家通过长期的实践探索，总结出许多符合市场经济规律的有益经验，这是人类社会文明的成果，我们应当积极借鉴吸收。

目前，在建设行业中，广泛推行项目管理，确定具体、可行的施工目标，并且引入监理机制，实行全员持证上岗等。这都是借鉴西方国家先进管理经验、重视工作效率、建立健全法制的具体体现。我们不仅要学习西方国家先进的科技成果，还要学习先进的管理方法；不仅要学习西方国家在社会公共生活中讲文明、讲卫生、讲纪律的行为准则，还要学习其在发展市场经济过程中所形成的先进观念。

（二）消极影响

1. 推行强权政治、霸权主义的价值观

美国等西方国家竭力把自己的社会制度、价值观念，强加于社会主义国家和第三世界国家，肆无忌惮地干涉别国内政。他们为推行强权政治和霸权主义制造种种谬论，打着“人权”和“反恐”的幌子，用成千上万吨的炸弹以及先进的武器装备，先后发动了一场又一场惨绝人寰的武装战争。如今，血淋淋的事实再一次告诉世界人民：美国及西方国家所推行的强权政治和霸权主义，是威胁世界和平与稳定的主要根源。

建设行业当中，在承接工程任务、组织施工劳务等方面，也或多或少地存在一些强权政策、霸王条款。例如，一些地区为了排除外地建设企业参与竞争，人为设置种种障碍；一些部门为了满足自己的经济利益，在签订工程承包合同或其他合同时设置霸王条款；一些单位负责人不顾群众的劝阻，冒险强行施工等。所有这些都是与我们行业的职业道德背道而驰的，我们必须用法制代替强权，用民主代替霸权，真正建立和完善社会主义法制社会下的民主集中制。

2. 崇尚利己主义、拜金主义价值观

资本主义国家的经济是建立在生产资料私有制基础之上的，认为私有财产是神圣不可侵犯的。在这个基础上形成的价值观、人生观，必然是利己主义。受这种观点的影响，建设行业当中的一些单位或个人，事事处处从各自的利益出发，认为个人利益至上、个人价值第一，甚至假公济私、损人利己。

在商品经济的社会里，金钱（货币）作为商品的一般等价物，其作用是突出的。商品化的实现，很容易产生拜金主义。资产阶级的价值观，把追求金钱作为人生的主要目标，把人与人的一切关系都变成赤裸裸的金钱关系，为了金钱，可以不择手段，甚至不惜杀人越货，丧尽天良。这种极端丑恶自私的价值观危害性极大，它腐蚀、扭曲了人们的灵魂，诱惑人们丧失人性，最终导致堕落。所以，我们在学习和吸收资本主义国家有益东西的同时，必须坚决抵制和批判各种庸俗、堕落的东西。

3. 追求腐朽生活方式的价值观

追求糜烂纵欲、奢侈豪华的生活方式，是一切剥削阶级人生观的重要内容。资产阶级取得政权后，就极力夸大金钱的作用，极力奉行享乐主义。他们认为，人生的价值就在于吃喝玩乐、纵情声色。这种价值观是统治阶级没落、贪婪灵魂的反映。在美国，吸毒、赌博盛行，“性解放”成为时尚，中学生妈妈、单亲家庭成为严重的社会问题，校园枪杀事件愈演愈烈，等等。在改革开放、发展社会主义市场经济的条件下，西方资产阶级价值观必然凭借在信息和传媒领域的绝对优势，通过政治、经济、文化等各种渠道渗透进来，中西方各种价值观正呈现碰撞交错、混合的现状。令人担忧的是，西方社会的价值观在建设行业中的一些人特别是青年人中潜移默化地产生了恶劣的影响。所以，加强建设行业的职业道德建设是非常重要和必要的。

（三）如何对待西方资产阶级道德的影响

改革开放后，如何对待西方资产阶级思想文化，曾出现过两种截然相反的态度：一种态度是，不加分析，不分良莠，照搬照套，盲目崇拜，甚至提出“全盘西化”的主张；另一种态度是，“谈资”色变，怕受污染，怕担风险，不敢实行全方位的开放。对待这些问题，邓小平同志曾多次阐明他的“既吸收又批判”的扬弃观点。在 1979 年 3 月党的理论工作会议上，邓小平同志指出：“我们要有计划、有选择地引进资本主义国家的先进技术和其他对我们有益的东西，但是我们决不学习和引进资本主义制度，决不学习和引进各种丑恶颓废的东西。”在这里，邓小平同志明确地指出，对资本主义的东西，既要学习、引进，又要拒绝、批判。学习、引进的是“有益的东西”，以加强和发展自己；而拒绝、批判的是“丑恶颓废的东西”，以反击资本主义的和平演变。虽然对外开放有一定的风险，会带来一些消极和负面的影响，但我们绝不能因噎废食。

第三节　加强建设行业职业道德建设的重大意义

《中共中央关于加强社会主义精神文明建设指导方针的决议》强调指出：“要加强那些直接为广大人民群众日常生活服务的部门职业道德建设，反对和纠正带有行业特点的不正之风。”加强社会主义市场经济条件下的职业道德建设，是我们建设社会主义精神文明的重要内容。建设行业主要是为广大人民群众提供赖以生存的房屋和基础设施建设，所以建设行业的职业道德建设，对整个社会以及各个行业的道德建设都起着重要的作用。在建设行业大力抓好爱岗敬业、诚实守信、办事公道、服务群众、奉献社会的职业道德，使全体行业人员形成团结互助、平等友爱、共同前进的人际关系，提高整个行业的道德素质，是我们在社会主义市场经济条件下加强精神文明建设的一项重要而紧迫的任务。

一、加强建设行业职业道德建设是贯彻以德治国思想的重要举措

对一个国家来说，法治与德治从来都是相辅相成、互相促进的，二者缺一不可，也不可偏废。法治属于政治建设，属于政治文明，德治属于思想建设，属于精神文明。二者范畴不同，但其地位和功能都是非常重要的。我们应始终注意把法治建设与道德建设紧密结合起来，把依法治国与以德治国紧密结合起来。所谓以德治国，就是要以马列主义、毛泽东思想、邓小平理论为指导，以为人民服务为核心，以集体主义为原则，以爱祖国、爱人民、爱劳动、爱科学、爱社会主义为基本要求，以社会公德、职业道德、家庭美德为落脚点，积极建立适应社会主义市场经济发展的社会主义思想道德体系，并使之成为全体人民普遍认同和自觉遵守的规范。

大力加强社会主义市场经济条件下建设行业的职业道德建设，是贯彻以德治国思想的重要举措。首先，加强建设行业职业道德建设对提高全行业职工的素质具有重要作用。通

过制定和完善行业职业道德规范，形成全行业强大的内在道德力量，来规范每个职工的职业行为，是培养“四有”新人的一个重要方面。其次，加强职业道德建设，对改善社会风气有着极其重要的作用。社会风气的形成、发展和变化，在很大程度上受行业职业道德的影响。这是因为社会风气的好坏，大量表现在行业职工的职业生活和人与人形成的相互关系之中。再次，加强行业职业道德对加速我国现代化进程起着重要的保证作用。在社会主义初级阶段，我们的根本任务就是大力发展生产力，而这一任务的完成必须依靠全国各行各业的共同努力，发挥各行各业的积极性和创造性。这就需要利用干部职工的内心信念等精神力量来激发行业职工的工作积极性。因为仅有行政的、经济的手段是不够的。

二、加强建设行业职业道德建设，能为现代化建设提供思想保证和精神动力

加强建设行业的道德教育，不断提高广大建设行业职工的思想觉悟和道德品质，既能使广大职工形成高度的主人翁意识，促进行业生产力发展，又能够更好地保证行业现代化的建设沿着正确的道路和方向前进。早在 1984 年，邓小平同志就强调指出，在加强物质文明的过程中，要注意思想道德建设，要改善我们社会的道德风气。他说：“经济建设这一手，我们搞得相当有成绩，形势喜人，这是我们国家的成功。但风气如果坏下去，经济搞成功又有什么意义？会在另一个方面变质，反过来影响整个经济变质，发展下去会形成贪污盗窃、贿赂横行的世界”。他还针对一段时期实际工作中存在的“一手硬”、“一手软”的状况严肃指出：“十年最大的失误是教育。这里我主要是讲思想政治教育，不单纯是对学校、青年学生，是泛指对人民的教育”。又说，造成这一问题的原因是“一手比较硬、一手比较软，一硬一软不相称，配合得不好”。因此，大力加强建设行业的道德建设，能够有效地克服行业的不正之风，坚决纠正以权谋私等腐败现象，不断提高行业广大职工的职业道德水平，以良好的职业道德风貌推动经济建设的健康发展，保证改革开放和现代化建设沿着有中国特色的社会主义道路前进。

三、加强建设行业职业道德建设能促进社会主义市场经济健康发展

社会主义市场经济的建立和发展，使人们的道德观念发生了积极的变化，与市场经济相适应的新的道德观念开始逐步确立。追求行业正当利益、讲求效率、开拓创新、平等竞争、崇尚科学、尊重知识和人才的观念日益深入各个行业。同时，我们也必须看到，由于我国实行市场经济的时间还较短，市场经济体制还不完善，尚存在一些问题，尤其是市场经济秩序混乱是当前我国社会主义市场经济发展中存在的一个突出问题。

市场经济是法制经济，同时又是一种道德经济。市场经济的有序进行和健康发展，需要有与市场经济相适应的行业道德秩序。市场经济下，行业道德秩序的要义是“守信”。市场机制、市场工具，诸如买卖、合同、借贷、支付、契约、期货等，无不体现信用关系，市场经济本身就是信用经济，由这种信用经济的性质所规定的行业道德秩序，只能是“守信”。市场经济演进的历史告诉我们，越是竞争激烈的市场制度，越要求人们在道德上守信，排斥无信、欺诈、放纵等对市场、对社会不负责任的败德行为。道德上的无信及由此引发的道德秩序混乱，在向市场经济转轨过程中极易发生。

对建筑行业来说，目前诚信缺失已成为一大社会公害，比如：工程项目前期可行性研究把关不严，决策失误，使工程项目建成后失去使用价值；规划、设计方案标准不高，选择轻率，大大降低工程项目建成后的利用率；施工质量差，偷工减料，直接导致建筑毁坏，给人民的生命财产造成很大损失；大量假冒伪劣建筑材料充斥市场，给工程质量埋下隐患；法律法规不健全，建筑市场管理混乱，违约毁约、“烂仔”工程、以次充好、售房短斤少两、哄抬房价、“三角债”、拖欠工资、逃税漏税等失信行为屡见不鲜，严重阻碍了建筑业健康有序地发展。

社会主义市场经济是与社会主义根本制度联系在一起的，我们的市场经济更需要“守信”的道德，更需要良好的行业道德秩序。加强建设行业职业道德建设具有重要意义。具体要求做到以下几点：

第一，市场经济的利益主体多元化，要求加强建设行业道德建设，以协调国家、行业、集体和个人等方面的利益。改革开放至今，以经济体制为突破口的各项改革措施，引发了全国各个行业、各个阶层的社会关系普遍发生了变化；社会关系的变化、利益关系的变化，既是社会基本制度通过改革自我完善的结果，也必定反过来对社会基本制度产生作用。这种作用是否有利于社会基本制度的巩固，取决于新形成的社会关系、利益关系是否合理、协调和可控。而建立合理、协调和可控的社会关系、利益关系，单靠经济体制的改革，单靠行业以及个人利益的刺激是达不到的，还必须依靠道德调节。加强建设行业的职业道德建设，有利于克服市场调节带来的只顾追求部门和个人利益的倾向，有利于妥善处理好各种利益关系，并兼顾不同阶层、不同行业、不同方面的利益。

第二，市场竞争机制带来的人际关系复杂化，要求行业中所有从业人员要自觉遵守行业道德规范，为市场经济的发展提供良好的道德环境。竞争是市场经济发展的必然产物。只要存在市场经济及其价值规律的作用，在商品经济主体之间就存在着竞争。竞争作为市场经济的一种动力机制，对于经济主体冲破安于现状、墨守成规等保守思想，培育面向市场、尊重用户的经营意识，激发拼搏向上、开拓进取的精神，以及促进科技进步和生产力的发展都具有重要的作用。

然而，市场经济带来的竞争的普遍化和激烈化，不仅打破了原有人际关系的秩序和平衡，带来人际关系的复杂化、多样化。尤其我国正处在由计划经济向市场经济转轨的过程中，在竞争还未能做到井然有序的情况下，很容易导致人际关系的冲突，产生行业与行业之间、人与人之间的对立和摩擦，甚至还会在竞争中发生为达到目的不择手段、不计后果等偏激行为。商品等价交换原则是市场经济的最基本原则，本质上只有经济性，不具有其他属性。但商品等价交换原则与生俱来有一种向外扩张的冲击力，总是尽可能地向社会非经济领域侵蚀，扩大社会商品化的范围和影响。近年来，在发展社会主义市场经济的过程中，腐败现象也广泛滋生和蔓延，商品等价交换原则泛化到政治领域是原因之一。在这种情况下，广大建设行业从业人员自觉遵守职业道德规范，为市场经济的发展提供良好的道德环境，就显得尤为重要。

第三，对市场经济带来的若干负面影响，要求广大行业从业人员应当不断加强职业道德修养，自觉抵制各种腐朽思想和行为的侵蚀。社会主义市场经济体制是和社会主义基本制度结合在一起的。它坚持了公有制和按劳分配的基本原则，又把市场机制引入到经济生活中，因此总的来说，它有利于解放和发展生产力，有利于提高综合国力，有利于提高人民的生活水平。但是，社会主义市场经济体制并非尽善尽美，它的确存在一些不足和缺陷。反映在道德建设上，它同样也有负面影响。因为市场经济的发展刺激了人们的私欲，如果这种私欲违背了社会道德规范，那么势必会导致整个社会不良风气的抬头，引发损人利己、唯利是图等不良道德行为。

在市场经济条件下，市场经济伦理对职业道德提出了更高的要求。加强建设行业职业道德建设，有利于培养重信用、讲信誉的市场经济伦理。市场经济要求每一行为主体都是独立的，都可以按照市场需求和价值规律自主决定各自行业的生产和消费，选择自己愿意从事的职业活动。因此，市场经济越发达，越是需要良好的行业职业道德。也只有经济主体的职业道德得以体现了，整个市场经济才能够在张扬主体价值的同时，保证整个市场运行的和谐、规范、有序。

[阅读案例]

大庆油田 1205 钻井队

今日铁人钻井队

铁人王进喜，一个曾经响彻大地的名字。今年 10 月 8 日，是他诞辰 80 周年纪念日。记者赴大庆采访了 1205 钻井队——这支于 1953 年在玉门油田组建，1960 年由王进喜带到大庆参加会战而名播天下的“铁人钻井队”。

地处大庆市南红岗区的井队工地上，38 米高的钻塔巍然矗立，鲜艳的红旗在塔尖迎风飘扬，钻机发出有节奏的轰鸣。这是 1205 钻井队建队 50 年来打的第 1555 口井，至此，累计进尺已逾 195 万米，这相当于 220 多座珠穆朗玛峰的高度。

距井架百十米，就是 1205 钻井队的驻地——由 13 节银灰色的活动车房围聚成的整洁的“四合院”。一进去，就见院中央竖着的四块不锈钢宣传牌，其中一块上，便是那帧人们熟悉的为制服井喷，王进喜穿着棉袄、带着腿伤奋勇跳入泥浆池搅拌的照片。照片下方写着两行粗黑大字：“用铁人的思想建队，用铁人的品德铸魂”。

“宁肯少活 20 年，拼命也要拿下大油田。”留下这般铮铮誓言的王铁人去世时年仅 47 岁。33 年过去了，无论是徜徉在井队的流动队史室，还是在和年青钻井工人的交谈中，记者都深深感到，铁人精神薪火相传，钢铁队旗依然鲜艳。

征服“气老虎”

大庆采油六厂所辖的喇嘛甸区块，人称“气老虎”。这个区块开发过多次，每一次，再有经验的钻井队也会遭遇井喷。2002 年 8 月，1205 钻井队所在的钻井二公司，把在这个区块打一口定向井的任务交给了这支善征惯战的队伍。

泥浆是钻井的血液，防止井喷的唯一办法就是把住这道关。1205 钻井队接受任务后，组织全体干部充实泥浆管理小组住井督岗，泥浆大班实行 24 小时住井，对容易出问题的开钻前的基浆处理和打开油层前、完钻电测后、固井前的泥浆处理四大关口勤观察、勤测量、勤维护。结果，不仅杜绝了井喷现象，而且创出了井身合格率和固井优质率均达100%的好成绩。甲方喜出望外，让1205队再打一口。1205队捷报再传。

沧海横流方显英雄本色。大庆人说，每当关键时刻，最能看出1205钻井队那股子铁人精神，那种“有条件要上，没有条件创造条件也要上”的敢于战胜一切困难的英雄气概。

1998年8月，松花江、嫩江突发洪水，大庆被洪水包围。1205队第17任队长盛文革带着钻井队上大坝和部队一起抗洪。连续几天高强度工作，大部分人都发烧了，但愣没一个下大坝。回到钻井队，盛文革一下子又投入到恢复生产的紧张工作中，忙得连雨靴都没脱。由于泥水长时间浸泡，他的脚被泡肿了，和雨靴紧紧粘在一起。大伙好容易帮着他把雨靴脱下时，竟拽掉了一层皮！

像铁人那样对油田负责一辈子

在1205钻井队，每个新入队的人第一件事就是参观流动队史室，听队长、书记讲钻井队的辉煌历史，同时，还会被带到一口填掉的井前。那是1961年，为赶速度，一批井队出了质量问题，1205队也打了一口不合格井。王铁人诚心诚意作了检讨，第二天，带领全队，让人人背上水泥，填掉了这口井。当时一些队友不同意填井，认为只是井斜大些，不影响用，填了会给1205队队史抹黑。铁人斩钉截铁地回答：“没有这一页，队史就是假的。这一页不但要记在队史上，还要记在每个人心里。关键要对油田负责任。不是一般地负责，要负责一辈子。”

1205队永远记住了铁人的教诲。打好井除了要有过硬的作风，还要有过硬的本领。铁人队的队长换了一任又一任，但每任抓学技术和岗位练兵都一样认真。首次打定向井时，全队不少人都自己花钱买来相关书籍。四班司钻赵建安，放弃全部休班，天天拿个小本跟在技术员后面，边学边记，小到钻具几号换几号都一行一行仔细记上。钻井二公司近几年举办了两次岗位技能大赛，总共设9个单项，1205队一次拿了9个第一，一次拿了7个第一。

凭着这种过硬功夫，铁人队屡创辉煌。1970年打出了“大三一”（用一只钻头一天钻完一口1200米的井）；1971年实现了铁人生前提出的“日上千、月上万，一年打它12万”的目标，创月进尺16201米、年进尺12.7万米的全国最高纪录；1982年，成为全国第一个累计钻井进尺逾百万米的井队；1989年，钻井总数在全国率先突破1000口大关。更关键的是，42年里，大庆油田的地层情况越来越复杂，长期注水开发，发生井喷、井涌事故的可能性越来越大，仅2000年以来，大庆地区钻井中发生井涌等事故的井就达100多口。然而，42年来，1205队再没打过一口不合格井。公司要求的井身合格率为95%，最近13年，铁人队打的井，井身合格率全部为100%！

连续13年的纪录为啥没保住

从1990年以来，1205钻井队连续13年实现人均交一口井。这个队现有42人，眼下正钻着的，是他们今年打的第23口井。

“这个已保持了13年的目标今年肯定完不成了。”井队党支部书记胡志强说到这里，言语间竟十分平静。

“其实这几年我们论井数在全公司并不是第一，比如去年是42口，最多的井队打了48口。现在搞市场经济了，不再以井尺论英雄，最能体现一个井队管理水平、竞争水平的成本控制能力，1205队是最好的。去年井队节余成本达260多万元，在全大庆地区最高，今年效益预计还会超过去年。”胡志强说。

原因说来简单，井是打少了，但其中技术难度高、附加值也高的丛式定向井、小井眼井和中深井等特殊工艺井多了。今年打的定向井是历年最多的，井底最大水平位移532米的最高纪录，就是1205队创造的。铁人钻井队第18任队长李新民十分自信地说：1205钻井队现在已完成了由单一井型施工发展成为多功能钻井队的重大转变，技术居国内先进行列。

他告诉记者，铁人生前工作过的钻探公司，如今已走出大庆，走遍国内各油区，并走出了国门，在委内瑞拉、印度尼西亚、埃及等国站稳了脚跟，今年又有两部钻机进入了伊朗、沙特阿拉伯。1205队原副队长王罡现在就在委内瑞拉的油田任项目经理。

在钻机气控手柄不断发出的充气声和钻机的轰响声里，李新民指着营地大门两侧那副“开拓创新铁人精神铸队魂，与时俱进钻井行业当先锋”的对联告诉我们：1205队现在人人都能用计算机操作，人人能用英语记录报表，铁人队的下一个目标是走出去和国际先进钻井队一比高低，“迎接新的挑战，用新的业绩让铁人队队旗更加鲜艳！”

思考题：

1. 谈谈你对建设行业地位和作用的认识。
2. 谈谈你对建设行业职业道德建设现状的看法。
3. 加强建设行业职业道德建设有什么重大意义？

第五章　建设行业职业道德规范

【学习目标】建设行业职业道德规范，就是建设行业从业人员在职业活动中应当遵循的道德准则和标准。它是社会主业职业道德基本规范在建设行业的展开和具体化。它与社会主义职业道德基本规范的关系是共性与个性、一般与特殊的关系。结合建设行业的具体特点，建设行业的职业道德规范可以概括为以下内容：遵规守法、廉洁奉公；文明施工、安全生产；客户至上、竭诚服务；和谐相处、团结互助；艰苦奋斗、厉行节约；积极进取、勇于竞争。通过本章学习，重点掌握建设行业职业道德规范的内涵、重要意义和基本要求。

第一节　遵规守法、廉洁奉公

一、遵规守法、廉洁奉公的涵义

遵规守法，指的是建设行业及广大职工，要自觉遵守与工程建设有关的国家或行业制定的法律、法规、工程强制性标准及有关行业管理的规定；廉洁奉公，是指建设行业人员在职业活动中，不假公济私，不化公为私，不受贿赂，不贪钱财，以国家和人民的利益为重，一心为公。

社会主义法规是由社会主义国家制定或认可的，并以国家强制力保障实施的，人人必须遵守的行为规范的总称。它包括法律和法规两个方面的涵义。法律是由全国人民代表大会及其常务委员会制定的规范性文件，例如，《中华人民共和国建筑法》是由第八届全国人民代表大会常务委员会第二十八次会议通过，由中华人民共和国主席令第 91 号公布，属于法律的范畴。法规包括行政法规和地方性法规。行政法规是由国家最高行政机关即国务院所制定的规范性文件，例如，《建设工程安全生产管理条例》由中华人民共和国国务院令第 393 号颁布，属于行政法规的范畴；地方性法规是省、自治区、直辖市以及省级人民政府所在地的市和经国务院批准的较大的市的人民代表大会及其常务委员会，根据本行政区域的具体情况和实际需要依法制定的在本行政区域内有法律效力的规范性文件。近几年来，特别是我国加入世界贸易组织后，为了适应国际贸易的规则，我国依据宪法和其他法律，先后制定或修改了一系列与行业职业活动相关的法律和法规。

遵规守法、廉洁奉公是紧密联系的。只有遵规守法，才能廉洁奉公；廉洁奉公必然遵规守法。遵规守法、廉洁奉公体现了建设行业及其从业人员对国家、人民及集体利益的尊重和维护，因而是社会主义行业职业道德的一条重要道德规范。

[阅读案例]

质量风波

某工程在建设过程中，监理单位的监理工程师与施工单位的项目经理就回填土的施工问题发生了激烈的争执。监理工程师要求施工单位在回填土方时，必须机械夯实6遍以上，而施工单位的项目经理坚持夯实3遍即可。监理工程师的理由是：此工程比较重要，地基土比较复杂，并且施工单位的资质较低，施工质量较难保障等。而施工单位的项目经理则认为，该工程属于一般工程项目，一般回填土都夯3遍，夯实次数过多会增加投资等。

通过以上情况可以看出，监理工程师和项目经理似乎都是为了一定的工程目标和原因发生了意见分歧，并且存在一些原则性的分歧。首先，该工程是否为重要工程？我们都知道，是否属重要工程要视该工程的结构类型、使用性质，特别是破坏后的危害程度等来确定，具体讲要依据我们国家现行的有关规范来确定，而不是监理工程师或项目经理等所能确定的。其次，回填土到底应该夯几遍？这个问题从根本上说不应该是争论的问题，真正争论的是如何使回填土达到密实。3遍、6遍或8遍都可能使回填土密实，但也可能不密实。到底什么才算密实呢？现行的国家规范和标准中，对回填土的质量评定做出了明确的规定：回填土的密实性能，用标准的实验方法，按压实系数来评定，而不是以压实的遍数评定。所以，工程建设的规范、标准及规程是整个工程建设的主要依据。

二、遵规守法、廉洁奉公的重要性和必要性

（一）遵规守法、廉洁奉公是建设行业进行行业活动和社会主义建设的需要

在现代社会中，随着科学技术和生产力的迅速发展，不仅行业类别繁多、分工越来越细，而且行业之间的联系也越来越密切，社会化的协作越来越广泛。与职业活动相关的法律和法规，就是为了调整各种职业活动中的各种关系，解决各部门、各单位之间以及不同经济成分、不同所有制企业之间的各种矛盾和纠纷而制定的。遵守这些法律和法规，就能够保证各个行业和部门职业活动的正常进行，保证市场经济的健康发展和有效运行。

目前，建设行业普遍实施的是项目管理，所谓项目管理就是目标管理，具体就是以安全、质量、投资、进度、文明施工和节能等为工程建设自始至终奋斗目标的管理。因此，如何达到这些目标就成为我们建设行业的工作重点。然而，如何才称得上实现了这些目标，则又成为必须首先要解决的问题。例如，质量目标的实现，当我们把一项工程任务完成后，是否达到了既定的质量目标呢？它必须由我们国家或行业等所颁布的现行规范、标准和规程来评定。当然，安全、投资、进度、文明施工、节能等目标的评定，也必须采用相应的规范、标准和规程。可以说，整个工程建设的过程，就是遵守规范、标准和规程的过程，就是具体“遵规守法”的过程。

社会主业市场经济的完善和发展，没有法律和法规的保障是无法进行的，所以建设行业的广大职工必须严格遵守国家制定的法律和法规，这是社会主义建设的需要，也是整个行业求得生存和发展的前提。

廉洁奉公也是同建设行业职业活动紧密联系在一起的。建设行业的核心任务就是为社会服务、为人民服务，这也是社会主义建设的根本目的。而完成这一任务必须以国家和集体利益为重，必须遵规守纪，也就必须要廉洁奉公。在实际工作中，凡是不正之风和腐败现象严重的地方、部门或企业，那里的职业活动和经济发展也必然受到严重影响。

（二）遵规守法、廉洁奉公是建设行业适应市场经济的客观要求

遵规守法、廉洁奉公是由社会主义市场经济的特殊性决定的。社会主义市场经济是市场经济和社会主义制度的紧密结合，是中国共产党领导的以公有制为主体、以共同富裕为目标的社会主义市场经济。这一特殊性要求在经济活动中，必须坚持全心全意为人民服务的宗旨，保证国有资产的保值、增值，防止国有资产流失，防止化公为私、损公肥私，必须防止贫富两极分化，更不允许非法经营，获取不义之财。这就决定了建设行业及广大职工，都必须遵规守法、廉洁奉公。

市场经济是竞争经济。公平竞争的原则，与行业、部门的垄断经营行为，尤其是与以权谋私、搞权钱交易的腐败行为是格格不入的。市场经济又是法制经济。要通过法律、法规来规范市场经济的行为，使整个市场经济在法制的轨道内运行。这同提倡廉洁奉公、用法规制约和规范建设行业的行业行为是一致的。整个建设行业只有遵规守法、廉洁奉公，才能防止和抵制资产阶级腐朽思想的侵蚀。

（三）遵规守法、廉洁奉公是抵制和纠正建设行业不正之风的需要

部门和行业的不正之风，是违法乱纪的具体表现，也是一种腐败现象。建设行业和部门如果出现不正之风，将严重地破坏党和人民群众的血肉联系，严重地阻碍社会主义市场经济的建立和发展，严重地败坏党风和社会风气。此外，还直接给国家造成巨大的经济损失。

为了有效地抵制和坚决纠正建设行业和部门的不正之风，对于整个行业来说，必须切实做到以人民利益为最高利益，遵规守法、廉洁奉公，并建立起一道以思想观念和伦理道德为基础的内在防线。有了这道内在防线，就能强化行业自我约束的能力，提高建设行业遵守职业道德的自觉性。

三、遵规守法、廉洁奉公的基本要求

（一）从行业做起、从部门做起、从我做起，自觉遵规守法

在市场经济的活动中，自觉遵规守法是建设行业的道德义务和法律义务，特别是广大领导干部必须自觉遵守；否则，就会受到纪律的处分和法律的追究。自觉遵规守法是通过两种途径实现的：一是根据法规要求，积极履行法规规定的义务，如保证工程质量、坚持诚信服务、遵守劳动纪律、根据宪法和税法的要求积极履行纳税义务等；二是根据法规规定，不做禁止或不允许的事，不贪污腐败，不损公肥私、化公为私、不以权谋私、不搞行业垄断等。

（二）坚决抵制消极和腐败现象，自觉地同违法乱纪行为和行业不正之风作斗争

建设行业的广大职工，都要有国家主人翁的责任感，自觉遵规守法、廉洁奉公，身体力行，坚决反对消极、腐败现象；对欺行霸市、贪污腐败、以权谋私、权钱交易等违法乱纪的行为敢于挺身而出、大胆揭发、坚决抵制。如果听之任之、姑息迁就，必然会助长违法违规不正之风的气焰，导致社会不良风气的泛滥，给国家利益和人民利益造成更大的损失，每个公民的利益也会失去保障。

第二节　文明施工、安全生产

一、文明施工、安全生产的涵义

文明施工就是坚持合理的施工程序，按既定的施工组织设计，科学组织施工，严格执行现场管理制度，做到经常性的监督检查，保证现场清洁、工完场清、材料堆放整齐，做好环境保护，不扰民，施工秩序良好。安全生产是指以“预防为主、安全第一”为指导方针，防止工程建设中发生人员伤亡和财产损失而采取的各项技术及组织措施和方法。

文明施工和安全生产是相辅相成的，建设行业安全施工不但要保证广大从业人员的生命和财产安全，同时要加强施工现场管理，保证施工井然有序，增强环保意识，改变过去脏、乱、差的面貌。这对提高投资效益、保证工程质量以及提高建设行业的整体形象都具有重大的意义。

[阅读案例]

违章的宿舍

某建筑公司于2000年6月承建盘锦市某小区2号住宅楼工程的建设。因场地狭窄，职工简易宿舍建在距工地200多米处。该场地原是一条排水沟，后用垃圾填平。该宿舍于6月8日开建，为木结构，使用未剥皮的杉木杆为主要材料，并用8号镀锌铁丝双股单项绑扎，由施工队长张某等人组织10余名作业人员，于6月10日搭完。简易宿舍架体四周用塑料编织布与木板围挡；顶部使用木杆、木板固定，遮盖塑料编织布与石棉瓦。该简易宿舍南北长16米，东西宽8米，高2.2米，宿舍内搭设三排二层床铺，留有两条1米宽的过道，室内共住62人。7月21日，当地降了一场暴雨。7月22日凌晨1时30分，换班的10名钢筋工回宿舍休息，2时30分，该宿舍向南倾斜发生倒塌事故，造成5人死亡、8人受伤的重大安全事故。

引起事故的原因主要有两个方面。一方面是简易职工宿舍的搭建不符合文明施工的要求，具体表现为：使用未剥皮的杉木杆；绑扎过程中存在严重隐患，无拉结措施；搭设人员缺乏专业技术知识，在使用前未经工程技术管理人员检查验收。而且，搭建的地点也存在较大的安全隐患。另一方面是管理方面，具体表现为：该施工项目忽视安全管理，职工宿舍搭建没有施工图纸，搭设人员也未经培训，搭建后有关技术人员未进行验收，此次事故在现场管理方面也存在一些问题。

二、文明施工、安全生产的重要性和必要性

（一）文明施工、安全生产是改革开放、社会主义市场经济发展的需要

文明施工、安全生产在一定程度上代表了一个国家、一个民族的形象。当今的经济是

开放型经济，任何一个国家不可能孤立于世界大经济环境之外。如果我们建设行业的文明施工、安全生产工作没有做好，没有落到实处，将直接影响到整个国家的形象以及整个民族的形象，也必将阻碍改革开放的步伐和经济的发展。

文明施工、安全生产也是社会主义市场经济的发展需要。我们发展经济的主要目的，就是满足人民的物质和文化需求，是以人为本的经济。所以，保障每个公民的人身和财产安全是我们国家的一项基本国策，是常抓不懈的一项工作，是社会主义市场经济发展的需要。

（二）文明施工、安全生产是建设行业贯彻科学化、人性化管理的需要

建设行业的施工特点决定了建设行业是一个高危险、事故多发的行业。施工生产的流动性、建筑产品的单件性和类型的多样性、施工的复杂性等都决定了施工生产过程中的不确定性，施工过程、工作环境呈多变状态，危险作业较多，因而容易发生安全事故。另外，工程建设多在露天、高处作业，手工劳动及繁重体力劳动多，而劳动者素质又相对较低，这些都增加了不安全的因素。据统计，2003 年，全球的重大职业安全事故总数为 35.5 万起，其中建设行业安全事故约为 6 万起；而在亚洲和太平洋地区，建设行业的安全事故占全球总数的 68%。也正是由于这些事故，造成较大的直接和间接经济损失。其中美国由于工程建设中的安全事故造成经济损失已达到总成本的 7.9%，而香港特别行政区的这一比例已高达 8.5%。通过以上分析可以看出，建设行业的安全事故的发生已到了刻不容缓需要解决的时候了。要解决这个问题，没有科学的管理、不坚持以人为本的思想是不行的。文明施工、安全生产就是坚持科学化管理、人性化管理的一项具体表现。

（三）文明施工、安全生产是改变建设行业落后面貌、树立行业形象的关键

在我国，建设行业与工业、商业等行业相比较是落后的行业。这主要表现在：行业中人员素质相对较低、技术和管理较落后、发展速度较慢等。要改变这些现状，最根本的是人的改变。加强文明施工、安全生产正是坚持以人为本、提高人员素质的具体举措。因为，只有把文明施工和安全生产搞好了，从业人员才能在一个文明、安全、祥和、温馨的环境条件下工作和生活，才能够更好地发挥出自己的聪明才智，才能够彻底改变建设行业的落后面貌。

文明施工、安全生产又是树立行业形象的关键所在。在市场经济的竞争中，一个行业的形象在很大程度上决定了经济效益，所以各个行业、企业及个人都特别注意各自形象的树立。行业形象的树立除了需要一些物质要素外，最关键的是行业从业人员的精神面貌。加强文明施工、安全生产也就是在物质和精神两个方面，使整个建设行业有一个良好的行业形象。

三、文明施工、安全生产的基本要求

（一）坚持“预防为主、安全第一”的方针，正确处理安全与生产的关系

1. 深刻认识文明施工、安全生产的重要性

在社会主义国家里，安全生产有着极其重要的意义，它是一项基本国策，是社会主义企业管理的一项重要原则。安全是生产发展的客观需要，特别是现代化生产，不允许有所忽视，更要强化安全生产，把安全生产工作放在第一位的目标控制中，尤其是当生产与安全发生矛盾时，生产服从安全，这是安全生产的涵义。

2. 认真处理安全与生产的辩证关系

在建设生产中，必须用辩证统一的观点去处理好安全与生产的关系。这就是说，建设行业的项目领导必须善于安排好安全工作与生产工作，特别是在生产任务繁忙的情况下，安全与生产发生矛盾时，更要处理好两者的关系，切不可忽视安全。越是生产任务忙，越是要重视安全，把安全工作做好；否则，就会因安全事故，既造成人员伤亡或财产损失、妨碍生产，又影响行业和企业形象，这是多年来的生产实践证明了的一条重要结论。

3. 文明施工、安全生产工作必须强调预防为主

预防为主是现代生产发展的需要。现代科学技术日新月异，而且往往是多学科综合运用，安全问题十分复杂，稍有疏忽就会酿成事故。预防为主就是要在事前做好安全工作，防患于未然。依靠科技进步，加强安全科学管理，做好科学预测与防范工作，把工伤事故和职业危害消灭在萌芽状态。预防为主和安全第一两者是相辅相成、互相促进的。“预防为主”是实现“安全第一”的基础。要做到安全第一，必须要做好防范措施。防范措施做好了，就可以保证生产，落实安全第一，否则安全第一就是一句空话。

（二）完善并落实各项文明施工、安全生产责任制

目前，国家、行业管理等部门已制定了一系列贯彻文明施工、安全生产的法律和法规，规定了相关的责任制度，如安全生产责任制、群防群治制度、安全生产教育培训制度、安全生产检查制度、伤亡事故处理报告制度和安全责任追究制度等。这些规章制度是有力贯彻“预防为主、安全第一”方针政策的具体措施，是保证安全生产的首要工作。建设行业各部门，都必须认真制定这些责任制度，并切实加以完善和落实。

建立健全以安全生产责任制为中心的各项安全管理制度，是保障工程建设安全生产的重要组织手段。“无规矩不成方圆”，没有规章制度，就无章可循，就谈不上科学管理，就容易出问题。文明施工、安全生产是关系到建设行业全方位、全过程的一件重要工作，必须制定和落实具有制约性的安全生产责任制。增强整个行业各级、各部门及全行业从业人员的安全责任心，使安全生产管理纵向到底、横向到边，专管成线、群管成网，责任明确，协调配合，共同努力，真正把安全生产工作落到实处。

第三节　客户至上、竭诚服务

一、客户至上、竭诚服务的涵义

客户至上是指把客户的利益时刻放在心上，坚持和贯彻“服务群众、奉献社会”的社会公德，时时处处为客户着想，一切从客户的利益出发，把客户的利益得失作为判断是非的标准，热爱客户、服务客户、关心客户。竭诚服务是指在为客户服务时，诚实守信，光明磊落，言语真切，实事求是，信守诺言，全心全意为客户服务。

客户至上与竭诚服务也是相辅相成的。客户至上是竭诚服务的目的，竭诚服务是客户至上的体现。要做到客户至上必然要竭诚服务，而为客户竭诚服务就必须把客户的利益时刻放在首要的位置，真正做到“客户就是上帝”。

[阅读案例]

最需要的品格——诚信为本、以德经营

中建八局的前身是某基建工程兵部队，历经23年发展壮大，已成为下辖8个子公司、7个直营公司，市场遍布全国26个省（市）及北非、东南亚、中东、西欧等地的大型国有建设企业。截至2005年底，中建八局合同额达186亿元，实现产值125亿元，获“鲁班”奖42个……所有这些成绩的获得，用中建八局局长梁新向同志的话来总结，就是“诚信经营对一个建筑企业来说最重要，也最需要”。

有着优良传统的中建八局，一直把对社会、对市场、对客户、对员工的诚信，视为企业的生存之本，倍加珍惜。

在开拓北京建筑市场的初期，中建八局参加了造价5300万元的中国农业大学工程的项目投标，开标后中建八局一举中标，但在商签合同时，建设单位要求该工程必须夺得“长城杯”的奖项。当年，中建八局已承诺创四个“长城杯”奖，根据有关指标要求，若再获得一个同样的奖项几乎不可能。中建八局在认真分析当前的形势后，向建设单位开诚布公地说明情况，最终放弃了该工程项目的建设。建设单位很是遗憾，但感到中建八局的人很是实在，表示后续工程在同等条件下优先考虑中建八局。一年后，建设单位在新工程项目的招标中，主动要求中建八局参与投标。中建八局不负厚望，一举中标。在项目施工中，中建八局工程项目部调集精兵强将，以高质量、高速度获得了既定中的“长城杯”。建设单位的人员无不感慨地说：“中建八局讲信用，说到做到。这样的合作伙伴，我们愿意交往。”

在竞争激烈的上海建筑市场，中建八局坚持“建一项工程，树一个品牌，交一批朋友，拓一方市场”。在成功承建上海中远两湾城一期A10住宅楼工程后，又调集优势资源，严格按照承包合同的约定，确定高质量、高效率的项目建设目标，保质、保量、按时、圆满地完成了工程项目的建设任务，赢得了业主的信赖和社会的一致赞誉。在中远两湾城后续的二期、三期、四期工程建设中，中建八局继续坚持诚信服务、信誉至上的原则，精心施工，严格要求，最终使该工程一举获得上海建设的最高奖项“白玉兰”杯和上海市建设工程“优质结构奖”等荣誉，中建八局以自己诚信的服务、扎实的技术向上海人民交上了一份满意的答卷。

正是凭借“诚信为本、以德经营”的服务宗旨，中建八局建造了一座又一座精品工程，先后荣获“全国守合同重信用企业”、“中国诚信经营企业”等称号，赢得了社会和广大业主的一致赞誉。

面对激烈的市场竞争，中建八局给了我们一个制胜的法宝，这就是“诚信为本、以德经营”。每个企业都会提出同样的口号，但中建八局是靠自己的汗水、靠自己的服务、靠自己的技术，让客户给自己写出了心中赞誉。这样的企业能没有市场吗!

客户就像浩瀚的海洋，而建设行业正是海洋里的鱼儿。我们离不开海洋，同时也要时刻爱着海洋。她是我们赖以生存的土地，她是我们赖以飞翔的天空，我们又有什么理由不为其竭诚服务、慷慨奉献呢?

二、客户至上、竭诚服务的重要性和必要性

（一）客户至上、竭诚服务是建设行业加强行业职业道德的需要

在社会主义社会，我们所从事的各个行业的目的都是为群众服务、为社会服务。在市场经济下，就是为客户服务，这是建设行业职业道德的本质所在。若要建设行业在激烈的市场经济大潮中立于不败之地，必须要得到客户的认可，以服务求生存，以质量求生存。客户至上、竭诚服务正是让客户认可行业的工作、认可行业的服务。试想，让广大客户信赖的行业，有什么困难不能克服呢！

客户至上、竭诚服务是以诚实守信为前提的。建设行业的大多工作就是建造人们赖以生存的建筑物或构筑物，而这些产品投资规模较大、使用期限较长，特别是出现问题时危害较大等，这就更需要整个行业在从事工程建设时，时时处处以客户的利益为首要利益，把客户的利益作为行业管理的重要目标，从安全、质量、投资、进度、文明施工和节能等方面，急客户所急，想客户所想。这正是加强建设行业职业道德建设的本质所在。

（二）客户至上、竭诚服务是提高建设行业产品质量的需要

产品质量是建设行业赖以生存的生命线，它包括工程质量、工作质量和服务质量等。这些质量要素是一个有机的整体，缺一不可。没有让客户满意的工程质量，就谈不上好的工作质量和服务质量；没有让客户满意的服务质量和工作质量，也不可能有好的工程质量。

在市场经济中，任何一个行业只有在保证产品质量的前提条件下，才能谈得上利益或其他，甚至是生存，这是市场经济的规则。产品质量提高的最大受益者就是客户，得到了客户的认可，才有建设行业的生存。所以，做到客户至上、竭诚服务，就必须提高整个建设行业的产品质量，而产品质量的提高也必将提高整个建设行业的社会信誉，也必将吸引更多的客户，建设行业才有更加光明的未来。

（三）客户至上、竭诚服务是建设行业发展和生存的需要

任何行业的生存都离不开市场，而市场的实质是拥有客户。失去客户建设行业就失去了生存和发展的基本源泉，所以，西方国家把客户称为“上帝”。在社会主义市场经济条件下，一个行业怎样才能得到广大客户的信任和欢迎呢？加强整个行业的职业道德建设，坚持“客户至上、竭诚服务”的思想，千方百计地满足客户物质和心理的需要，就能够赢得客户的信赖，提高整个行业的信誉，吸引更多的客户。行业拥有了较多的客户，就增强了整个行业的竞争力，占领更大的市场，扩大财源，增加盈利，并进一步增强整个行业的自我积累、自我改造和自我发展的能力。

三、客户至上、竭诚服务的基本要求

（一）以人为本、客户至上

在建设行业中，以人为本的“人”就是各种各样的客户。因此，以人为本、客户至上，就是真正把客户当成主人、亲人、恩人，从客户的实际需要出发，让客户花最少的费用和代价，得到最满意的服务。

以人为本、客户至上是全心全意为人民服务在建设行业的具体体现，是建设行业职业

道德的根本要求，它贯穿于整个行业行为的全过程。以人为本、客户至上首先是要在感情上把客户当做“亲人”，使他们有“他乡遇故知”、“女儿回娘家”的感觉，用热情周到的服务让他们体会到浓浓的亲情；在地位上把客户当做“主人”，尽最大的努力来满足他们的要求，千方百计为客户排忧解难，真心真意为每个客户做好服务。

以人为本、客户至上是建设行业职业道德总的原则，是建设行业其他职业道德规范的根基，而建设行业其他道德规范是其具体要求和体现。建设行业只有把客户的利益置于整个工作的中心，在行为上主动热情、服务周到，在业务上提高技能、追求质量，在思想上转变观念、开拓进取，在工作上精益求精、一丝不苟，只有这样，用户至上、竭诚服务才能落到实处。

（二）客户至上、竭诚服务要有措施和行动

综观各个行业及所有从业人员，无不称把客户利益放在首位。但在具体的措施和行动上，特别是在涉及到自己行业及个人利益时，所作所为却不尽相同。因此，建设行业要把客户至上、竭诚服务落到实处，应做到以下几点。

1. 诚实守信，讲究质量，用“真”服务客户

诚实守信是建设行业最基本的职业道德要求，也是基本的道德原则。它要求在服务客户时，要保证工程质量，绝不能以次充好；在数量上，不打折扣；在服务价格上，不巧立名目变相加价。

香港嘉定集团的董事长钱祖豪先生曾说过这样一句话：“作为一个人，要做一个有社会良知的人；作为一家企业，要做一个有良知的企业；作为一个行业，应该树立一个有良知诚信的品牌。只有消费者信任，行业才能健康发展。”这是一个成功企业家的经验之谈。建设行业讲利润、讲赚钱，这是理所当然的，但更需要以诚实守信、童叟无欺为前提。质量是建设行业的生命，以质取胜是其当然选择，讲求质量应贯穿于为客户服务的全过程，落实到具体工程建设中，要周密准备，精心施工，严把质量关，做好后期服务。

2. 合法经营，公平、公道，用“善”服务客户

古人云：“君子爱财，取之有道。”这里的“有道”在当今社会，就是要严格遵守法律和法规的规定。建设行业及各部门在生产和经营时，必须有合法的经营和生产手续，严格按照法律和法规所规定的安全、质量、投资、进度、文明施工等要求去做。

公平公道，就建设行业而言，应包括以下几方面：首先，对待客户要公道，一视同仁。要求对待客户不能以职务高低、权力大小、关系亲疏来实行差别对待，看人下菜，坚决杜绝厚此薄彼、媚权重利等不良作风和行为。其次，在价格上要公道。坚持“以质论价，收费合理”的原则，自觉执行国家或地方制定的价格政策，不得擅自提价、变相涨价、劣质高价。最后，在时间上要公道。即在工程建设中，认真执行合同中的限定时间，采取科学的技术和组织措施，保证按期完成工程任务。

3. 提高技能，科学管理，用“力”服务客户

建设行业要做到客户至上、竭诚服务，还必须不断提高行业的技术水平，用先进的技术和科学的管理，去赢得客户的信任；用整个行业的实力，让客户放心。

科学技术是生产力的主要要素，也是表征一个行业实力的重要标志。建设行业从技术和管理上，相对其他先进的行业还有较大的差距。只有用科学管理理念从事建设行业的管

理，用先进的科学技术武装整个建设行业，才能切实做到客户至上、竭诚服务。

[阅读案例]

干，就要出效益

北京住总集团一公司第七项目部经理付炳臣日前被评为全国优秀项目经理。他所带领的项目部近年来任务不断，产值连年上涨。在当今建筑市场竞争激烈的情况下，企业间互相压价，到手的工程盈利空间越来越小，管理上稍有松懈就会出现亏损，但付炳臣所干的工程无一亏本，个个盈利。

从工长到项目经理，付炳臣在建筑企业摸爬滚打了 20 多年，承担施工任务总计 42 万多平方米。近 5 年来，付炳臣带领的项目部每年施工面积都在 9 万平方米以上，每年完成上亿元的产值，经济效益在住总一公司名列前茅。

精打细算出效益

付炳臣长得浓眉大眼，长方脸上挂满密密的胡茬，乍看像是一位敢冲敢打的勇将。其实，他不但能打敢冲，而且善于谋略，精于算计。

项目是以科学编制标书和合理的标价，赢得业主信任而中标的，效益只能向管理要，没有别的途径，对此付炳臣心知肚明。在提高全体员工的经营意识和成本意识的同时，付炳臣的一条管理链紧扣成本管理，整套制度既规范了项目管理也提高了工程效益。在此基础上，付炳臣的管理措施和办法也非常细致。如在施工组织设计和工程管理上，项目部和各作业队管理权限责任层次分明，宏观不失控，细节无疏漏。材料统一采购，同时采购部门和使用单位互相制约监督；材料出库前，按照设计的要求提前算好料量，实行限额领料，决不允许浪费；施工中的落地灰过筛再用，模板缝中的砂浆也有专人收集入模。

在算细账的同时，付炳臣还注意算大账。对于那些眼前是赔钱的，长远却是有效益的，单项算是赔钱的，综合算是有效益的账，他总能算得清清楚楚。如在安全防护上面的投入，他毫不吝啬。

质量管理出效益

在多年的管理实践中，付炳臣摸索并建立了一套完善、适合项目特点的管理模式。有一件事第七项目部的职工至今记忆犹新。有一次一个工地回填土，付炳臣不在现场，一夜之间，槽边 2.7 米深的回填土完成了，外观效果不错。付炳臣第二天到工地后让人选了一个角挖出断面。结果发现，土没过筛——多大块的石头都有；灰土没拌——扔几锹土再加一锹灰。付炳臣立即要求返工，用了 200 多人把填的土挖出来再重新按规范回填。有人不解说，甲方和监理都签字了，这个部位又不重要，何必这么较真。付炳臣正颜说道："拿'市优'、'长城杯'，就是要从每一个环节着手，如果有一个环节失控，就会使整个工程质量泡汤。"

付炳臣带领的项目部创出住总一公司近年来第一个市优工程、第一个市级红牌工地、第一个市级样板工地。

文明施工也能出效益

拿到工程后首先做什么？付炳臣深知树立良好企业形象的重要性。所以，每接一项工程，他总是从形象入手，并因此引来集团内外不少单位到工地参观学习，使施工现场变成了展示企业形象的窗口，变成住总一公司一张靓丽的“名片”。

工地实行全封闭式管理，安全设施、临建搭设、道路硬化、材料码放、钢筋加工区等都有统一的规划。办公室、会议室配备了电脑、复印机、打印机，项目办公室设置了彩色电视监控系统，对施工现场的情况一目了然。

从担任工地主任开始，付炳臣管理的工地，个个都是文明工地。付炳臣的观点是：现场连着市场，施工现场是项目管理的窗口，管好现场就是向市场展示企业的形象。

付炳臣多年来养成了一个习惯，不管工地多远，每天总是第一个到现场，看清情况、问清问题，再向管理人员安排任务。2003 年项目部被命名为“北京市优秀青年突击队标杆”，付炳臣也连续 3 年被评为“北京市优秀青年工程指挥”，并 6 次荣获“北京市爱国立功标兵”称号，今年又被评为全国优秀项目经理。

第四节　和谐相处、团结互助

一、和谐相处、团结互助的涵义

和谐相处是指建设行业与其他行业或部门、建设行业内部各部门及所有从业人员之间应当营造一个良好的和谐氛围，和睦相处，平等对待，相互配合，协同工作。团结互助是指建设行业与其他行业和部门、建设行业内部各部门及所有从业人员之间应做到以为社会、为客户服务为目标，集中精力，共同努力，相互促进，相互帮助，取长补短，协同发展。

和谐相处、团结互助是集体主义道德原则和新型人际关系在行业活动中的具体体现。它是调节行业之间、同行之间和从业人员之间的重要道德规范。

二、和谐相处、团结互助的重要性和必要性

（一）和谐相处、团结互助是社会主义集体主义职业道德原则和新型人际关系在建设行业的具体表现

建设行业是一个劳动密集型行业，参与的人员种类繁多、数量较大。整个行业做到和谐相处、团结互助的要求，不仅能调节好行业内部各种关系，利于行业的管理，而且还能够调节好与其他行业和集体，特别是与客户的关系。这样，就可以建立一个良好的社会主义职业道德环境，使建设行业在平等、和谐、团结、互助的气氛中生存和发展，同时也促进了全国各民族、各行业的协调发展。

（二）和谐相处、团结互助是科学技术发展和生产社会化程度提高的需要

随着科学技术的发展，建设行业的社会化程度越来越高，行业中分工越来越细，劳动过程更加趋于专业化、社会化。其中，任何一道工序出现差错，都会影响整个生产和建设

项目。因此，在生产社会化和工业化程度日益提高的形势下，就更加需要建设行业和谐相处、团结互助，以求实现最佳的经济效益和社会效益。

目前，党中央正带领全国人民构建和谐社会。建设行业也只有做到和谐相处、团结互助，才能始终与党中央保持一致，才能够齐心协力地提高我国的经济水平，为实现和谐社会尽到自己的责任。当然，由于种种原因，现实社会还存在一些严重的消极腐败现象，在激烈的社会竞争中，还屡屡出现不正当的竞争手段，从而影响行业的团结协作。对此，建设行业的广大职工，都必须有清醒的认识并自觉地加以抵制。

（三）和谐相处、团结互助是社会主义事业取得成功的保障

“天时不如地利，地利不如人和”，这是我国古人留下的思想精华，也是各行各业的成功之道。综观社会历史，人类社会的发展就是人类合作的历史，没有人能独立于集体之外很好地生存，也没有人能独自成功。只有把个人的工作和奋斗融于集体和社会之中，寻求帮助，汇聚集体的力量，才能到达成功的彼岸。

社会主义事业是全国各族人民的事业。要把我国建设成和谐社会，没有和谐相处、团结互助的社会氛围是不可能实现的，它需要各行各业以及广大从业人员同心协力的共同奋斗。同样，建设行业实现发展的远大目标，也必须要和谐相处、团结互助。

三、和谐相处、团结互助的基本要求

（一）顾全大局、以诚相待

社会主义的团结互助精神，不仅体现在建设行业内部的各种关系上，也体现在与其他行业和部门的关系上。在和谐相处时，要顾全大局、以诚相待、相互支持。所谓“大局”，就是从国家、社会的利益出发考虑问题，把部门和局部的利益放在服从的地位。即个人利益服从部门利益，部门利益服从行业利益，行业利益服从“大局”利益。所谓诚，就是实事求是、言行一致、表里如一。同时，还应相互支持，在法律和经济政策许可的范围内，彼此都应尽量协助对方解决生产或工作上的困难，反对漠不关心或损人利己的不道德行为。

（二）相互尊重、谦虚谨慎

要正确处理建设行业与其他行业、部门或个人的关系，就必须相互尊重、谦虚谨慎，善于学习其他行业的长处，严于律己，宽以待人。要做到谦虚谨慎，就必须有自知之明，勇于认识和改正本行业的不足，虚心学习其他行业的先进之处，不居功自傲。

应当指出的是，谦虚不是自卑，而是一种宽容无私的精神和态度；骄傲不是自信，而是一种狭隘片面的思想反映。要牢记“谦虚使人进步，骄傲使人落后”的至理名言。

（三）发扬风格、主动合作

在现代社会，各行各业的职业活动，都是由相互联系的许多部门构成的整体。因此，团结协作就要求彼此之间都要有主动配合、相互支持、发扬风格、相互帮助的风尚，绝不能互不通气、相互拆台，更不能趁人之危、落井下石。

和谐相处、团结互助的精神，不是一朝一夕就能建立起来的。建设行业及广大职工只有从本行业做起、从现在做起、从我做起，自觉增强团队意识，发扬建设行业团结互助的优良传统，为建设和谐社会作出本行业的贡献。

第五节　艰苦奋斗、厉行节约

一、艰苦奋斗、厉行节约的含义

艰苦奋斗、厉行节约，主要是指建设行业及所有从业人员，在进行职业活动中要不畏艰难困苦，努力做好各项本职工作；要严格注意节约，尽可能地为国家、集体积累更多的财富。艰苦奋斗和厉行节约是紧密联系在一起的。厉行节约是艰苦奋斗的具体表现。艰苦奋斗、厉行节约是中华民族的优良传统和高贵的品质，也是中国共产党的光荣传统。

二、艰苦奋斗、厉行节约的重要性和必要性

（一）艰苦奋斗、厉行节约是把我国建设成为社会主义现代化强国的需要

建设社会主义现代化强国，是一项前无古人的创举。创业就意味着艰苦奋斗。没有艰苦奋斗的过程，创业就不可能成功。艰苦奋斗、厉行节约不仅是建设行业的职业道德规范，也是我国新时期实现宏伟目标所必须具备的重要措施。

艰苦奋斗、厉行节约是把我国建设成为社会主义现代化强国的重要条件。一个国家，一个民族，一个行业，如果不坚持和提倡艰苦奋斗、厉行节约，只是在前人创造的物质文明成果上坐享其成，贪图享乐，不思进取，那么，这个国家、民族或行业定会坐吃山空、毫无希望。我们国家不仅现在要讲艰苦奋斗、厉行节约，而且将来强大了也要讲。建设行业更是如此。

（二）艰苦奋斗、厉行节约是建设行业反腐倡廉的需要

古人云："忧劳可以兴国，逸豫可以亡身"。作为以实现广大人民群众根本利益为己任、以全心全意为人民服务为宗旨的中国共产党更深刻懂得，艰苦奋斗、厉行节约对加强自身建设、提高防腐拒变能力、实现执政目标的重要意义。要发扬我党和中华民族的优良传统，完成反腐倡廉这一伟大的系统工程，除了加强制度、法律的建设之外，道德建设也发挥着重要的作用，而要求各个行业，特别是党员干部保持勤劳节俭的优良品质是道德建设的一项重要内容。勤劳就是艰苦奋斗、勤政务实、有较高的工作效率；节俭就是以民为本、克己奉公、厉行节约、不贪不占。事实上，丢掉勤劳节俭的精神，就必定养尊处优、弄权敛财，走向腐败。毋庸讳言，近几年来，建设行业出现了一些腐败现象，涉案人员小到基层干部，大到部厅级官员，有些案件情节之恶劣、涉案金额之大，为新中国成立以来所罕见。从已查处的腐败案件来看，几乎所有的腐败分子都由不愿过艰苦朴素的生活、贪图物质享受为开端，逐步走上了骄奢淫逸、腐化堕落的道路。因此，加强建设行业艰苦奋斗、厉行节约，对建设行业乃至全国的反腐倡廉都有重大的意义。

（三）艰苦奋斗、厉行节约是我国实现可持续发展的需要

根据联合国环境发展委员会在《我们共同的未来》中所界定的，可持续发展是指既满足当代人需要，又不对后代人满足其需要的能力构成危害的发展。为了实现可持续发展，2005 年党和政府提出并推进节约型社会的建设。所谓节约型社会，是指在促进经济发展和全民生活水平提高的前提下，通过观念转变和经济增长方式的改进，在生产、建设、流

通各领域节约资源，提高资源利用效率，减少损失浪费，以尽可能少的资源消耗，创造尽可能大的经济社会效益。

建设节约型社会坚持资源开发与节约并重，把节约放在首位的方针，紧紧围绕实现经济增长方式的根本转变，以提高资源利用效率为核心，以节能、节水、节材、节地、资源综合利用和发展循环经济为重点，加快结构调整，推进技术进步，加强法制建设，完善政策措施，强化节约意识，尽快建立健全促进节约型社会的体制和机制，逐步形成节约型的增长方式和消费模式，以资源的高效和循环利用，促进经济社会可持续发展。节约是全民的节约，是各行各业的节约，是社会生活全方位的节约，是贯穿于发展全过程的节约。

可持续发展战略、建设节约型社会是人类在面临人口剧增、资源短缺、环境污染、生态破坏等严重问题，人类的生存和发展面临威胁与挑战时，经过理性选择而寻找的一条新的发展道路。这一点对世界上人口众多和发展速度最快的我国而言，更是显得特别紧迫。因为一方面，我国人均资源占有量远远低于世界平均水平，仅为世界资源平均占有量的一半左右。在我国600多个城市中，目前有400多个城市供水不足，其中严重缺水城市110个，当我国人口增至16亿时，人均水资源将下降到1750立方米，接近国际公认的水资源紧张标准。据中国矿业联合会的统计，我国45种主要矿产的现有储量，能保证2010年需求的只有24种，能保证2020年需求的只有6种。另一方面，我国资源利用效率低下，我国每创造单位GDP的能耗比国际水平高出许多，是世界平均值的34倍，是日本的11.5倍，是美国的4.3倍，是德国、法国的7.7倍。近20年来中国的经济增长了6倍，而资源的消耗却增长了几十倍。据世界银行和国内有关机构测算，20世纪90年代中期，我国的经济增长有2/3是在对生态环境透支的基础上实现的，如果再按照高耗能、粗放式的扩大再生产，全世界的能源也难以维持高速运行的中国经济快车。

发展是永恒的主题，在全面迈向小康社会的征途中，我们不可能放慢经济增长速度来适应保护资源环境的需要，也不可能以破坏环境为代价来维持经济发展的速度，唯一可行的办法只能是提倡和履行艰苦奋斗、厉行节约，以实现可持续发展的需要。建设行业也是建设节约型社会中的一支重要力量，坚持和落实艰苦奋斗、厉行节约的行业职业道德有着重要的现实意义和历史意义。

三、艰苦奋斗、厉行节约的基本要求

（一）端正认识、从我做起

艰苦奋斗、厉行节约是以勤劳勇敢、不怕困难、努力完成每一个历史使命为基本原则的。这是一种表现人类文明状态的先进思想，是我们改变落后面貌的必要条件。没有为他人奉献的精神，没有正确的思想意识，就不可能有艰苦奋斗、厉行节约的行动。所以，要艰苦奋斗就必须端正思想，要厉行节约就必须认清行业所肩负的责任，从本行业做起，从我做起。

需要特别说明的是，节俭绝非吝啬。在工程建设中，决不能以厉行节约为幌子偷工减料、以次充好，更不能降低服务质量、工作质量，特别是工程实体质量。这一点对建设行业尤为重要。

（二）掌握方法、践之以行

在建设行业倡导艰苦奋斗、厉行节约，并不是要过“苦行僧”似的日子，而是在保证整个行业整体水平不断提高的前提下，在职业活动的实践中科学地节约资源，提高效益。例如，在拌制混凝土拌合物时，适当添加合适的外加剂，就可适量节约水泥的用量，并且使混凝土在和易性、耐久性等方面得到改善等。只要我们掌握科学的方法，充分发挥建设行业全体人员的聪明才智，集思广益，勇于实践，大胆创新，构建节约型社会的目的定会在我们手中实现。

第六节　积极进取、勇于竞争

一、积极进取、勇于竞争的涵义

积极进取是指为了生存和发展的需要，运用已知的信息，不断突破常规，发现或产生某种新颖、独特的有社会价值或个人价值的新事物、新思想而进行不断探索的活动。所谓竞争，是指市场主体之间为争取有利的经济条件和市场条件，以获取更大利益而进行的较量和争斗。竞争是市场运行的基本要素之一，是和商品经济、市场经济相伴而生的。

《中共中央关于建立社会主义市场经济体制若干问题的决定》指出：“公有制经济特别是国有经济，要积极参与市场竞争，在市场竞争中壮大和发展。国家要为各种所有制经济平等参与市场竞争创造条件，对各种企业一视同仁。”

进取、竞争是建设社会主义市场经济的内在要求，是生产力不断发展的一个推动力。随着社会主义市场经济体制的建立，各种竞争在我国各个行业将广泛开展。因此，积极进取、勇于竞争应成为建设行业职业道德规范的重要内容。这一规范的基本涵义是，建设行业在职业活动中要树立竞争意识，在工作中以科学的态度，努力向上，永不自满，具有敢为人先、敢冒风险的精神。

[阅读案例]

最需要的变革

如何赋予一个项目更多的价值，更好地服务客户，一直是中建八局思考的问题。为此，他们根据国际工程建设管理发展的趋势，探索出了一套“施工总承包管理”新理念，提出“服务业主，无分外之事；管理分包，无不管之事”。

在成功中标中原最大的会展中心——郑州国际会展中心工程任务后，中建八局成立了项目总承包管理部，创新管理模式，健全总承包体系，探索并实施总承包管理。现场参建单位包括3个主建单位、29家二类分包单位，施工高峰期人员达5000多人，施工总承包协调难度非常大。项目的一家二类分包单位“浙江精工”在钢铸件屋盖吊装时，由于吊车臂长有限，而现场土质松软无法靠近主体实施吊装，中建八局总承包项目部得知情况后，立即协调土建项目部硬化路基基箱，加强支撑段左右平移的长度，这样既通过土建的“举手之劳”为安装提供了便利，又加快了工程进度。“浙江精工”现场负责人朱家炎说：“我搞了一辈子工程，从未见过这么为分包单位着想的，这样的总包很到位，我们很信服。”

中建八局在郑州国际会展中心建设过程中，表现出的综合实力和良好形象，给业主、监理以及社会各界留下了深刻的印象，赢得了当地建设主管部门的充分肯定。同时，全国各地共有312批次、近15000名建筑行业著名专家、学者及政府主管部门领导、企事业单位代表来现场考察，对于郑州国际会展中心的建设给予高度的评价。此外，河南电视台、河南工人日报社、郑州日报社等当地省市媒体和行业媒体对此进行广泛报道。中建八局在郑州国际会展中心工程项目的建设中，不仅降低了工程造价，而且缩短了工程建设周期，还为业主提供了全方位、全过程的服务。郑州市建委副主任潘开名颇有感慨地说：“总承包必须有一套好制度，实践证明，中建八局在我们郑州国际会展中心工程创新的施工总承包管理模式是成功的。”

中建八局的成功，绝不是偶然，是整个企业开拓创新、勇于竞争的结果。按传统的管理模式，不可能有效地组织这样庞杂的工程管理。只有不断进取，坚持以人为本、客户至上的宗旨，才能在激烈的市场竞争中立于不败之地。中建八局的经验值得我们很好地学习和借鉴。

二、积极进取、勇于竞争的重要性和必要性

（一）积极进取、勇于竞争是社会主义市场经济的内在需要

竞争是商品经济的产物。有商品经济存在，就必然有竞争存在。我国建立的社会主义市场经济，同样需要培育和发展市场体系，形成统一、开放、竞争的大市场，以发挥市场机制在资源配置中的基础作用。建立起具有竞争性的市场经济体系，是市场经济的共性，各个行业会在竞争中优胜劣汰。

建设行业为了获取更多的利益，赢得更大的生存空间，就必须做出合理、科学的决策，不断开发出适应市场需求、能占领市场的新产品和新工艺，并不断改善和提高产品质量与服务，以增强行业的竞争力。此外，建设行业还必须在重视和改进思想工作的同时，使用适合市场经济要求的方式和方法，解决内部劳动力的激励和约束问题。为此，一方面，建设行业要加强和改进内在的管理水平；另一方面，则要充分利用资源流动和竞争等市场机制，提高行业职工的整体素质。

（二）积极进取、勇于竞争是建设行业事业发展的巨大动力

为什么有的人能运筹帷幄、决胜千里？有的人能行云流水、挥洒自如？一个重要的原因就是他积极进取、勇于竞争。建设行业能不能不断创造出新技术、新工艺、新理论或新方法，能不能经过探索和研究，认识未被前人认识的规律、本质和趋势，决定了建设行业在新时期的生存能力。

建设事业是我们进取的基础，建设岗位是我们创新的平台，而积极进取、勇于竞争的精神是建设事业发展的巨大动力。事业的生存和发展的基础就在于不断地进取，只有坚持不懈地开拓进取，建设事业才能立于不败之地，“创新则兴、不创新则亡”，这是事业发展的定律。人类已经进入21世纪，在新的历史时期，谁能在特定的时代抓住机遇、审时度势、锐意进取、力求创新，谁就是事业的弄潮儿。建设行业的发展必须依靠突破，不断提出新的见解、开拓新的领域，勇于竞争，否则就不可能发展。100多年前，轿车发明不

久，生产时需要一辆辆地装配，效率很低，使得价格昂贵，十分奇缺。亨利·福特大胆创新，设计出生产轿车的流水装配线，解决了汽车的产量和价格问题，由此引发了工业生产的巨大变革。建设行业也只有积极进取、勇于竞争才能大力推动整个行业的发展。

（三）积极进取、勇于竞争是建设行业促进生产力发展、满足人民群众日益增长的物质文化生活的需要

竞争是市场运行的基本需要。只有充分开展竞争，才能实现资源的优化配置，才能起到奖优汰劣的作用，才能向市场提供客户满意的产品和服务，才能扩大对外贸易的能力，从而推动行业生产力的发展，并满足客户的多样性、多层次的需要。

建设行业若要在市场的竞争中求得生存和发展，必须在行业员工中引入竞争机制。通过资源优化，行业的劳动力水平会得到较大的提高，而劳动力素质的提高，又必定会创造出使客户满意的产品，也就满足了人民群众日益增长的物质和文化需求。

三、积极进取、勇于竞争的基本要求

（一）增强竞争意识，提高竞争实力

增强建设行业的竞争意识，就是要克服安于现状的心理，就是要打破墨守成规的观念，就是要开拓创新，敢于抓住机遇，不断前进。同时，还必须提高整个行业的竞争实力。为此，建设行业各个部门要不断学习和掌握现代化的科学技术与管理经验，广泛地收集信息，以科学的态度打破常规，不断发展自己、壮大自己，以适应国内和国际竞争的需要。

（二）提倡团结协作精神，反对不正当竞争

在竞争中，无论是行业内外，都应当发扬团结协作精神。即在发展本行业的同时，也为其他行业提供尽可能多的帮助，以实现共同发展的目的。与此同时，在市场竞争中，应当本着公平、公正、诚实、守信的原则，遵守公共的职业道德，坚决反对不正当竞争。

（三）不畏艰难困苦，勇于战胜困难

市场竞争不仅是技术、质量、管理、信誉以及能力的竞争，也是思想、道德、作风和精神等方面的竞争。“市场如战场”，没有常胜将军，何况我们建设的是社会主义市场经济，必将会遇到各种各样意想不到的艰难困苦，甚至是失败。只要发扬建设行业顽强拼搏、百折不挠的优良传统，发扬建设行业吃苦在前、享受在后的高尚品德，一切艰难困苦都是可以战胜的。

（四）积极进取、勇于竞争要掌握科学的思维方法

仅有积极进取、勇于竞争的精神还不够，还必须善于思维，掌握科学的方法。

一是联想思维。联想思维即通过联想在不同事物中找出相似或相同属性，在它们之间建立联系，做到“异中求同”。联想思维可以帮助人们变换思考角度，不断转换思路，从而得到有益的创新启示。例如，当苹果掉到牛顿头上后，他出奇地联想，月亮为什么不会坠落地球呢？这就是把地球上物体与太空中的星体在思维中联想起来了，正是这种联想，才使得牛顿发现了万有引力定律。

二是发散思维。发散思维是指从不同角度、不同途径去设想，探求多种答案，最后使问题得到圆满解决的思维方法。例如，某鞋业公司派甲、乙二人前往某国进行市场调查。

甲报告说，这个国家的百姓素有赤脚的传统，建议公司取消在该国的销售计划；而乙则运用发散思维，认为该国百姓素不穿鞋，只要加强营销策略，改变他们的传统习惯，将会有更大的市场前景。公司采纳了乙的观点，最终大获全胜。

三是逆向思维。逆向思维就是从对立、相反的角度去思考问题。最初的圆珠笔笔管很粗，当其管内墨水还有很多时，笔尖上的滚珠却因磨损而无法使用，于是人们不得不寻找更耐用的材料来替代原来的材料，但效果仍然不理想，直到有人突发奇想，缩小笔管，于是难题迎刃而解。

四是侧向思维。侧向思维就是把注意力转向外部次要因素，从而找到在问题限定条件下的常规方法之外的新思路。例如，英国一医生从浇水的空心软皮管的侧向外推，想到自行车的实心轮，从而诞生了世界上第一个自行车充气轮胎；人们从馒头发酵后因气泡而松软，发明了海绵橡胶、泡沫塑料等新产品。

五是动态思维。动态思维就是用不断变化着的思维去把握时刻变化着的世界。动态思维的“动”，不仅表现在空间上的横向流动，还可以表现在时间上从现在追溯到过去（即后馈思维）、从现在预测到将来的纵向流动（即超前思维）等。

[阅读案例]

记北京市标杆青年突击队队长、十佳青年项目经理潘捷

1992 年 8 月参加工作至今，潘捷扎根工地 12 年，从小学徒干起，逐步锤炼成一名优秀的项目经理。12 年来，由他负责承建的工程屡获殊荣，“长城杯”奖、国家优质工程奖、“鲁班”奖等市级、国家级质量大奖均有收获。在不懈的追求中，潘捷一步步走向了成功。

运动员出身的拼命三郎

北方交通大学建筑管理专业毕业的潘捷曾想当一名运动员，上学时，就已经具备了国家二级运动员资格。毕业后分配到建筑业，运动员虽没当成，但运动员的那股子韧劲儿却被带到了工作当中。

潘捷“恨”活儿，在工地现场，潘捷如同“拼命三郎”，恨不得什么活都带头干，无论是天寒地冻的隆冬，还是褥热难耐的三伏，随时都可看到潘捷同民工们“绞”在一起，在他身上不会找到丝毫大学生的影子，多次进机关的机会也被潘捷推掉，“只有工地才是最能磨炼人的地方”。参加工作半年后，潘捷提前实习期满转正，被破格提拔为清华大学八号楼工程项目主管经理。面对甲方严格的管理、雨季施工的难题、恶劣的施工环境，以及踟蹰不前的工程进度，刚刚上任的潘捷就果敢地停用了 300 吨含泥量过高的石料，并不顾众多说情者，撤掉材料收发员，为工程的顺利进行开了个好头。

经过了十几年工作的磨练后，在已完成清华大学伟伦楼、法学楼等十几项工程建设的潘捷身上已很难找到“拼命三郎”的影子，从他身上流露出来的更多的是睿智与沉稳，“干工作用的更多的应该是心而不是蛮劲”，对于工作，潘捷有了新的认识。

2001 年，潘捷承接了中国人民解放军档案馆工程的建设。工程建设中，潘捷尝试了

将计算机局域网的建立纳入到了过程控制之中，在三建公司的施工现场率先实施了计算机网络化建设，“日常工作得到了最为行之有效的提升”。在工程建设中，潘捷随时发现问题，解决问题，减少了管理人员的中间干预，最终确保了解放军档案馆工程一次通过质量验收，一举获得总参系统评比第一名的好成绩。“拼命三郎”成了名副其实的“智多星”。

创世界一流的精品工程

1999 年 11 月，已经在项目经理这个岗位上工作了 6 年的潘捷面临着自己职业生涯的又一项全新挑战：建设清华大学游泳跳水馆。

清华大学游泳跳水馆工程是第 21 届世界大学生运动会跳水竞赛的主赛场，施工工艺非常高。国际竞赛委员会定下的标准要求 50 米泳道误差要控制在 +0mm 至 +20mm 之间，10 米跳台的高度误差要控制在 +0mm 至 +50mm 之间。鉴于工程的重要性，潘捷暗暗定下了“国家优质工程奖”的质量目标。

为达到这一目标，潘捷带领技术部门利用计算机进行辅助设计，针对工程特点，潘捷制定了泳跳池贴砖、水处理设备、点式玻璃幕墙、铝镁合金屋面板安装、吸音砖砌筑、泳跳池精确测量等十项精品目标。他带领大家从放线开始，精心计算每一项数据，从基础上确保十项精品分项目标的实现。在潘捷的努力下，50 米游泳池的误差最终精确到了 +5mm，10 米跳台的误差精确到了 +7mm，达到了工程建设初期制定的“施工过程保证精品、使用功能满足精品、竞赛标准达到精品”的质量目标。工程竣工后，来此视察的大运会组委会主席基里安暗挑大指，连称该工程科技含量世界领先，工程质量世界一流。2002 年度，清华游泳馆工程荣获“国家优质工程奖”。

累昏在工地的项目经理

“大处着手、以厂为家”是潘捷多年未改的本色。2003 年 11 月 25 日，刚刚被查出染上了过敏体质的潘捷再次接到了艰巨任务——清华大学信息科学技术大楼抢竣收尾工作。校方要求要夺回因“非典”损失的时间，22 天内达到工程使用条件。

由于受“非典”影响，本来可以按期交竣的大楼如今刚刚进入内部装修阶段，按正常施工交竣至少需要 4 个月时间，难度之大可想而知。接到命令的当天夜里，抢竣工程全面铺开。从这天开始，潘捷就像一架上满了弦的机器，20 多天没睡一个囫囵觉，没吃一顿安稳饭。

抢竣工作使潘捷忘记了服用平日离不开的抗敏药，12 月 14 日下午，每天只睡 23 个小时，从工程进入倒计时的第 4 天起就没合过眼的潘捷突然感到浑身上下奇痒无比，血压急剧下降到了 60/40 mmHg，食管、气管起满了疙瘩，呼吸急促困难的潘捷一下子昏倒在施工现场……

22 天的日夜鏖战后，清华大学信息科学技术大楼工程如期落成，以 20 天时间完成 4 个月工作量的潘捷，再一次在甲方面前证实了自己的实力。

1998 年度参加工作至今，潘捷完成了 10 多项重要工程的建设，他本人也完成了从实习生到优秀项目经理位置的转变，但潘捷为自己制定的“建精品工程、树品牌形象、展真我风采”的座右铭却一直未变。在工作中，潘捷用行动验证了一条真理：“成功来自不懈的追求”。

思考题：

1. 如何才能做到遵规守法、廉洁奉公？
2. 如何才能做到文明施工、安全生产？
3. 如何才能做到客户至上、竭诚服务？
4. 如何才能做到和谐相处、团结互助？
5. 如何才能做到艰苦奋斗、厉行节约？
6. 如何才能做到积极进取、勇于竞争？

第六章　建设行业职业道德修养

【学习目的】职业道德修养，是整个人生修养的重要组成部分。本章主要介绍如何掌握正确的职业道德修养方法和途径，帮助建设行业从业人员不断提高职业道德修养，积极践行社会主义职业道德规范，尤其是建设行业职业道德规范的各项要求，最终不断提高建设行业工作质量，为“两个文明”建设作出积极贡献。

第一节　道德修养

一、修养及道德修养的概念

“修养”一词在我国伦理史上源于《孟子》中的“修身养性”说。北宋哲学家程颐第一次把“修身”和“养性”结合起来，正式提出“修养”这一概念，《辞海》把修养这一概念阐释为：“修养乃学问上精密之工夫也。修以求其粹美，养以期其充足；修犹如切磋琢磨，养犹涵育熏陶也”。所谓修养，是指一个人的素质经过长期锻炼或改造达到一定的结果和水平，它既包含“修身养性”的动态过程之意，又包含待人处事的正确态度及境界之意。

在实际生活中，修养是一个涵义十分宽泛的概念，它渗透于人类社会生活的各个方面，具有多方面的内容，如政治修养、理论修养、文化修养、艺术修养、科学修养、道德修养等。

修养是人们提高科学文化水平、培养思想品质和专业技能所不可缺少的手段。例如，马克思、恩格斯称德国属于欧洲最有理论修养的民族；刘少奇专门写了《论共产党员的修养》一书教育全党；周恩来也曾以《我的修养要则》鞭策、激励自己。伟人们所说的修养，既有学习锻炼之意，又有经过学习锻炼获得所具有的能力、境界之意，强调革命者要具有多方面的修养，其中道德修养占有重要的地位。

所谓道德修养，就是社会成员按照一定的道德、法纪原则和规范对自己的思想、意识、道德、品行等方面进行自我锻炼、自我教育、自我改造、自我陶冶的过程，以及在这个实践过程中所形成的道德情操和道德上所达到的某种状态、水平、境界。道德修养，是整个人生修养的重要组成部分，它对于社会主义国家的人民来说，无疑是指人们按照爱国主义、集体主义、社会主义、共产主义的政治思想、道德规范要求，在个人精神状态方面进行的一系列自我反省、自我认识、自我批评、自我改造的过程，以及由此而形成的正确思想意识和高尚道德境界。

二、修养及道德修养的历史考察

（一）中国传统的修养观

中国传统的修养观丰富多彩、蔚为大观。对修养问题的历史考察可以上溯到先秦的诸子百家。以儒家为主体的儒、佛、道各具风格的修养思想，构成了中国传统修养观的整体轮廓。儒家把修身看做是与治国平天下相联系的学问。孔子认为，要成为一个有道德的人，不仅应当"修己以敬事"，而且应当"修己以安人"，以至于"修己以安百姓"（《论语·宪问》），孟子要求"穷则独善其身，达则兼善天下"（《孟子·尽心上》），指出"君子之守，修其身而平天下"（《孟子·尽心下》）。集中反映儒家修养观的《中庸》强调"君子不可以不修身"，"知所以修身，则知所以治人……则知所以治天下国家矣"（《中庸》）。道家的修养观注重的是"修道"和"积德"，老子指出："重积德则无不克"，"无不克则莫之其极"，"莫之其极可以有国，有国之母，可以长久"。

（二）西方修养观的历史考察

与中国传统修养观一样，西方思想史上也有不少修养的传统。从古希腊罗马到文艺复兴，特别是近代修养思想的精华，都给人类留下了不朽的思想财富。

古希腊的思想家围绕着"四大德目"（智慧、勇敢、公正、节制）提出了各具特色的修养观。14世纪以后，西方的修养观走上了以功利性为主要特征的"知识、理性、良心、法则"轨道。弗兰西斯·培根强调知识是修养的基础和力量，认为知识即道德，获得知识是人们提高修养的有效途径。斯宾诺莎认为，理性是修养的指导，只有在理性命令下才能达到至善的境界。因而，扩张理性使之达到完满，对个人修养具有十分重要的意义。卢梭十分推崇良心在人生修养中的作用，认为良心是衡量善恶的尺度，获得良心是人生修养的核心。20世纪50年代以亚伯拉罕·马斯洛为代表的人本主义心理学家，树起以健康精神为内容的修养大旗，认为健康精神的实现是修养的根本动力，具备健康精神的人，比精神不健康的人更能享受到生命的丰盈，更能充分发挥个体潜力。

中外传统的修养思想大多不可避免地存在着唯心主义的脱离实际的时代局限和阶级局限。但他们各具特色的修养思想也包含了一些合理因素，对提高当代人的修养水平和修养艺术有着十分重要的借鉴价值。

（三）马克思主义有关修养的理论

马克思主义从不同方面对修养问题作了大量论述。马克思主义基本理论认为，人的正确思想和意识是对客观世界能动的反映，是人们社会实践的产物，人们的认识从感性认识上升到理性认识，实现认识的第一次飞跃，又从理性认识回到实践中，对实践产生指导作用并接受社会实践的检验，实现第二次飞跃。人们不断从实践到认识，从认识到实践，再从新的实践到新的认识，如此循环往复以至无穷，不断接近客观真理。这个认识规律的适应范围非常广泛，对修养问题同样具有指导意义。其实人们的修养过程就是通过社会实践不断获得正确认识的过程。马克思主义还认为，人类追求真理的过程也是实现人的全面发展、全面解放的过程。修养问题实际上也是人的全面发展、全面解放的重要内容。实现共产主义，除了生产力高度发达、社会财富高度丰富、没有剥削制度等基本要求外，还要求整个社会人们包括修养水平在内的精神文明水平高度发展。

中国共产党在领导中国社会主义革命和建设的过程中，十分重视修养对个人成才乃至社会进步的意义，并率先示范加强自身修养，为人们做出了榜样。毛泽东同志严格要求党的干部要不断提高"马克思列宁主义的修养"。刘少奇写的《论共产党员的修养》，全面阐述了共产党员加强修养的重要性、基本要求和方法途径等问题，其中部分章节作为延安整风的必读文件在全党深入学习，对提高全党的修养水平，对革命和建设发挥了极其深远的历史影响。共产党人修养的楷模周恩来，早在学生时期就要求自己在读书、交友、学业、习师、光阴五个方面“不虚度”。在艰苦的革命岁月中，周恩来给自己订出了七条自我修养的原则，要求自己“要与自己、他人的不正确思想作原则上坚决的斗争”，“要适当地发扬自己的长处，具体地纠正自己的短处”。

在我国社会主义建设的各个时期，也涌现了许多自觉修养的典型，如20世纪60年代的焦裕禄、雷锋，80年代的朱伯儒、张海迪，90年代的孔繁森、徐洪刚等，他们的修养实践鼓舞了一代又一代人为社会主义的精神大厦增添了璀璨夺目的光华。可见，马克思主义十分重视人生修养问题。与旧的修养观不同的是，马克思主义第一次把修养问题建立在辩证唯物主义和历史唯物主义的科学理论基础之上，使它获得了崭新的内容和科学的理论指导。

[阅读案例]

陶行知的两只口袋

陶行知是一位既有言教，更有身教的人民教育家，他律己甚严，以身作则。

古人曰：“吾日三省吾身”，而陶行知则“每天四问”。1942年7月，他在重庆育才学校三周年纪念会上提出“四问”的内容，就是每天要反躬自问身体、学校、工作和道德上有没有进步，进步了多少。他认为道德是做人的根本，没有道德的人，学问和本领越大，就越会为非作歹、残害人民。在育才学校，就流传过一个关于陶行知的两个口袋的故事。

育才学校是陶行知和全校师生白手起家建设起来的，他曾大声疾呼，要全校师生“建筑人格长城”。

在当时，有时全校师生几乎无米举炊，陶行知东张西罗，左支右绌，迫不得已就停止体育锻炼，每天改吃两顿稀粥，以勉强维持生活。在这样的艰难困苦中，有人劝陶行知把育才学校停办算了，但他坚决不答应。他发动全校师生走街串巷，向社会各界热心人士募捐，渡过一个又一个难关。

陶行知带头外出募捐，并宣布一条纪律：募捐来的钱涓滴归公，在任何情况下，任何人不得借故挪用分文。他自己是这样说的，也是这样做的。他的上衣缝有两只口袋，一只装公款，一只装私款。有一次他到远处去募捐，走访了好多地方，募捐了不少现款，袋里装得满满的。在归途搭车时，忽然发现放私款的那只口袋里一分钱也没有了，他当时就有一个坚决的想法，决不挪用公家一分钱，尽管一天奔波下来，既疲惫不堪又饥肠辘辘，但仍坚持从十里外步行回校。

当育才学校师生听到这个消息后，都非常感动，赶到陶行知先生的住处慰问时，陶行知亲切地、深刻地跟大家讲起韩非子在《喻志》中所说的一个比喻：“千丈之堤，以蝼蚁之穴溃；百尺之室，以突隙之烟焚”。在现实生活中，小漏洞往往可以酿成大灾祸，千万不要因小失大。陶行知就是这样“以教人者教己”，在“建筑人格长城”中做到不留一点空隙。

三、道德修养的一般规律

人们在进行道德修养时，必然会遇到诸如道德修养的内容、性质、发展方向等一系列问题。而要真正搞清这些问题，又必须先搞清修养的理论基础、前提条件和过程等一般规律。

（一）修养的理论基础

马克思主义科学的世界观和方法论是人生修养的基石，只有在它的正确指导下，当代社会主义建设者才能从根本上正确认识和把握社会历史发展规律；正确认识和处理个人同他人、集体、国家、社会的关系，树立正确的价值观，最大限度地发挥个人的社会价值；才会理清各种错误社会思潮造成的思想混乱，坚定社会主义信念和共产主义理想，激发社会责任感和历史使命感，为社会主义建设贡献力量。

马克思主义是深深植根于实践并在实践中不断发展完善的科学。中国共产党人把马克思主义基本理论和中国实际有机结合起来，在长期民主革命和社会主义建设过程中，形成了中国化的马克思主义理论成果，即毛泽东思想、邓小平理论和“三个代表”重要思想。这些中国化的马克思主义理论成果集中体现了不同时期、不同历史条件下中国共产党人的思考和探索，内容极为丰富，其中坚持四项基本原则、反对资产阶级自由化的思想；加强精神文明建设，培养有理想、有文化、有道德、有纪律的“四有”新人的思想；一切依靠群众，一切相信群众，尊重群众的首创精神，全心全意为人民服务的思想；解放思想、实事求是的思想；发展生产力，建立社会主义市场经济体制的思想；建设小康社会，实现社会和谐的思想；共产党员要始终代表先进生产力的发展要求，始终代表先进文化的前进方向，始终代表中国最广大人民群众根本利益的思想，等等，对当代社会主义建设者进行自我修养都具有极为重要的指导意义。不同行业的建设者应结合自己的工作实际和思想实际，自觉运用这些科学理论和思想观点来指导自己的思想道德修养，以促进道德修养水平的不断提高。

（二）道德修养的主客观条件

1. 个人的主观能动性是进行道德修养的主观条件

道德修养是一种道德的自律，是自我认识、自我批评、自我塑造和自我提高的过程。在这一改造主观世界的过程中，同一个人既是修养的主体，又是修养的客体。形象地说，就是自己“审理”自己的案子，是自己“判决”自己，并且自己对自己“执法”。修养者如果“执法”不严，降低思想道德标准，容忍自己不健康的思想和行为的存在，就不能达到修养的目的，或者认为自己修养水平已经很高了，不用再加强修养了。可见，自觉性是修养的本质特征。修养者的自觉性有无及自觉性的大小，直接决定修养的效果。内因是根本，外因是条件，外因通过内因起作用。无论外在环境和条件如何，要做一个品德高尚的人必须努力发挥自身的主观能动性、自觉性，才能奏效。社会主义建设者要主动运用马克思主义的科学世界观指导自我修养的过程，坚持以“自觉之我”、“能动之我”抵制“自贱之我”、“被动之我”，不断提高、充实、完善思想道德修养的自觉性，警惕和抵制各种错误思想的侵蚀和影响。

2. 主动投身社会实践是修养的客观条件

马克思主义认识论认为，群众是认识的主体，也是实践的主体，正确的思想必然是从群众中来、到群众中去。“从群众中来”产生修养的自觉要求，“到群众中去”是人生修养的正确途径。可见，主动参加社会实践是人生修养的客观条件。

实践是产生人们修养要求的社会根源，也是检验人们思想和行为正确与否的标准。当人的思想和行为符合社会发展规律，代表最广大人民群众的根本利益时，就会受到认可和褒奖，从而进一步激发行为者加强人生修养、提高思想道德品质的愿望。反之，当人的错误思想和行为在实践中表现出来时，必然会引起社会的批评和谴责，导致行为者内在的思想困惑和矛盾，促使自己以积极的态度去改正、调整。一个人的道德品质就是在正确思想与错误思想之间的矛盾斗争中产生的。正如毛泽东所说：“正确的东西总是在同错误的东西作斗争的过程中发展起来的，真的、善的、美的东西总是同假的、恶的、丑的东西相比较而存在，相斗争而发展的。”而这种比较、斗争，又总是在社会实践中完成的。“纸上得来终觉浅，绝知此事要躬行”。如果离开社会实践，不仅不可能产生自觉的修养要求，而且也不可能检验自己修养的标准、内容、方法等是否正确，极有可能走向孤芳自赏或自我否定的自我封闭迷途。“以铜为镜，可以正衣冠，以人为镜，可以知得失”，社会实践就像一面镜子，让人们知道自己道德修养的得失。

（三）道德修养的过程

道德修养是一个贯穿人一生的过程，但又有一定的阶段性。在道德修养的某个方面、某个阶段，一般要经过道德认识的提高，从而形成道德情感，经过道德意志的锻炼，确立道德信念，最终外化为自觉的道德行动。具体阶段如下：

一是提高道德认识，即人们对一定社会或阶级关于道德的理论、原则和规范的确立和掌握。道德认识的形成又是一个从感性认识上升到理性认识的过程。

二是升华道德情感，即人们依据一定的道德认识对现实生活中的道德关系和道德行为所产生的爱憎、好恶等心理体验和情绪情感体验。作为建设行业的工程技术人员、管理人员等各类从业人员，不能对一些行业不正之风和爱岗敬业的好人好事无动于衷、漠然视之，更不能颠倒美丑，形成一种反社会、悖常理的道德情感。更重要的是，建设行业的职工必须不断升华道德情感，把道德情感升华到对工作、对岗位、对事业、对祖国的热爱上来，并使之成为一种稳定持久的、强烈的、积极的、高尚的道德情感。

三是锻炼道德意志，即人们在履行道德义务和承担道德责任的过程中表现出来的一种坚不可摧的努力和精神。综观古今中外，凡是取得突出成就的人，无一不具有坚强的道德意志，而坚强的意志必须经过长期的培养和锻炼。在建立社会主义市场经济体制的今天，所有制结构、利益主体、生活方式和价值观念等日益多元化，权力、金钱、美色等各种诱惑日益增多，能否经得住诱惑、耐得住清贫，这是对一个人道德意志坚强还是薄弱的考验，必须具有高度的自觉性、敏锐的果断性、坚决的自制力和顽强的坚持性，才能不被诱惑俘虏，守住道德修养的底线。

四是增强道德信念，即人们对道德理论、道德人格、道德原则、道德规范的正确性和正义性深刻、持久、稳定而有根据的笃信，以及由此而产生的对某种道德义务的强烈责任感。道德信念的功能在于人们不折不扣地完成道德准则的要求，忠实地履行自己的道德义务。具有坚强道德信念的人，往往能热忱地追求某种崇高的理想人格，努力捍卫某种社会或阶级的道德原则和道德规范，不惜一切代价履行自己的道德义务。

五是强化道德行为。道德行为是评价一个人道德品质高低的重要标志，它在人们道德品质形成和发展中具有极为重要的作用。强化道德行为的首要问题是，根据一定的道德准则选择正确的道德行为。在现实的道德生活中，人们常处于两难的境地，如大学毕业选择职业时，一边是远离父母奔赴祖国最需要的地方报效祖国，一边是回到父母身边照顾双亲。前者是作为国家培养的大学生对祖国应尽的义务，后者是作为子女对父母应尽的责任。两者都是应尽的道德义务，如何选择？面对这种道德选择上的两难困境，我们就要有新的道德认识，包括道德觉悟、道德知识和道德经验；要明白道德价值和等级次序，小道理服从大道理，高一级的道德义务必须优先考虑、优先承担。

总之，人们在进行道德修养的过程中，一定要自觉遵循道德品质形成和发展的规律，努力提高道德认识，在日常的道德实践中不断把道德认识升华为道德情感和意志，内化为坚强持久的道德信念，进而把道德认识、情感、意志、信念外化为行动，养成良好的道德习惯，这样才能真正提高道德修养水平。

四、道德修养的社会意义

道德修养是使社会主义的道德原则和规范转化为人们内在的道德品质的关键环节，也是形成高尚的社会道德风尚和优良社会传统的熔炉。加强道德修养，才能更好地发挥思想道德的社会作用，促进社会的全面进步。

（一）加强道德修养有益于改革开放和社会主义市场经济的健康发展

改革开放是一项前无古人的事业，没有现成的经验可以借鉴。随着改革开放的不断深入，各种计划经济体制下形成的社会矛盾日益突出，一些新的矛盾又不断产生，这使得我们面临的形势更加复杂，困难更加突出，任务更为艰巨。

社会主义市场经济体制的建立，引发了人们的思想革命，一些符合市场经济发展需求的新思想、新观念不断出现，如竞争思想、平等思想、效益观念、开拓进取观念等，同时一些消极的思想观念乃至资产阶级的腐朽没落思想观念和生活方式也日益泛滥，如拜金主义、享乐主义、个人主义思想观念等。这些对人们的思想道德修养也提出了更加严峻的挑战。如果因为改革开放和社会主义市场经济建设，使我们的人民丧失了社会主义的信念和道德准则，那我们将悖离改革开放和社会主义市场经济建设的初衷，已经取得的物质文明建设成就也会最终丧失掉。物质文明上去了，精神文明下来了，一手比较硬，一手比较软，肚子吃饱了，良心沦丧了，这将会使我们重蹈苏联东欧剧变的覆辙，这将是社会主义建设最大的失败。越是改革开放，市场经济越发展，就越要坚持理想信念教育，越要加强道德修养。胡锦涛同志多次强调要树立正确的权力观，坚持情为民所系、利为民所谋、权为民所用，把加强全党和全体人民的道德修养摆在非常重要的地位来认识。加强道德修养对于提高执行党的路线、方针、政策的自觉性，树立勇于探索和忘我工作的革命热情及科学的求实精神，培养战胜困难的顽强意志和艰苦奋斗、拒腐防变的优良品质等，都具有非常重要的意义。我们应该以孔繁森、牛玉儒等新时期的模范干部为榜样，加强自己的道德修养，把自己锻炼成忠于党和人民，真正经得起各种考验的、推动社会进步和发展的促进派。

（二）加强道德修养有益于改善人际关系，实现构建和谐社会的目标

人是各种社会关系中的一个节点，人的本质属性是社会属性，人们之间的交往形成了人际关系。随着科技的发展和社会主义市场经济的不断发展，人们相互之间交往的范围越来越大，内容越来越丰富，形式越来越多样化。在这种环境中，如果不注重思想道德修养，就容易使商品交换的法则侵入到人际交往领域，把人与人之间的关系变成赤裸裸的交易关系。

目前在一部分干部和职工中出现的权钱交易、吃拿卡要、行贿受贿、腐化堕落等腐败现象和比吃讲穿、好逸恶劳、爱慕虚荣、弄虚作假等不良社会习气，严重破坏了社会主义社会的人际关系，在一定程度上出现了诚信缺失和信任危机。制止这种日益蔓延的腐败现象和不良社会风气，除了严肃法纪、加强教育引导之外，还必须切实提高人们内在的觉悟因素。而这种觉悟因素不会从天上掉下来，必须通过思想道德修养，提高思想道德素质，自觉增强抵御不正之风的觉悟和能力，进一步发展人与人之间平等、团结、友爱、互助、合作的同志式关系。如果人人都有修养的自觉性，人人都从自身寻找修养的差距，不去抱怨社会、他人和集体对自己的不公，那我们这个社会的人际关系就是协调的、良性的，建设社会主义和谐社会的目标就容易实现了。因此，提高道德修养的自觉性，对于调整人们的道德行为、正确处理人与人的关系、正确处理个人与社会的关系、优化社会环境、建立和谐社会，都具有不可忽视的重大作用。

（三）加强道德修养是个人全面发展的内在需要

不同的生活经历和主观努力，决定了人们具有不同的思想道德境界。在我国现阶段，少数先进分子已经接近或达到了大公无私的共产主义道德境界，大多数已处在先公后私、先人后己的思想道德境界，还有少数人仍然停留在自私自利的道德水平上。人非动物，不仅有肉体上的物质需要，而且还要有崇高的精神追求和道德理想。

古人讲，仁者长寿，即道德水平高的人能健康长寿。这是因为具备高尚道德修养水平的人内心是平衡的、安静的、满足的，他认为他的德行帮助别人，得到了社会的认可，受到了别人的尊敬，自己尽管可能受了苦、吃了亏，做出了牺牲，但道德理想得到了实现，收获了无形的财富和幸福，因而人生态度是积极的，心理和生理是健康的。反之，那些道德水平低下的人，尽管暂时得到了名誉、地位、权力、金钱、美色及各种物质享受，但因为自己的自私自利、狭隘、欺骗、犯罪等各种有形无形的伤害，使他人、集体、社会受到了物质上的损失或精神的伤害，其本人内心是会受到良心和道德谴责或者受到社会舆论的指责与否定，其内心是痛苦的、不安的、孤单的。他们常常感叹自己很穷，穷得只剩下钱了。可见，加强道德修养，能不断净化人们的灵魂，陶冶人们的情操，使人们多做对他人、对集体、对社会有益的事，少做对他人、对集体、对社会有害的事，从而实现心理和生理的健康发展，实现内心真正的幸福和满足，实现人的全面发展和完善。著名作家丁玲说过："人，只要有一种信念，有所追求，什么艰苦都能忍受，什么环境也都能适应。"毛泽东在领导中国革命过程中，有六位亲人为革命献出了宝贵的生命，遇到的困难更是难以想象，但一切艰难险阻都不能改变他为中国人民解放事业而奋斗的信念，终于领导人民取得了革命的胜利。这些光辉典范永远值得当今中国有理想、有信念的社会主义建设者们学习。总之，加强道德修养，不仅是社会政治、经济、文化发展的需要，而且是每个社会成员内在的精神需求。

（四）自觉抵制各种错误的修养观

在价值观念日益多元化的今天，人们对修养问题有不少错误的认识。对此，我们要以马克思主义为指导，明辨是非，自觉抵制。

“修养束缚论”是流行于一些干部和职工中的错误修养观。这种观点认为，人活着就应该自由自在、无拘无束，而修养则是对人的自由的束缚和限制。我们认为，“修养束缚论”是对自由的曲解。在思想道德领域中的政治原则和道德规范，是人们获得自由的客观前提，而“修养束缚论”的“自由”正是那种幻想摆脱政治原则和道德规范的自由，这种自由实际是绝对的自由，是无法无天的自由，是虚假的自由。如果容忍这种自由的存在，那将使人人都得不到自由。修养是一个长期和曲折的过程，需要付出巨大的主观努力，当然有自我约束的要求。但自我约束并不等于对人生自由的限制；相反，自我约束恰恰是人们克服不良思想和行为而获得真正自由的必经阶段。因为，通过自我约束，把集体主义、社会主义、共产主义思想和道德规范这些外在要求内化为自己的坚定信念，并达到“从心所欲不逾矩”的境界时，就表明在思想道德领域获得了真正的自由。

“修养无用论”是流行于一部分干部职工中的另一错误修养观。这种观点认为，在市场经济的条件下，挣钱最实惠，而挣钱靠的是专业技术知识和头脑灵活，进行道德修养是无用的。其实，思想道德修养与科学文化知识的修养是相互促进的，思想道德修养以其方向性贯穿在科学文化知识的学习之中，对科学文化知识的学习起着激励和导向的作用。科学史表明，许多人之所以能成为科学家，离不开勤奋好学的精神和关心社会、关心政治、热爱祖国的高尚道德情操。德才兼备是古今中外培养人才、选拔干部乃至对所有行业职工的共同要求。不同行业的当代社会主义建设者，要努力加强自己的道德修养，使自己成为专业技能精良、道德品质高尚的优秀人才。

[阅读案例]

穿“船鞋”的乡村教师
——记残疾教师陆永康

有人这样说他：“这是一个跪着工作的人，却是一个让我们站立者叹服的人！”

他叫陆永康。父母取名永康，偏偏老天没有给他一个健康的身体。

58岁的陆永康是贵州省黔南布依族苗族自治州三都水族自治县羊福民族学校的教师。他出生仅9个月时，因小儿麻痹症导致双腿膝盖以下肌肉萎缩。别人学走，他学跪。20岁那年，他成为一名小学民办教师，从此开始漫长的跪着教书的生涯。36年来，陆永康日复一日地跪在讲台上传道授业；年复一年跪着前行在山间道上，走村串寨做家访。

两公斤的“船鞋”陪伴他56年

陆永康的手掌极其厚实，上肢粗壮、有力。在他2004年做手术前的56年里，他只能手膝并用地跪着行走。

只读到小学六年级的陆永康从没想到自己也能成为一名人民教师。他还记得，1968年，村里的孔荣小学已经流失掉最后一位教师，“村里的干部找到我，让我试试看能不能胜任。上了几节课，领导觉得还行，就这么当上了老师。”

学校没有老师，学生也流失得差不多了，陆永康要做的第一件事，就是把辍学的孩子给劝回来。他用木板、旧篮球、废旧轮胎、铁丝自制了一双重达两公斤的“船鞋”，缚住双膝，再拄上一根木棍，开始了艰难的劝学过程。白天上课，晚上家访。

家访，对陆永康来说，不是件容易事。因为行走不便，别人走一个小时的路，他得跪着走上两三个小时。孔荣村的村民依山而居却不集中，隔山相望，走却要耗时半天，爬山、过河、跨沟，就是正常人也要留个神。陆永康常常是傍晚出发，回到家里已是繁星满天。

跪行在崎岖的山道上，手脚并用，稍不小心便摔跟斗。没人搀扶，他“蹭”起再继续往前“走”。陆永康回忆说：“有一次遇到冰雹，遍地泥泞，我走不快，只好躲在树底下。冰雹子打到身上脸上，只觉得耳朵‘辣’。”

孤身一人跪着行走在深山老林里，陆永康有时难免感觉害怕。听老人说，不管是鬼还是老虎，都怕铜的声音。于是他便买了一个铜口哨，再绑一个手电筒在头顶上照明。

“听到树林里有动物的叫声或者觉得害怕了，我就吹吹口哨给自己壮胆。”陆永康说。

村民们逐渐熟悉了陆永康的口哨声。每当此时，他们就聚集在进村的山道上，“哦呵，哦呵”地吆喝着迎接陆老师。

“跪行”着的陆永康感动了村民。第二个学期，他的学生便增加到50名。3年后，孔荣小学破天荒地有了150名学生。陆永康在这里一教就是13年，他跪着给孩子们上课，跪着和孩子们做游戏，跪着和孩子们一道行走在山间的小道上。13年里，他跪坏了5双自制的“船鞋”。

鞋坏了修，修不了再做新的。陆永康说，他“都快成鞋匠了”。

跪着教书的乡村老师终于站起来了

长期的“跪行”、“跪教”，使得陆永康的膝盖结满了厚厚的老茧，膝盖以下的肌腱功能已退化变形。

1981年，陆永康由民办转为公办教师后，上级有关部门考虑到他行走不便，把他调到乡里任教。学生和家长都舍不得他走，多次找到乡里反映，要求陆老师回去继续教书。羊福乡教育辅导站站长龙光启说：“我们反复解释，好不容易才把他们劝了回去。”

2004年3月，中共黔南州委书记林明达在知晓陆永康的事迹后，给黔南中医院院长张长松打电话，询问陆永康还有没有通过手术治疗站立起来的可能。经过检查，陆永康双腿膝关节纤维强直，屈节90度，严重畸形。同年6月18日，历时3个多月的治疗后，陆永康生平第一次在助行器的帮助下站立起来。

消息传回羊福小学后，学生们你一针我一线地为陆老师绣了两双鞋垫，并托人带到黔南中医院，希望陆老师早日康复。

2005年4月19日，前后经过大大小小14次手术的陆永康出院了。进羊福乡要先过一座大桥，学校的师生们挤在桥边，他们是来迎接陆永康回家的。

乡村教师陆永康在学生心目中是个了不起的好老师。现任羊福民族学校校长王泽文曾是他在孔荣小学任教时的学生。这个26岁的年轻校长说："我从小家境贫寒，考取中学后，陆老师每年坚持寄钱给我。毕业时，我向他咨询今后的专业选择。他回了长长的一封信，劝我读师范。我尊重他的意见，从黔南师专毕业后，又回到家乡当老师。"

陆永康一个月的工资收入只有900多元，妻子没有文化，在学校做临时工，煮饭扫地，月工资150元，两个孩子都在读书，陆永康的日子并不宽裕。一家4口，一年四季穿的都是最便宜但很耐磨的绿色解放鞋。

一茬一茬的学生走了出去，陆永康却一直留在大山深处。他说他最喜欢的一支歌是《长大后我就成了你》。尤其是那句"放飞的是希望，守巢的总是你"。在他看来，这就是乡村教师的真实写照。"即便是跪着上课，只要自己的学生能考上学校，有出息，这比什么都让我有成就感。"

1985年，陆永康加入了中国共产党，2002年被贵州省教育厅授予"优秀教师"称号。他还多次获得有关部门的奖励和表彰。然而，在他破烂寒酸的木板房里，墙上贴满了儿子获得三好学生和各种比赛优胜的奖状，甚至还有妻子黄天云在学校参加跑步比赛的奖状，属于他自己的只有孤零零的一张，那是1998年县政府颁发给他的"光荣任教三十周年纪念"奖状。

这不是什么特别的奖励，因为"每一位教书三十年的老师，县里都会发一张"。

"其他的奖状，搬家时不知扔到哪去了。"说这话时陆永康一脸平静。跟奖状一起不知扔到哪儿去了的，还有伴随陆永康30多年的"船鞋"，他说："懒得留，站起来就算是和过去告别了。"

个头矮，心气可不"低人一等"

一天清早，天刚刚亮，春雨过后，空气里有些湿润的味道。陆永康早早起身，7时30分就是早读课，他得到教室去。

家就在学校里的陆老师提前一刻钟就出了门。雨后路滑，这对拄着双拐的陆永康有些难度。他说："过去跪着走，平路走不快，爬坡上坎还比现在利索。"

跪着走的陆永康在个子上虽然低人一头，可他的心气却从来不会"低人一等"。

陆永康是个"身怀绝技"的人，他能爬树，会游泳。他还有一手好木工技术，专门为自己设计制作了一个木工用的刨凳。家里的衣柜、抽屉、板凳都是他自己亲手做的。他说："以前跪着干活只有一米二几，现在能站起来了有一米五几，那个刨凳用不上了，木工也搁下来不做了。"

陆永康直到1990年才结婚，那时他已经42岁了。晚婚倒不完全是因为残疾，他说："早先也有很多人给我介绍对象，我不敢谈，那时我的身份还是民办老师，收入低，没保障，怕把人家拖累了。转正以后，又怕影响事业，一拖就到了四十几岁。"

陆永康的妻子黄天云今年44岁，苗族，是邻近的黔东南苗族侗族自治州雷山县人，朴实勤快。结婚后，家务活全让黄天云一人给包了，陆永康把更多的精力留给了学生。他知道自己文化程度有限，想方设法到处找各种教材资料，业余时间自学。他说："乡村老师要样样都会教。调到乡里的中心小学后，我主要是上数学课。没有机会出去参加培训，生怕教不好，我就到处向人请教。”

儿子陆昌健挺崇拜自己的父亲，4岁那年，他看见爸爸在上课的路上摔倒，从此每天都要陪爸爸到教室。小昌健有个朴素的愿望，“长大要做像爸爸一样能干和受人尊敬的人”。

给儿子取名“昌健”，陆永康有一点特别的涵义：“我天生残疾，所以希望孩子能健健康康。”

虽然不能像健康人一样自如行走，陆永康却始终快乐爽朗。今年春节，他亲手写了一副春联贴在门上，选的是毛泽东的两句诗：“自信人生二百年，会当击水三千里。”

第二节　职业道德修养

一、职业道德修养的涵义

职业道德修养，是指从业人员在职业实践活动中，按照职业道德基本原则和规范的要求，在职业道德意识和行为方面的自我学习、自我锻炼、自我改造，并形成高尚的职业道德品质和职业道德境界。职业道德修养是道德修养的重要分支。

二、职业道德修养的内容

职业道德修养的内容十分丰富，其核心内容也就是社会主义职业道德规范的要求。如果再以类别划分，又可大致归纳为思想政治素质、品德素质、文化素质、身心素质。

（一）思想政治素质

思想政治素质是职业道德修养的核心内容，目的是使职工树立坚定、正确的政治方向和政治态度，树立科学的世界观和方法论，明辨是非，坚定社会主义信念。

（二）品德素质

个人品德素质对其职业行为产生重大影响，是职业道德修养的基础。道德品质由道德认识、道德情感、道德意志、道德信念和道德行为五个方面的要素构成。道德品质的具体内容包括责任、良知、清廉、勤奋、诚信、礼让、宽恕、理智、勇气、意志、仁爱、同情、智慧、献身精神等。

责任或职责是我们分内应该做的事。职责的范围是没有固定界限的，可以说它存在于生命的每一个岗位。在我们的一生中，无论是富有还是贫困，是幸福还是不幸，都应该也能够选择去履行那些在我们身边无处不在的职责。不惜一切代价和甘冒一切风险地遵从职责的召唤，这是最高尚的文明生活的本质体现，无论过去还是现在，伟大的事业都值得人们去为之奋斗。

公正、正直是人们处理与他人和社会关系的准则，公正和正直是人们能按照一定社会道德原则和观念的要求，做到不偏不倚。公道正直，是对人们权利与义务、报酬与贡献、奖惩与功过之间对应关系的确立和认可。公正、正义的本质是一种社会契约，它是为了保障全体成员的利益不受他人侵犯，为了维护社会的安定秩序而自然形成的一种普遍公认的道德准则。公正原则的核心内容是利益分配的公正。

同情、仁爱之心是人与人之间的一种情感关系，它不是以损害对方尊严为代价的怜悯，而是建立在人格平等基础上的移情力。当别人感到悲痛时与他站在一起，认真对待别人的现实，不仅是他的生活状况，还有他的内心世界、他的感情。人们随时可能有困难，因此需要得到同类不讲功利的无私的支持和帮助，使每个人在困境中不至于孤立无援。

真诚、真实、可靠、守信，使人生充满可靠、坦诚与开放，展现的是一种向往光明的性情，是职业道德的基本要求。

品德素质是职业道德修养的最基础、最重要、最核心的内容，它可以维护人民大众的利益和国家的利益，可以形成良好的社会风尚，可以使人心向善，可以迸发出无穷的威力，乃至改变世界。

（三）文化素质

文化素质，是以一定的人文社会科学知识、自然科学知识和工程技术知识为主要内容而形成的一种综合的、潜在的素质。作为建设行业的职工，不论是从事管理、设计、施工等哪一项工作，都要掌握好本职业所必需的专业技能，在此基础上还要培养自己的人文社会科学、自然科学等多方面的综合文化素质。

（四）身心素质

进入21世纪，人类对健康的认识更为全面，只有生理和心理都健康，才算真正的健康。

关于健康，世界卫生组织提出了十条标准：①有充沛的精力，能够从容不迫地应付日常生活、工作的压力而不感到过分的紧张；②处事乐观、态度积极、乐于承担责任、事无巨细、不挑剔；③善于休息，睡眠良好；④应变能力强，能适应环境的种种变化；⑤能够抵抗一般感冒和传染病；⑥体重得当，身体匀称，站立时头、臀、臂的位置协调；⑦眼睛明亮，反应锐利；⑧牙齿清洁，无空洞、无疼痛，齿龈颜色正常，无出血现象；⑨头发有光泽，无头屑；⑩肌肉、皮肤有弹性。

健康强壮的体魄是人们学习和工作的生理基础，现代人应不仅满足于身体没有疾病，更应注重体能的增强和精力的充沛。

心理健康，是个体在良好的生理状态基础上的自我和谐，以及与外部社会环境的和谐所表现出的个体的主观幸福感。如对自己满意，对工作满意，对外部人际关系满意等。同时，从业人员还要有对学业和事业的执著追求、顽强拼搏、坚韧不拔的心理，以及应对挫折的承受力，等等。

上述基本素质中，对于人的成长发展和职业道德水平的提高都是十分重要的，要想事业成功，可以说缺一不可，但其中思想道德素质又是最重要的素质，它对其他素质的形成既有很强的渗透性，又有很强的促进性，是从业者各种素质修养的基础。同时，其他素质水平的高低又会促进或抑制思想道德修养水平的提高。

三、职业道德修养的实质

职业道德修养的实质，是两种对立的道德意识之间的斗争，是善与恶、正与邪、是与非之间的斗争，是“此我”与“彼我”的斗争。对于从业者而言，要取得职业道德上的进步，就必须自觉地进行两种道德观的斗争。

在我国历史上，出现过封建地主阶级的道德、资产阶级的道德、小生产者的道德等腐朽或者消极的道德。由于种种复杂的社会历史原因，这些道德观念至今在一定程度上仍残留在人们的心目中，对从业者的职业道德产生着消极影响。同时，我国悠久的历史和烂灿的文化也形成了精忠报国、天下为公、勤俭自强、尊老爱幼、忠于职守、讲究信誉等优秀传统。在我国革命和社会主义建设过程中又形成了集体主义、为人民服务、公而忘私、艰苦奋斗、爱岗敬业等优秀革命道德传统和社会主义道德原则。职业道德修养，就是要在职业实践中，有意识地强化优秀道德品质，消除错误、消极、腐朽道德观念的影响，形成与职业要求相一致的道德品质和道德情操。

四、职业道德修养的一般特征

（一）目的性

职业道德修养要解决整个社会主义职业道德要求与个人道德选择能力、道德实践能力的矛盾；解决自身受消极、错误、腐朽职业道德因素影响而形成的低下的道德品质和先进的道德品质之间的矛盾。

（二）选择性

职业道德修养本质上是一种自我改造、自我陶冶、自我解剖的活动，通过对自己内心世界及行为的反省、检查，吐故纳新，以培养新的职业道德情感和职业道德信念。每个人的职业道德状况都是不一样的，修养的内容、侧重点、方法、目标等都有所不同，没有统一固定、千篇一律的模式，需要每个人根据自身的不同情况做出选择。

（三）他律性

他律性一方面包括社会、家庭、学校对从业者有计划、有组织地施加系统的职业道德影响，以使其按国家、社会提倡的职业道德规范从业；另一方面，也包括社会舆论、家庭成员、工作同仁对从业者在职业活动中职业行为的评价，使其按照舆论认可的职业道德规范约束自己的言行。他律是职业道德修养的必经阶段，也是低级的、不完善的阶段。要达到高层次、高境界的职业道德修养水平，主要还要靠自律。

（四）自律性

自律性或自觉性,是职业道德修养的重要特征。职业道德修养主体所开展的自我学习、自我改造、自我修正、自我锻炼、自我反省等心理活动和实践活动,主要的不是胁迫于某种外在力量的强制,而是由自己内在道德需要所启动的自主、自觉、自为、自愿的行为。

这种改造自我主观世界的活动有两个特点，一是自身要有强烈的修养愿望和明确的自身修养目标；二是在使命感和责任感的支配下，要有坚强的意志力。修养者自身的自觉性、主动性、积极性、恒心和毅力等主观因素具有决定性的意义。只有这种强烈持久的自律，职业道德义务才能内化成职业道德良心、情感、信念，达到较高境界。

（五）实践性

道德本身具有实践性，职业道德也不例外，修养本身更是如此。职业道德意识的修养，实际上是从业者的思想活动，以大脑为物质载体，以职业实践为思考内容和对象。没有人类生产实践活动，没有劳动的社会分工，职业道德就不会产生，更谈不上职业道德修养。职业行为修养本身就是职业道德修养的一项重要内容，而行为本身就是实践活动。没有参加职业实践的个体，不论有多么美好的愿望和惊人的接受能力，职业道德的规范和内容都无从做起，都无法把该职业道德规范用于自身。总之，离开职业实践，就没有职业道德，更没有职业道德修养可言，实践是职业道德修养的关键。

[阅读案例]

“我的从业经历”
——一位成功者的自述

大学毕业时，同学们都在为分配一个好单位而四处托人走关系，我没有，因为我相信，凭着自己对事业、对社会的赤诚之心，我会在社会上找到自己的位置的。我决定去深圳，在我的心目中，那是一片机会的土地。

我在一家私营贸易公司找到了一份差事。初来乍到，人生地疏，再加上我原本内向的性格，使我在最初的一段时间里显得拘谨而木讷。3个月的试用期结束时，部门经理给我的评语是：“她连话都很少讲，留下也没多大用处。”

“这样的人留下也没多大害处。”老板开玩笑似的说：“再加试两个月吧。”老板是香港老太太，又矮又胖，脾气暴躁，不过她那天情绪不错。就这样，我在那家公司留了下来。

随后不久，公司派业务部的6个人去生产厂家验收货物。干了不一会儿，整个厂区突然停电，全封闭的仓库变成蒸笼，其他5个人返回公司后再没有回来。我一个人用了整整一天的时间，按每箱抽查3件的比例查完了200箱货物。电梯不能用，我以每箱1元的价格在楼下请了几个在树荫下乘凉的民工，将200箱货搬下楼，整齐地码放在路边，赶在晚班工作人员下班前把货顺利拉回了公司，这批货第二天发往德国。我当时的理解是：船期是订好的，不会因为停电而变动，再则，公司要的是工作结果，而不是要听你滔滔不绝地解释没有完工的理由。

月底，老板在审批报销单据时，知道了此事。大家都说我未经批准，私自支出搬运费用，严重违反了公司规定。老板当时没说什么，下午通知人事部，要我从第二天起在公司的每个部门都见习两个月。公司总共7个部门，一年多一点的时间下来，我由一个差一点没通过试用期的人，一下子升为业务部经理，这是全公司最重要的一个部门。

我有权力支配部门所有的费用，这在前几任部门经理中从未有过。并且在公司的报账程序上，我负责的报销单据可以免去老板签字。但我绝对做到了没有一分乱账，我觉得这不仅仅是钱的问题。在这个经理频频更换的部门，我一干就是3年，是历任经理中干得最久的一个，也是权力最大的一个。“权力大过老板”，同事们常开玩笑说。有时向老板请求一些重大事情时，那个坏脾气的老太太也会笑着说：“你自己决定啦，你的权力大过我。”

我现在逐渐体会到，作为老板是多么希望自己的员工不只用手做事，同时还用脑、用心、用责任感、用敬业精神来工作。这几年我之所以没有太多失败，恐怕正是因为我意识到了这一点，并按这一点做了的缘故吧。

五、职业道德修养的目标

职业道德修养的目标在于，通过从业人员把职业道德的核心内容和基本规范内化为自己的需要，提高职业道德认识，培养职业道德情感，形成职业道德信念，调节职业道德行为，培养职业道德习惯，从而树立高尚的职业道德品质，塑造理想的职业道德人格，实现理想的职业道德境界。

社会主义职业道德修养的总目标是成为有理想、有道德、有文化、有纪律的社会主义劳动者，具体目标如下。

（一）有职业理想

职业理想是对符合自身条件和心理愿望的职业工作的种类及所要达到的成就的追求和向往。它是随着人生观的确立而经过漫长岁月逐渐形成的，受诸多因素的影响，由自身、时代、知识、家庭、经历等因素决定，是从业者个人的工作积极性和创造性的基础。

革命导师马克思的职业理想值得青年职工学习。1835 年，17 岁的马克思在《青年在选择职业时的考虑》一文中写到："如果我们选择了最能为人类福利而劳动的职业，那么，重担就不能把我们压倒，因为这是为大家而献身，那时我们所感到的就不是可怜的、有限的、自私的乐趣。我们的幸福将属于千千万万的人，我们的事业将默默地，但是永恒发挥作用地存在下去，而面对我们的骨灰，高尚的人们将洒下热泪。"

社会主义社会为人们选择和实现高尚而有价值的职业理想提供了充分的制度和思想保障。人们的职业和工作虽然千差万别，但只要能够满足人们物质和文化的需要，就都是有价值的、光荣的职业，都会受到社会的承认和人民的尊敬。用刘少奇的话来说就是："当国家主席是为人民服务，当掏粪工人也是为人民服务，这只是分工不同，没有高低贵贱之分！"只要人们的职业理想能达到这个境界，选择职业时就不会挑肥拣瘦，就业上岗后也不会这山望着那山高，不安心工作。

（二）具备本职工作必需的知识和技能

具有良好职业道德修养的人一定是勤奋钻研业务工作，并具备本职岗位所必需的知识、技能，能胜任本职工作的人。这些知识和技能包括基本的思想品德素质、基本的文化素质和职业技能素质。

（三）在胜任本职工作的基础上精益求精、不断创新

通过进一步的学习和研究，在基础知识方面向纵深发展，在职业技能方面向高科技发展，不断地学习新知识，接受新观念，探索新问题，进行新实践，有发明、有创新，为节能、环保作贡献。

第三节　加强职业道德修养的途径和方法

一、深入学习马列主义、毛泽东思想、邓小平理论和"三个代表"重要思想，树立科学的世界观和方法论

马列主义、毛泽东思想、邓小平理论和"三个代表"重要思想是我党的指导思想，也

是加强职业道德修养的思想理论基础。只有深入学习，掌握其精神实质，才能树立科学的世界观、人生观和价值观，为加强职业道德修养提供正确的立场、观点和方法。

马列主义、毛泽东思想、邓小平理论和“三个代表”重要思想，是科学的理论体系，具有巨大的理论指导意义和旺盛的生命力。在马克思主义产生之前，有不少资产阶级的思想家都试图从不同的角度来解释自然界、人类社会和思维领域的内在规律，但没有一个人能解释清楚。曾有不少空想者试图改变资本主义制度，但没有一个成功者。马克思主义的诞生，不仅为无产阶级和劳动人民提供了认识世界的科学方法论，而且也提供了改造世界的思想武器。有了马克思主义，世界无产阶级革命的面貌就焕然一新了。列宁主义、毛泽东思想是马克思主义在不同历史时期、不同国家的发展阶段，都成功地指导了革命的胜利。而邓小平理论更是马克思主义在当代中国发展的新阶段、新境界，它初步解决了“什么是社会主义”、“怎样建设社会主义”、“怎样坚持社会主义”等一系列基本问题，指导了经济文化相对落后的中国改革开放和社会主义现代化建设事业的巨大成功。“三个代表”重要思想，是马列主义的基本原理和中国共产党的建设实践相结合的产物，回答了在现阶段中国应该建设什么样的党和怎样建设党等重大问题，是新时期党的建设的指导性纲领。马列主义、毛泽东思想、邓小平理论和“三个代表”重要思想是科学的、成熟的理论，是一笔巨大而宝贵的精神财富。一个民族、一个国家，没有理论思维是不行的。一个民族要想始终站在时代的高峰和前列，更不能没有理论思维。正因为如此，党的十六大决定，将马列主义、毛泽东思想、邓小平理论和“三个代表”重要思想一并写入党章，作为党的指导思想。

马列主义、毛泽东思想、邓小平理论和“三个代表”重要思想理论中贯穿的马克思主义立场、观点和方法是经过实践检验的科学的世界观和方法论，它为人们提供了一个观察、分析和解决问题尤其是社会问题的科学参照系，一个客观的标准。以什么为参照系，参照系选得对不对，会使人对同一个事物得出迥然相反的结论。比如在自然界，如果以地球为参照系，会得出地球围绕太阳转的结论；如果以整个银河系为参照系，会得到太阳除了自转外，还围绕银河系中心转的结论。

在社会领域，有许多问题需要有正确的参照系来界定和判断，如顺境与逆境，苦与乐，理想与现实，理论与实践，义与利，德与才，奉献与索取，个人与集体，改革、发展与稳定，继承与创新，民主与集中，公平与效率，富裕与贫穷，先富与后富，个人致富与共同致富，整体与局部，眼前利益与长远利益，物质文明与精神文明，一元与多元，主与次，轻与重，缓与急，等等。如果我们以自己狭隘、片面的生活经验为参照系，就容易用“放大镜”来看待一些社会消极现象和人生挫折，会把局部、个别扩大成整体和一般；如果我们以社会的整体及社会发展的历程为参照系，就会看清这些社会消极现象和人生挫折的局部性和暂时性，就会对人生和社会诸问题形成正确的观点，找出正确的解决方法。马列主义、毛泽东思想、邓小平理论和“三个代表”重要思想，就是一种让我们透过纷繁复杂的社会现象抓住事物本质的科学的参照系。

学习马列主义、毛泽东思想、邓小平理论和“三个代表”重要思想，是时代发展的需要。在改革开放和发展社会主义市场经济的新形势下，新的社会矛盾、社会问题日益增多；人们的价值观念日益多样化，一些错误的思想观念有所蔓延。从国际上看，苏联东欧剧变以后，社会主义目前正处于世界性的低谷，改革和发展有成就，也有困难和问题；西方敌对势力对我“分化”、“西化”的图谋一刻也没有停止过，而且常常以“民主”、“自由”、“人权”等美妙动听的字眼出现，混淆视听。这些必然会对人们，尤其是青年同志们带来种种思想认识上的混乱和偏差。要想使明天的中国继续沿着有中国特色的社会主义道路前进，就必须使我们的人民，尤其是青年职工真正掌握指导我们各项事业的理论基础——马列主义、毛泽东思想、邓小平理论和“三个代表”重要思想。建设行业的干部和职工要想成为社会主义现代化建设事业的合格建设者和接班人，也必须有科学的理论思维，而马列主义、毛泽东思想、邓小平理论和“三个代表”重要思想就是科学的理论思维的基本来源。

学习马列主义、毛泽东思想、邓小平理论和“三个代表”重要思想与学习各门专业知识并不矛盾，二者具有内在联系。每个干部和职工都有自己的专业，每位同志当然应该学好自己的专业，因为具备了专业技术，才有可能成为合格的社会主义建设者。但是，仅有专业技术知识还是不够的。在一定意义上说，学好专业知识是学本领，而学马列主义、毛泽东思想、邓小平理论和“三个代表”重要思想则是解决“本领为谁服务”、“怎样服务”等根本性问题。没有本领是万万不能的，但仅有本领也不是万能的；政治素质和理论思维不是万能的，不可能包打天下，但没有政治素质和理论思维就等于一个人没有了灵魂和头脑，当然也是万万不能的。更何况，学好马列主义、毛泽东思想、邓小平理论和“三个代表”重要思想与学好专业知识是有关系的，并不是对立的。尤其是贯穿在马列主义、毛泽东思想、邓小平理论和“三个代表”重要思想中的马克思主义立场、观点和方法，对各门具体学科都有普遍的指导意义。各门具体学科研究的是某一具体领域的规律，而马列主义、毛泽东思想、邓小平理论和“三个代表”重要思想，尤其是马克思主义哲学，则是从整体来研究世界的。前者是局部，后者是整体；前者是具体，后者是一般。研究局部和具体，就必须把握整体和一般，二者关系相当密切。要想成为一名优秀的专业人才，就必须在努力学习专业知识的同时，努力学习马列主义、毛泽东思想、邓小平理论和“三个代表”重要思想。

爱因斯坦临终前写了一份遗书，题目叫《致五千年后人类的信》。信的内容是什么，没有公开，于是就有人写了一份《模拟爱因斯坦的遗书》，其中有这样一段话发人深思：“你这普罗米修斯一族，只顾得从我这里窃取火种给人类，为什么不去想一想、看一看人获取火之后，都干了些什么？别的账你都可以赖掉，有一笔账你必须认下：投在长崎、广岛那两颗原子弹，就是你主持设计、制造的，这场火，放火的是人，烧死的也是人！死神也会问：你只顾提供人类战胜自然的智能、手段，为什么在人类有了这些本事之后，被我收容的人却越来越多？”因而，“只关心世界的物质秩序不行，还必须关心人类活动的精神秩序”。

自然科学解决的是世界的物质秩序问题。一个社会要协调发展，既不能没有自然科学，也不能没有社会科学。再引申一步，科学无国界，科学家有祖国；科学本身无阶级性，但科学为谁服务是有阶级性的。科学无国界，无阶级性，不管是哪国的，只要是先进的，符合规律的，我们都要吸收和借鉴，要掌握。但是掌握这些科学技术为谁服务呢？作为当代建设行业的专业技术人员和管理人员、施工人员等，当然要为生我们养我们的祖国服务，为社会主义建设服务，为人类正义事业、进步事业服务。要解决前者，就要学习科学知识；要解决为谁服务的问题，就需要马克思主义理论的指导。

学理论，重点是学立场、观点和方法，马克思主义的立场、观点、方法可以大致概括如下。

所谓立场，即人或社会集团看待事物的出发点。立场与利益紧密相联，无论是自觉的，还是不自觉的，每个人、每个社会集团、每种理论观点，实际上都代表着一定阶级或个体的利益，形成不同的立场。马克思主义立场，代表的是人类最大多数人的根本利益，是无产阶级和被压迫人民的利益，代表着社会的进步和正义，而不是代表着任何个人或任何党派的利益。

所谓观点，即对事物的看法。马克思主义的观点，即人们运用马克思主义基本理论观察分析事物得出的基本认识。马克思主义观点，反映在哲学、政治经济学、科学社会主义理论的各个方面。马克思主义的观点和马克思个人的观点是既相联系，又相区别的两个概念。马克思个人的某些观点，随着时代的发展已经过时了，但马克思主义观点则包括后人的发展和完善，是不会过时的。

马克思主义的方法，是马克思主义分析、研究现实问题所体现出来的方法论的形式，它可以分为很多层次，至少有三个层次：

(1) 马克思主义哲学层次上的方法。马克思主义的基本立场和哲学观点在用来分析和解决具体问题时，实际上就已转化成一种方法，即人们常说的世界观转化成方法论，如阶级分析法，矛盾分析法，辩证法、认识论和逻辑学相一致、相结合的方法，等等。

(2) 一般科学方法论。即对各门学科都有指导意义的一般方法，如逻辑学（归纳和演绎、分析和综合、抽象和具体等）、数学方法、定量和定性相结合的方法、模拟方法、实验方法、假说等。

(3) 各门具体学科的方法论。如政治经济学方法论、思想政治教育方法论、心理学方法论、物理学方法论等，其中又可细化为更具体的方法论。

对待理论学习，应该做到以下几点：第一，要认识到位，不要认为马列主义、毛泽东思想、邓小平理论和“三个代表”重要思想都是“大道理”、“空理论”，学不学都可以做好自己的具体工作。第二，要端正态度，纯洁动机，反对学理论为装潢门面、捞取政治资本等实用主义态度。第三，反对事务主义，保证学习时间。不管再忙，每天都要抽出一定时间来学习，只要真重视，就能挤出时间。那些借口没时间的人，实际上是态度问题、认识问题。第四，反对形式主义，讲求理论学习的实效。不要满足于读了多少篇原著文章，写了多少篇笔记，制定了多少个学习计划，有多少人参加学习等。不要满足于热热闹闹、轰轰烈烈，不要把心思都花在摆花架子上，要扎扎实实，一步一个脚印。第五，提倡坐冷板凳精神，反对懒汉作风。学习是独立的、艰苦复杂的脑力劳动，不要怕吃苦，要能坐得住。如果只满足于听听辅导，看看录像，参加有关的培训班、例行的学习活动不缺席，满足于吃别人嚼过的馒头，倒是挺轻松，但印象不深，收获也不会很大。务必要硬着头皮钻进去，实实在在地下一番研读原著、独立思考的工夫。没有“昨夜西风凋碧树，独上高楼，望尽天涯路”的坐冷板凳精神，没有“衣带渐宽终不悔，为伊消得人憔悴”的钻劲、韧劲、吃苦劲，就不会有“众里寻他千百度，蓦然回首，那人却在灯火阑珊处”的灵感和收获。

有的同志认为，学习理论很重要，但没有兴趣。如何培养学习马列主义、毛泽东思想、邓小平理论和“三个代表”重要思想的兴趣？

学习兴趣，是力求探索、研究事物并带有强烈情绪色彩的认识倾向。学习兴趣是影响学习活动效率的一个重要心理因素。早在两千多年前，大教育家孔子就说过：“知之者，不如好知者；好知者，不如乐知者”。北宋的司马光也说过：“学不致于乐，不可谓之学”。日本教育家本村久一说：“天才就是强烈的兴趣和顽强的入迷”。可见，学习兴趣的重要性早已被古今中外的教育家们所重视。

学习兴趣可大致分为两个层次，一是直接的兴趣，二是间接的兴趣。直接兴趣是指对学习内容直接产生强烈兴趣，如好奇心、求知欲、求知热情等。间接兴趣是指由于认识到学习内容对社会或个人具有某种功利性意义而产生的兴趣。相比之下，直接兴趣产生得快，情感因素多，较为肤浅，也不一定会持久可靠；间接兴趣产生得慢，但理性因素较多，较为深刻和持久。

马列主义、毛泽东思想、邓小平理论和“三个代表”重要思想，博大精深，抽象性强，时代性强，当然不像文学作品那样好读、好看，自然很难引起人们的直接兴趣。但它们凝聚着全世界伟人领袖们对世界无产阶级和被压迫人民，以及对中华民族的现实和未来命运的深刻思考，闪烁着科学和理性的光辉，紧扣不同时代的脉搏，凝聚着不同时期、不同肤色、不同国家共产党人的智慧，指引着国际共产主义运动的方向，大可以用来治国平天下，安邦定国，小可以指引人生道路，少走弯路。它是人类最先进的文化成果，是武装被压迫人民头脑、推动社会进步、昭示人类命运的黄钟大吕，而非供古今中外的剥削阶级和无聊庸俗的人们茶余饭后消遣的低级小调。只要我们能从一定的高度来看待马列主义、毛泽东思想、邓小平理论和“三个代表”重要思想学习，就会认识到它的价值，就会产生兴趣。

另外，学习兴趣不是绝对的，而是在学习活动过程中产生和发展起来的。在学习过程中，不仅对所学的对象有着深刻的了解和认识，对学习它的意义有着深刻的认识，而且由于经常地、不断地接触、学习，就容易对它产生情感。接触得越多，就越有情感，越有兴趣。对马列主义、毛泽东思想、邓小平理论和“三个代表”重要思想，自然也是要在强迫自己学习的过程中培养兴趣的。有不少同志，片面强调自己不感兴趣，实际上是因为你没有深入进去，没有尝到甜头所致。

提高思想政治素质、加强职业道德修养是一个长期的、复杂的过程，仅有理论水平是不够的，还要有主观能动性、实践等环节。但是，不学马列主义、毛泽东思想、邓小平理论和“三个代表”重要思想，思想政治素质很难真正提高。我们不否认有些理论水平不很高甚至是文盲的人，其思想政治素质也挺好。这里面有两点值得一提，一是生活阅历和社会经验很丰富，吃过苦头，走过弯路；二是在生活中也接受了不同形式的理论教育，只不过不很正规和系统罢了。这种思想政治素质的“好”带有朴素性、情感性、肤浅性。比如从旧社会过来的人对新中国有感情，政治觉悟高，就属这种类型。但是，真正提高思想政治素质，还不能满足于这个层次，而应该从理论上真正弄明白，达到情感和理性的统一。

总之，改造主观世界是一个长期、艰苦的过程，是一个人知行统一的过程。加强理论学习，尚不一定就能提高自己的思想政治素质，不学理论，那就更难提高自己的思想政治素质了。

[阅读案例]

雪域高原的“马班邮路”投递员

在2006年2月9日中央电视台“感动中国”2005年度人物颁奖典礼上，有一位嘉宾貌不惊人，职业也极其平凡，但他的出场却赢得了现场观众长久的掌声，他就是四川省凉山彝族自治州木里藏族自治县马班邮路乡邮员王顺友。

王顺友所在的木里藏族自治县处在青藏高原南缘，横断山脉中段，境内到处是大山，全县面积一万三千四百多平方公里，人口却只有12万多一点，许多地方至今都是无人区，交通极其不便。今年41岁的王顺友是在22年前接过父亲手中的缰绳成为马班邮路乡邮员的。王顺友以前跑两条线路，来回500多公里，1999年，领导照顾他，只让他跑木里县城至保波乡一条邮路，这条路来回360多公里，牵着骡子跑一趟需要14天，其中有6天必须在荒无人烟的大山里过夜。为了对付一个人宿营的孤独和恐惧，王顺友学会了喝酒和自编自唱山歌。做乡邮员这么多年，王顺友每年投递报纸杂志4000多份，函件、包裹2000多件，却从来没有丢失过一件，投递准确率100%。除了本职工作，他利用工作之便给老百姓做的好事，比如买种子、带盐巴之类，数不胜数。

西昌学院学生海旭燕永远忘不了一件事。2001年8月，木里县连下十几天大雨，山体大量滑坡，县城至白碉的道路被洪水糟蹋得不成样子。一个风雨交加的傍晚，海旭燕家的狗叫起来。海旭燕开门一看：雨里站着一个人，没穿雨衣，膝盖以下都是黄泥浆，旁边的骡子背上倒是蒙着雨布。王顺友说的第一句话是：“你的通知书来了。”海旭燕感动得都说不出话，她没想到在这样的情况下还能拿到通知书，更没想到通知书居然干干净净！原来，王顺友不是没穿雨衣，而是用雨衣盖邮包了。海旭燕请他躲躲雨，王顺友谢绝了，转身就走向漫漫邮路。王顺友本来可以不送这一班邮件。然而，当他看到邮件中有一封录取通知书，就坐不住了，顶风冒雨赶了一天一夜的山路到了海旭燕家，在天气好的时候，这段路都要走两天两夜。

生活长着明察秋毫的眼睛，王顺友为社会付出了这么多，社会也给予了他崇高的荣誉，经过层层推荐，他成为“四川省劳动模范”、“邮政劳动模范”、“全国劳动模范”、全国“五一”劳动奖章获得者。2005年，他被邀请到万国邮联作演讲，是万国邮联1874年成立以来邀请的第一个最基层、最普通的乡邮员。他18分钟的演讲得到了各国代表的普遍好评，许多人当场流下了感动的泪水。万国邮政经营理事会主席、美国邮政国际业务副总裁詹姆斯·魏德甚至告诉王顺友：他在退休后，准备和王顺友走一趟马班邮路。

王顺友的文化程度只有小学三年级，说不出什么豪言壮语，更没有想到他一个普通的邮递员会成为名人，他只是从不看轻自己。他经常说的一句话是：咱不是一般的企业，是国家邮政，代表的是政府。因为不看轻自己，他二十年如一日坚守着乡邮员这个普通的岗位；因为不看轻自己，他把邮递事业看成民心工程，精心呵护自己作为一个“政府人”的形象，终于使自己的工作得到广泛的认可。

世界上绝大多数职业都是平凡的，只要不看轻自己，我们就可以做出被人仰望的成就。

二、理论联系实际，树立正确的理想信念观、人生观、价值观、权力观、荣辱观

（一）树立正确的理想信念观

理想信念是人的精神支柱，也是人奋发向上、开拓进取、克服困难、实现人生价值的精神动力。不同的理想信念决定着每个人不同的人生追求和思想境界。每个从业人员都在中国共产党领导下，从事社会主义建设。中国共产党的最终目标是实现共产主义远大理想，在现阶段，党的目标是建设有中国特色的社会主义，这就决定了每个从业人员必须与党保持一致，把马克思主义作为自己的根本政治信仰，牢固树立共产主义理想和社会主义信念。

毋庸讳言，现在有些人已经被西方宣传所腐蚀，理想信念开始淡化、模糊，甚至动摇。有的看到西方国家物质丰富，生活条件很好，就认为资本主义比社会主义好，我们也应实行资本主义。另外，我国目前正处于改革的攻坚阶段和发展的关键时期。改革与发展过程中一些深层次的矛盾和问题逐步显露，有的还会以比较激烈的方式表现出来，对此，一些人陷入困惑，对非公有制经济比重上升接受不了，从自身的“感受”和“体验”出发，认为我们似乎开始了一个私有化的过程，对允许一部分人先富起来的政策不理解，以为共同富裕目标难以实现，同时看到腐败案件逐渐增多，并且职务越来越高，金额越来越大，由几万、十几万到成百上千万，一些人在愤懑的情绪支配下，对社会主义、对我们党失去信心，对共产主义理想信念也失去了信心。有的革命意志衰退，思想空虚，沉湎于花天酒地，或到封建迷信和其他消极行为中去寻求精神寄托；有的私欲膨胀，在拜金主义面前随波逐流，甚至利用职权攫取国家资产，为自己留所谓的后路。河北省国税局原局长李真在他的《心灵的忏悔》中说：“更可怕的是对共产党的理想信念产生了动摇。错认为这是党内的机体腐化，任何个人力量都无法扭转乾坤，共产党完了，与其一旦江山易手，自己万物皆空，不如权力在握时及早做些经济准备，如真有不测也防万无一失。现在深思，如党内同志都似我所想，那真要亡党亡国，但每一位共产党人都能洁身自爱，伸张正义，为共产主义事业而努力奋斗的话，我们党的事业也一定能繁荣昌盛。当听专案组领导坚决而果断地讲到：‘河北大案无论涉及到谁，牵连到什么人，都要坚决地一查到底，这就是党中央的态度’时，说句心声，连我本人也通过如此坚定地查处此案，又再次产生了坚定的理想和信念。深信我们的党是伟大、光荣、正确的党，是无往而不胜的，对党的未来充满了无限的希望和信心。”

某省计经委一个公司经理，在不长的时间里贪污200多万元，他在反思犯罪的思想动机时说：“我错误地认为，社会主义还能搞下去吗？共产党天下还能坐多久？但不管谁的天下，只要有了钱，日子都好过，天再变也站得住。”其实像他这种想法的人何止一个，成克杰、胡长清、胡建学、李真等腐败犯罪分子，哪一个不是因世界观发生了问题，对社会主义失去信心，为了给自己留“后路”而走上了“绝路”？

在江苏省省委宣传部对全省党员队伍进行的调查中发现，大多数党员坚信社会主义一定能够战胜资本主义，但是也有相当数量的党员并不相信这一条，而是对此产生了质疑。一些党员认为，现在搞市场经济，应多挣票子，少谈“主义”；有的认为“共产主义太遥

远，不想远的，不干空的，只要实的”；有的甚至认为“社会主义理论好，资本主义实践好；社会主义制度好，资本主义生活好；社会主义未来好，资本主义现在好”。有个省委党校对 300 多名领导干部学员和部分理论教师进行问卷调查，发现对“有中国特色社会主义必然战胜资本主义”持怀疑态度的，认为“经济私有化、政治自由化的西方模式可以在中国也不妨试一试”的，认为“人活着就是为了吃好、玩好、穿好”和“金钱、名利、权位是人生价值”的也不是极少数。

人无远虑，必有近忧，理想、信念没有了，就像高楼大厦的地基塌陷了一样，必然房倒屋塌。作为一名从业人员也是一样，若没有坚定的理想信念，也就没有了精神支柱，在精神空虚的情况下，任何歪门邪道的东西都会乘虚而人，就会被各种“糖衣炮弹”所击中、打倒，近几年查处的一些大案要案，充分说明了这个问题，涉案官员在悔改书中，在讲犯罪原因时，无一不提到是由于放松了世界观的改造，丧失了共产主义理想信念，这是多么沉痛的教训啊。

（二）树立正确的人生观

人生观,即对人生的总的看法和根本观点。对人生目的——人究竟为什么而活着,尽管每个人都在考虑,却不见得理解得都很正确。人生目的的不同,会导致不同的人生。因此，人生目的是人生的根本问题,是每一个从业人员都必须正确认识、认真解决的大问题。

在现实生活中，许多人对自己的人生目的并不十分清楚，有的受到种种错误观念的引导，产生了享乐主义、实用主义、虚无主义等错误的人生观。

持享乐主义人生观的人真能快乐吗？不见得。德国著名思想家、诗人歌德，青年时候就开始研究人生如何获得快乐和幸福这个问题。他用艺术的形式表现了自己的研究成果，这就是长篇诗剧《浮士德》。这部享誉世界的名著，是他 25 岁动笔，直到 82 岁高龄逝世前，毕其一生精力才完成的。作品描写学识渊博的老博士浮士德为了获得快乐，同天上降下来的恶魔打赌，由恶魔作浮士德的仆人，帮助浮士德得到满足和幸福；一旦浮士德感到满足和幸福，他的使命便告终结，灵魂将成为恶魔的奴隶。恶魔用魔法帮助浮士德恢复了青春。引诱他与少妇格蕾辛恋爱并结合，人世的男欢女爱没能使浮士德满足；恶魔又带浮士德参加魔女狂欢会，享受阿尔卑斯山幽美的自然美景，依然未达到目的；然后，恶魔让浮士德在罗马帝国的皇宫做了大官，皇帝对浮士德虽然宠信有加，但他并不感到幸福；恶魔又帮助浮士德与希腊传说中的美女海伦结合，并且生了一个儿子，仍未使浮士德满足。最后，应浮士德的要求，恶魔帮助浮士德领导人民围海造田，在改造自然的奋斗中，浮士德终于感到人生真正的乐趣。这部世界名著以文学语言警示世人：物质享受不能带来快乐和幸福，真正的快乐和幸福在于不断的奋斗创造之中。

为什么仅有物质需要的满足不能使人幸福？因为人的需求是多方面的。现代人本心理学认为，人的需要有层次结构，生理需要是最低级、最基本的需要，创造潜能的发挥是人的最高需要，是人生追求的最高目的，创造潜能的发挥本身就是奖赏，它是一种高峰体验，是一种极度快乐状态（《人的潜能价值》，华夏出版社 1987 年 5 月出版，第 4 页）。人本心理学人物马斯洛指出：我们发现，基本需要满足之后，倒是有可能产生厌倦、无目的、无法无天的后果。

在社会主义社会，科学人生观是不断追求、奋斗、创造的人生观。其最终目标同广大人民群众的利益相联系，同社会发展方向相联系。马克思主义者也讲享乐，但同享乐主义的享乐有着本质的不同。第一，马克思主义讲的享乐，是不断满足人民群众日益增长的物质文化生活需要，是在不断提高人民群众物质文化生活水平的基础上，不断提高个人的物质生活水平，是个人利益、集体利益、社会整体利益的协调发展。享乐主义者是不顾人民群众的物质文化生活的需要，甚至不管群众的死活，一味追求个人的生活享受。第二，马克思主义讲的享乐，是在为社会作出贡献的前提下，在个人劳动所得的基础上，满足和提高个人的生活水平，这是正当的。而享乐主义的享乐，是损人利己、不劳而获的享乐。第三，马克思主义者的享乐是物质文明和精神文明的协调发展，而享乐主义者的享乐只重视物质需要的满足和感官刺激的满足，是低层次的享乐。

实用主义的人生观把“方便”、“实用”作为人生处事的原则和信条，认为人生的目的只服从于个人的主观意志和愿望，生活的意义只按照这种行动所带来的好处的多少来评价。一事当前，先替自己打算，必须有利可图，否则绝对不肯干，哪怕只是举手之劳，也绝不可为。

虚无主义人生观认为，整个世界是一片苦海，生活既无目的，又无意义，只有死亡才是摆脱痛苦的途径。虚无主义的人生观认为人生是痛苦的，尤其在遇到挫折时看不到希望，甚至有的认为世界已到了末日，人类即将毁灭，如“法轮功”邪教组织就是靠此蛊惑人心，使人胸无大志、消极颓废、虚度人生、碌碌无为，甚至悲观失望、逃避现实，抑或遁入空门，抑或自杀轻生。

上述人生目的形式不同，但是，它们有着共同的本质，就是自私自利的利己主义。错误的人生观具有极大的危害性，它能影响个人成长，把人引向歧途，害人害己，阻碍和破坏社会进步。我们应深刻认识错误人生观的实质和危害，排除其消极影响，树立正确的人生目的——为人民服务的人生观。

在社会主义现代化建设的新时期，为人民服务可以分为三个层次：一是无私奉献地为人民服务，也就是全心全意为人民服务。这是为人民服务的最高层次。这是共产党员、社会先进分子应当努力达到的。二是先公后私地为人民服务。这个层次的人把人民的利益看得高于自己的利益，在不损害人民利益的前提下，谋求自己正当的个人利益，这是为人民服务的第二个层次，是工人、农民、知识分子应努力达到的。三是公私兼顾的为人民服务。在为人民服务的过程中，获得正当的个人利益。遵纪守法、诚实劳动、工作勤恳、忠于职守、与人为善、互相帮助。这是其他一切劳动者、爱国者和从业人员都应做到的。随着社会主义的发展，全心全意为人民服务的人会越来越多。建设行业的广大干部职工应该自觉抵制各种错误、消极的人生观，使为人民服务的人生观在自己头脑中扎根，在行动中开花结果。

[阅读案例]

徐虎：辛苦我一人，方便千万家

辛苦我一人，方便千万家。

你不奉献我不奉献谁来奉献，你也索取我也索取向谁索取？

——徐虎

全国劳动模范、共产党员徐虎，在水电修理工的平凡岗位上，长期积极主动地为居民排忧解难，用“辛苦我一人，方便千万家”的精神，谱写了一曲新时代的雷锋之歌。

作为上海普陀区中山北路房管所的水电修理工，徐虎发现居民下班以后正是用水用电高峰，也是故障高发时间，而水电修理工也已下班休息这一问题，于1985年在他管辖的地区率先挂出三只醒目的“水电急修特约报修箱”，每天晚上7时准时开箱，并立即投入修理。

从此，晚上7时，成了徐虎生活中最重要的一个时间概念。1985年至1995年10多年来，不管刮风下雨、冰冻严寒，还是烈日炎炎或节假日，徐虎总会准时背上工具包，骑上他的那辆旧自行车，直奔这三个报修箱，然后按着报修单上的地址，走了一家又一家。

10多年中，他从未对他的用户失信过。十年辛苦不寻常，徐虎累计开箱服务3700多天，共花费7400多个小时，为居民解决夜间水电急修项目2100多个，他被群众誉为“晚上7点钟的太阳”。

徐虎爱岗敬业，十年如一日义务为居民服务，在平凡的工作中做出不平凡的成绩。他两次被授予“全国劳动模范”称号，被上海市委、市政府评为“上海市十大先进标兵”。

1975年，徐虎从郊区农村来到上海城里，当上了房修水电工，担负起管区内6000多户居民的水电维修、房屋养护工作。徐虎的父亲是工人，母亲是菜农，过去的家境并不宽裕。徐虎读书时，一直都靠学校发给的助学金维持学业。因此，父母经常教育徐虎，不要忘了党和政府的关怀。干房修水电这一行，虽然脏一些、累一些，总还是个技术活。“身有一技之长，不怕家中断粮”。徐虎记着父亲的话：“阿拉是普通工人出身，干一行就要干好一行。”

话是这么说，可是，当徐虎第一次去居民家修阻塞的抽水马桶时，还是傻了眼：粪便、草纸、污水淌了一地。别说干活，连立脚的地方都没有。但是，看看居民焦急的样子，想想自己干的就是这一行，也只好硬着头皮上。徐虎忙着干活，居民在边上忙着端茶、敬烟。马桶修好了，居民连声道谢。事后，还特地给房管所写了感谢信。这件事给徐虎留下了深刻的印象。他想，自己干的只是分内的工作，居民就这么感激，真的应该尽心尽力做好。从此，只要一有空，徐虎总是认真学习房修水电技术。碰到居民报修，徐虎一喊就到，及时解决。碰到难做的活儿，徐虎千方百计做到居民满意。每次修理完毕，徐虎都主动做好清洁工作；对居民的酬谢，他笑着谢绝；碰上挑剔的居民，还要耐心说服。一来二去，徐虎和居民们的关系从生疏变得熟悉、融洽了。从居民的欢笑声、赞扬声中，徐虎体验到了人生的欢乐、工作的价值。再脏、再累，心里也是高兴的。

一个大热天的上午，一位中年妇女急匆匆地赶来报修。一进门就嚷嚷开了。原来，头天晚上6点多钟，这户居民家的楼面上突然断电。3户居民家里的电扇、冰箱全都不能用。孩子点蜡烛复习迎考。白天上班没空报修，晚上报修又找不到人。她说：“今天特地请事假出来报修，请你们无论如何要帮忙修好。”徐虎以前也碰到过类似情况。但是，那时总认为，维修工能做到“你来报，我去修”，并且保证维修质量，已经很不容易了。可是这次，徐虎却心头一震。他想，修修电线，捅捅马桶，对自己来说是举手之劳，对居民却是关系到正常生活的大问题。如果能在当天及时为居民们解决水电急修的困难，就可以给群众生活带来许多方便。徐虎从警民联系箱得到启发，萌生了业余时间为居民挂箱服务的念头。他把这一想法告诉了同在房管部门工作的妻子侯梅英。并得到了她的理解和支持。房管所所长徐裕鑫也热情地鼓励徐虎保持荣誉，更好地为居民服务。1985年6月23日是个星期天，徐虎在房管所以及区精神文明建设办公室领导的陪同下，来到光新二村、石泉路75弄和石泉六村，挂上了3只“夜间水电急修特约服务箱”，上面写着“凡属本地段的公房住户如有夜间水电急修，请写纸条投入箱内。本人热忱为您服务，每天开箱时间晚上7点。中山房管所徐虎”。打那以后，每天晚上7时，徐虎总是骑着“老坦克”，带着工具包，奔向3个报修点。然后按照报修的纸条，挨家挨户上门修理。

打从挂箱服务的那天起，在徐虎的心里就没有了“星期天”和“节假日”，只留下“为民服务”4个字。

劳碌了一年，谁不想在除夕夜与家人团聚一堂，欢欢喜喜过个年。但是，这10年来，徐虎是怎样度过除夕的呢？他的工作记录上是这样记载的：

1985年除夕，光新路人民浴室进水阀爆裂；

1986年除夕，南黄海石油公司断水；

1987年除夕，石泉六村27号，棉纺一村27号，石泉路75弄3户居民报修；

1988年除夕，信谊新村34号18户居民家断水；

1990年除夕，石岚三村48号居民家断水；

1991年除夕，潘家湾123弄9号屋顶水箱断水；

1992年除夕，管弄路61弄29号水管冻裂漏水；

1993年除夕，石泉六村12号207室抽水马桶堵塞。

8个除夕，徐虎为居民贺年守岁，为群众排忧解难。1988年除夕，徐虎照旧在晚上7时去开箱服务。发现3只报修箱里没有一张纸条，就放心回家吃年夜饭了。女儿看到这么“早”回家的父亲，高兴得不得了。还和父亲约定12点钟一起放鞭炮。想不到夜里10点多钟，又有人敲门了，原来是信谊新村的18户居民家突然断水。徐虎二话没说，拎起工具包匆匆出门。他爬上断水居民家屋顶，冒着刺骨的寒风修理。家里人等到辞旧的爆竹声响了，还不见徐虎的踪影。女儿提着“八百响”，含着眼泪等待着父亲的归来。直到凌晨1时左右，徐虎才回到家里，带着女儿到阳台上点燃爆竹。后来，女儿在作文里写着：“虽然父亲没有和我们一起好好过节，但在充满爱心的世界里，我始终感受到父亲伟大的爱。”

小小“报修箱”受到居民们的热情称赞，徐虎却谦虚地说：“我是平凡人，只不过努力做好平凡事。”但是，受到徐虎服务的居民不这么认为。华池路35号居民陈敬泉说：“徐虎在平凡的工作中做出不平凡的成绩。这平凡就是伟大。”

10年的风风雨雨，徐虎都坚持下来了。那些一开始对徐虎挂箱服务持怀疑态度的人，风言风语的人，也从中受到了教育，改变了态度。10年，本身就是一种磨炼。徐虎挂在墙上的小木箱已经磨出了本色。

每当群众遇到困难，他都像“及时雨”，送去党和社会的温暖。群众说，如果每一个党员都像他这样为党分忧、为民解忧，就会在我们社会中形成一股凝聚力。

（三）树立正确的价值观

价值观，就是人们对外界事物对自己有无作用及作用大小的看法。因为这种看法总是和人生发展相关联的，所以也常被人们和人生观合并称为人生价值观。

自从有阶级以来，就有截然不同的两种价值观，即无产阶级价值观和资产阶级及其他剥削阶级的价值观。两种价值观的根本区别就在如何对待人的价值的本质——创造的态度上。一切剥削阶级，虽然也承认人的价值在于创造，但他们认为这种创造不是为了别人，也不是为了社会，而是完全为自己，攫取成为他们人生价值观的核心，他们不问对社会、对他人创造和奉献了什么，而一味追求自己得到了什么。他们认为人生价值就是金钱和物质的价值，信奉“人不为己，天诛地灭”的人生信条，在他们的价值观中，只有功利性，没有道德性，为了个人的利益可以毫不犹豫地破坏巨大的社会利益。无产阶级的价值观以历史唯物主义为指导，从现实的社会关系中研究人的价值，认为人是社会的人，一定的社会关系总和决定着人的本质和人的发展，也决定着人的价值；无产阶级的价值观以社会为本位，以集体主义为核心，把社会主义整体利益视为最高利益，正确处理个人、集体和国家三者之间的利益关系；无产阶级价值观强调人生的价值首先在于对社会的贡献，主张人不仅为自己创造物质文化财富，并将这种创造奉献给社会，奉献给他人，只有这样，人才有价值。总之，无产阶级的价值观不仅承认价值的功利性，更重视它的道德性和理想性。

在现实生活中，资产阶级及其他剥削阶级的价值观仍有一定的影响。有人说“前途前途，有钱就图；理想理想，有利就想”，在工作中只讲“实惠”，败坏行风。建设行业的干部和职工应该自觉抵制这些消极、错误的价值观，自觉树立无产阶级的价值观，正确处理个人与集体、奉献与索取的关系，用勤奋的劳动创造人生价值。美国发明家爱迪生说过：“世间没有一种真正具有价值的东西，是可以不经过艰苦辛勤的劳动而能够得到的。”建设行业是艰苦行业，更要树立劳动光荣的观念，在艰苦的劳动中为社会建造高楼大厦、公路桥梁，实现自己的人生价值。

（四）树立正确的权力观

树立正确的权力观，主要是解决好权力从哪里来、为谁掌权、如何掌权、用什么态度掌权的问题。对多数从业人员来说，可能觉得自己只是普通一兵，不是领导干部，不是“官”，根本就没有什么权力，这种认识是不对的，作为领导干部，自然有权力。而作为一般从业人员，虽然不是领导，没有职务，但自己所从事的职业、职位本身就是一种权力，尤其那些所谓的“实权人物”，有时比领导的权力还直接，对群众的影响也更大，所以仍存在着一个权力观与如何掌权、用权的问题。至于各级领导干部，那就更应树立正确的权力观。

树立正确的权力观，首先要树立正确的权力主体观念，即人民是国家的主人，是国家权力的主体。在我国社会主义制度中，人民群众是国家和社会的主人，而党和国家的干部、工作人员则是人民的公仆。每个从业人员的职业、岗位不同，只是社会分工的需要，自己所从事职业的那些权力，是人民赋予的，人民是权力的委托者，自己只是受托者，不得牟取任何私利和特权。二要树立正确的权力目的观念。人民永远是我们的国之本、党之本，“立党为公，执政为民”就是要牢记这个根本。我们只能是为人民掌权，为人民服务，做到亲民、爱民、为民，当好人民公仆，让广大群众满意。三要有正确的群众观念。只有人民才是创造世界历史的动力。我们要把群众呼声作为第一信号，把群众需要作为第一选择，把群众利益作为第一考虑，把群众满意作为第一标准。自觉摆正位置，同广大人民群众站在一起，坚持全心全意为人民服务，把个人的幸福、命运和生活道路，同最广大人民群众的利益紧密联系起来，急人民之所急，想人民之所想，办人民之所需，做人民的公仆和勤务员。如果不能深刻理解广大人民群众在创造历史、推动历史发展中的巨大作用，那就会脱离人民群众，甚至站到与人民群众对立的立场上，蔑视群众、欺压群众。四要有“权力就是责任”的观念，忠于自己的岗位职责。对于从业人员，任何人都要忠于职守，认真履行人民委托给自己的职责，切忌滥用职权。但是在现实中，却有少数人忘乎所以、玩忽职守、徇私舞弊、滥用职权，给人民的利益带来损失，给行业抹黑。

（五）树立正确的荣辱观

荣誉和耻辱，是人生的重要课题，树立正确的荣辱观，是加强职业道德修养的重要途径。

荣誉，是一种肯定性的社会评价。它有两层意思：一是指一定社会、阶级或某个集体，以某种鼓励性方式，对出于某种社会责任而履行的某种义务及相应行为，所表示的肯定性确认和赞赏性评价；二是指行为当事人以自荣、自爱、知耻等自赏性心理形式，对自身出于道德责任感履行的某种义务和相应行为，做出的肯定性判断，以及所表达的欣慰态度和尊严感。因此，荣誉就是指一定社会整体或行为当事人，以某种赞赏性的社会形式或心理形式，对一定义务和相应行为所表示的肯定性判断和态度。

耻辱，是一种否定性社会评价，是荣誉的对立面，是指人的行为受到社会舆论的谴责和厌恶，从而在个人内心深处所产生的羞耻感。耻辱感是良心的防腐剂，丧失耻辱感的人，是不可救药的。

由于剥削阶级荣辱观残余的影响，以及市场经济的负面影响，在现实生活中，荣辱颠倒的现象还是大量存在的。比如，金钱至上，以钱多为荣；仰慕奢华生活，以高消费为荣；崇尚关系网，以“路子”多为荣；以遵纪守法为耻，以投机取巧、违法乱纪、偷税漏税为荣；以精心设计、施工、保证质量为耻，以粗质滥造、偷工减料、多赚钱财为荣；以尊重同行、平等竞争为耻，以欺行霸市、恶意竞争为荣；以吃苦耐劳为“傻帽”，以安逸享受为“能耐”，等等，不一而足。

不正确的荣辱观，会影响个人的道德认识、道德情感和意志选择，形成虚荣、骄傲自满、自以为是、自私自利等品质作风，或者变得奉迎讨好、无原则奉承、弄虚作假等，并在职业实践中表现出来，影响本职工作的完成和行业形象。

胡锦涛总书记于 2006 年 3 月 4 日在“两会”期间提出要引导广大干部群众特别是青少年树立社会主义的荣辱观：以热爱祖国为荣、以危害祖国为耻；以服务人民为荣、以背离人民为耻；以崇尚科学为荣、以愚昧无知为耻；以辛勤劳动为荣、以好逸恶劳为耻；以团结互助为荣、以损人利己为耻；以诚实守信为荣、以见利忘义为耻；以遵纪守法为荣、以违法乱纪为耻；以艰苦奋斗为荣、以骄奢淫逸为耻。“八荣八耻”精辟地阐明了社会主义荣辱观的深刻内涵，涵盖了爱国主义、集体主义、社会主义思想，以及社会主义基本道德规范和社会风尚的本质要求，是中国传统美德和时代精神的完美结合，是社会主义公民的精神指导，为加强职业道德修养指明了方向。

1. *以热爱祖国为荣、以危害祖国为耻*

胡锦涛同志所倡导的“八个为荣、八个为耻”的社会主义荣辱观，首先强调的就是“以热爱祖国为荣、以危害祖国为耻”。这是对中华民族优秀道德传统的继承和发展，是对时代精神的鲜明表达，是树立社会主义荣辱观的重要内容，对于振奋以爱国主义为核心的民族精神，对于凝聚全民族力量，紧密团结，自力更生，艰苦创业，为实现中华民族的伟大复兴而努力奋斗，具有十分重要的现实意义。

悠悠历史长河，无论经历多少沧桑巨变，中华儿女总是坚守着一份对祖国的无比忠诚、无限热爱。无数志士仁人为了祖国的富强和民族的尊严，自强不息、百折不挠、舍生取义、精忠报国、齐心协力、共同奋斗，创造了灿烂的中华文明，谱写了中华民族的光辉历史。恰如邓小平同志所指出的，“中国人民有自己的民族自尊心和自豪感，以热爱祖国、贡献全部力量建设社会主义祖国为最大光荣，以损害社会主义祖国利益、尊严和荣誉为最大耻辱”。以热爱祖国为核心内容的爱国主义精神，是中华民族不竭的精神动力和传统美德，是推动我国社会历史前进的巨大力量，是各族人民共同的精神支柱，是激励全国人民团结奋斗的光辉旗帜。

爱我中华，爱我祖国。是中国共产党带领中国人民前仆后继，才使我们的祖国走上了富强、民主、文明的发展道路。面对当前复杂多变的国际环境和深刻变化的国内环境，在“热爱祖国”还是“危害祖国”这个大是大非面前，每一个中国人都应该毫不犹豫地站在爱国主义的旗帜下，牢固树立“以热爱祖国为荣、以危害祖国为耻”的观念，坚决反对任何危害祖国、分裂祖国的行为。每一个共产党员，每一个领导干部，更应该带头牢固树立起社会主义荣辱观，做热爱祖国、热爱人民的模范，团结并带领广大人民群众，为维护祖国的团结统一，为建设富强、民主、文明的社会主义国家而奋斗。

一个民族，要讲民族大义；每个公民，要将国家利益置于首位。这样的民族才能自立于世界民族之林，这样的国家才能繁荣昌盛、走向富强。知荣明耻，热爱祖国，就是要以爱国主义教育为重点，引导广大干部群众特别是青少年，切实加强道德修养，时时处处都以热爱祖国为荣、以危害祖国为耻，特别是要自觉地把个人的前途命运与祖国的前途命运紧密联系在一起，把爱国热情凝聚到建设中国特色社会主义的伟大事业上来，凝聚到为祖国的繁荣富强、统一大业而共同奋斗上来，一言一行、点点滴滴，形成热爱祖国、忠于祖国、奉献祖国的良好风尚，在全社会营造出“以热爱祖国为荣、以危害祖国为耻”的良好氛围。

2. *以服务人民为荣、以背离人民为耻*

“以服务人民为荣、以背离人民为耻”，这是对全体共产党员包括各级党员领导干部提出的一个重要课题：在新的历史条件下，如何加强思想作风修养，如何加强道德修养，去坚持党的宗旨，去为人民服务，做人民满意的好党员、好干部。

我们党是立党为公、执政为民的马克思主义政党。纵览党近85年的奋斗史，就是一部为人民献身、为人民服务的光荣史。“以服务人民为荣、以背离人民为耻”，这是我们党优良传统的生动体现。一代代的共产党人，坚守着“全心全意为人民服务”、“无论职务高低都是人民勤务员”的信念，锤炼党性，指导行动。战争年代，奋不顾身，舍生忘死；建设和改革年代，公而忘私，竭诚为群众谋利益。正因为如此，我们党才赢得了人民群众的信任和拥护。每一个共产党员、党的干部，千万不能丢掉这个优良传统，而应该爱护它，珍惜它，发扬它，光大它，在全心全意为人民服务的道路上继续走下去。

“我要为众人，营私以为羞”。陈毅同志的佳句正气浩然，激浊扬清。共产党员、党的各级领导干部只要知荣明耻，牢记党的宗旨，全心全意为人民服务，就能影响和带动广大群众，尤其是影响和带动广大青少年，奉献社会，热爱人民，关爱他人，抵制和消除损人利己的不良现象，营造出一个“以服务人民为荣、以背离人民为耻”的和谐社会。

3. *以崇尚科学为荣、以愚昧无知为耻*

胡锦涛同志提出的这一论断，以科学精神规范道德价值取向，闪耀着社会主义道德的时代光芒，是广大干部群众崇尚科学、反对愚昧的行动纲领和锐利武器。

科学，包括自然科学和社会科学，包括科学知识和科学技术，是人类对自然和社会发展规律的认识与把握，是推动人类历史进步的杠杆和基石。总结世界发展的历史经验，我们就更加深刻地认识到，科学文化对一个民族生存和发展的极端重要性。科学技术是第一生产力，科学思想是重要的精神力量。民族要自立，国家要强盛，必须大力倡导崇尚科学、反对愚昧的精神，大力提高全民族的科学文化素质。

以崇尚科学为荣、以愚昧无知为耻，是完成党所肩负的历史使命的必然要求。当今世界，科学知识更新的速度越来越快，科学知识转化为生产力的频率越来越高，科学的力量对于财富的聚增，对于历史进程的推动，从来没有像今天这样强劲。我们党要团结带领全国人民以经济建设为中心，把我国建成富强、民主、文明的社会主义现代化国家，就必须要求广大党员干部努力去掌握各种科学文化知识，努力站在科学发展的前沿，这样才能更好地贯彻落实科学发展观，实现跨越式发展，创造物质财富和精神财富，改善人民生活，增强综合国力，全面建成小康社会。

4. *以辛勤劳动为荣、以好逸恶劳为耻*

这是胡锦涛同志所倡导的社会主义荣辱观的一项重要内容，是对中华民族历久弥新的传统美德的精辟概括，同时又具有鲜明的时代特征。

“天道酬勤”，我们中华民族是以辛勤劳动著称的民族，凭借这种精神，创造了光耀世界的华夏文明。继往开来，毛泽东同志说得好：“社会主义制度的建立给我们开辟了一条到达理想境界的道路，而理想境界的实现还要靠我们的辛勤劳动。”在我们党领导下，我国的改革开放和现代化建设大业取得了世人瞩目的伟大成就。然而，我国人口多、底子薄，地区发展不平衡，生产力不发达的状况还没有根本改变。相对落后的基本国情要求我们决不能自满，决不能懈怠，决不能停滞，更不能贪图安逸，追求享受。一定要明确，实现全面建设小康社会的目标，实现我们国家的真正强盛和人民的全面富足，需要全体人民继续辛勤工作，继续付出十倍甚至百倍的努力，继续艰苦奋斗 10 年、20 年以至更长的时间。即使祖国更富强了，人民更富足了，这种以辛勤劳动为荣的品德和精神，也决不能丢掉。

提倡“以辛勤劳动为荣、以好逸恶劳为耻”，就是要把辛勤劳动当做美德去大力倡导，去发扬光大。一切物质和精神财富的创造都离不开辛勤的劳动。小到个人、家庭，大到民族、国家，坚持辛勤劳动就能兴旺发达；而好逸恶劳、贪图享乐，则只能衰败、灭亡。只有明荣辱、正是非，与一切贪图安逸，轻视、鄙视劳动的观念和行为决裂，坚持以辛勤劳动为荣，才能逐步形成把劳动当成第一需要的新风尚。

5．以团结互助为荣、以损人利己为耻

坚持“以团结互助为荣、以损人利己为耻”，核心在于大力倡扬“团结互助”的集体主义精神。团结就是力量，是中国特色社会主义事业必定胜利的基本保证；互助可以增强凝聚力，增强向心力。提倡团结互助，就是要培育和形成社会主义的、集体主义的道德观，在我们社会里培育和形成新型的人际关系，使人与人之间团结友爱，互相关心，互相帮助。从而把各种力量组织起来，把各种积极的、向上的因素调动起来，使广大人民群众围绕建设我们可爱的祖国这个大目标，拧成一股绳，形成社会和谐，促进社会安定，去推动改革和建设事业的发展。

改革开放以来，建设有中国特色的社会主义的事业之所以取得巨大成功，总结经验，可圈可点之处很多，其中关键一条就是，在党的基本路线指引下，我们全党和全社会形成共识，团结一致，上下齐心，共同奋斗，由此而激发出极大的热情，迸发出巨大的能量，创造出伟大的业绩。假使不是这样，而是各执已见、各得已利，那岂不是一盘散沙，岂能开创出今天这样的大好局面？所以，团结弥足珍贵，互助尤可珍惜。我们就是要旗帜鲜明地去大力倡扬“以团结互助为荣，以损人利已为耻”的好风尚，去巩固和发展团结稳定的好形势。

当前，我国的社会主义事业正在向前推进，改革进入攻坚阶段，碰到的大都是“硬骨头”，触及的往往是“核心利益”，更需要我们继续坚定改革的信心，团结互助，万众一心，迎难而上。即使出现局部的问题，出现暂时的利益不一致，也要做到以诚相待，先人后已，先公后私，共同商量，合理解决。在处理人与人的关系上，要树立友爱相处、友好共事，关心和帮助他人，尊重和爱护他人的好榜样。这样，才能让自私自利的行为无立足之地，使团结互助蔚然成风。大家心往一块想，劲往一处使，将蕴藏在人民群众中的积极性和聪明才智充分调动起来，就能开创中华儿女同心同德、全面建设小康社会的新局面。

6．以诚实守信为荣、以见利忘义为耻

这是对中华民族传统美德的又一精辟概括，对于加强社会主义精神文明建设、促进社会主义市场经济体制的完善和构建和谐社会，必会产生巨大的推动作用。

诚实守信，是文明社会不可缺少的道德规范，是每个公民应该达到的基本道德水准。孔子讲，“民无信不立”。没有诚信，一个人在世界上就无法立身，也难以成事。对一个社会来说，不讲诚实守信，就会导致风气败坏、民心散失，民族生存和发展的思想道德基础就会坍塌。尤其在我们社会里，在社会深刻变革、经济快速发展、文化相互激荡的今天，鲜明地提出“以诚实守信为荣、以见利忘义为耻”，这不仅是衡量社会文明程度和道德水准的重要标尺，也是社会行为导向和价值取向的重要体现；不仅是以德治国不可或缺的基本内容，也是构建社会主义和谐社会的必然要求。“以诚实守信为荣、以见利忘义为耻”，这种中华民族传统美德与时代精神的有机结合，必将成为推动和促进社会进步、国家昌盛的强大精神动力。我们每个人都有责任和义务去珍惜它、爱护它，薪火相传，发扬光大。

“以诚实守信为荣、以见利忘义为耻”，说到底，是一个怎么做人的问题。我国的古人说得好：“所守者道义，所行者忠信，所惜者名节”。大家要是都能坚持这样做，明是非、知荣辱，人格就会高尚，人们相处就会融洽，风气就会更加好起来，我们的事业就会更加兴旺发达。

7. 以遵纪守法为荣、以违法乱纪为耻

胡锦涛同志在社会主义荣辱观的重要论述中提出这项要求，对于推进依法治国的进程、提高我国公民遵纪守法的道德素养，具有重大的指导意义。

无规矩难以成方圆。国无法不治，民无法不立。人人守法纪，凡事依法纪，则社会安定，经济发展。倘若没有纪律的规范，失去法度的控制，各项秩序就无从保证，人们生存、发展的环境就会遭到破坏，人民群众就不可能安居乐业。在我国，依法治国的方略正在大力实施，构建社会主义和谐社会已深入人心。我们每个公民更应该懂得遵纪守法的重要性、必要性，做到明纪、知法、守法，推动法治建设和社会和谐。

“以遵纪守法为荣、以违法乱纪为耻”，强调的是一种行为方式、人生准则；唤起的是人的良知，彰显的是人生自律的力量，倡导的是社会主义的法治观、道德观。历史与现实都已反复证明，遵纪守法的本源是道德良知。人要自爱，要爱他人，起码应该做到“不逾矩”，敬畏法度，在法纪允许的范围内活动。因为法律和纪律是为了维护全体人民的共同利益而制定的，神圣庄严，不可违背，不可侵犯，所以才要自觉用法纪来约束自己的行为，对违纪之行、“越轨”之事，不想干、不愿为，从而保持人格气节，创造美好人生。

有道是“法网恢恢，疏而不漏”。那些藐视法纪、践踏法纪的行为，必然受到法纪的惩处。但只要有社会、人群，就难免有违法乱纪行为，就可能会有人去扰乱社会秩序，扰乱安定团结的局面。因此，每一个具有道德良知、法纪意识的公民，都应自觉地拿起法律这一有力武器，与各种违法乱纪行为作坚决的斗争。大家齐心协力，才能营造出这样一种社会状况：遵纪守法的人感到光荣、自在，得到尊重和支持；违背法纪的行为被斥责、抵制，个别违法乱纪之人被绳之以法。到处井然有序，人人崇尚法治，这样的社会才会令人向往，才充满生机和希望。

8. 以艰苦奋斗为荣、以骄奢淫逸为耻

胡锦涛同志的这一重要论述，是对中华民族传统美德和党的优良作风的高度概括，是需要我们深刻思考和迫切回答的时代课题。

“艰难困苦，玉汝于成”。历史事实证明，必须坚持靠艰苦奋斗来立党、立国。我们党的事业之所以取得如此巨大胜利，创造了令世人瞩目的光辉业绩，都是与艰难奋战、与艰苦创业、与保持和发扬艰苦奋斗的光荣传统分不开的。我们应当以艰苦奋斗为荣，以艰苦奋斗为乐，以艰苦奋斗为骄傲和自豪！

时移事易。应当看到，在我国，随着改革开放的进一步深入，物质财富的不断积累，生活水平的不断提高，加上外来的享乐主义侵蚀，以及各种腐朽思想的沉渣泛起，在一些人的思想上，艰苦奋斗、艰苦朴素的观念淡薄了，滋生了安于现状、不思进取、追求享乐的消极思想，甚至大手大脚、挥霍浪费、骄奢淫逸。这一切，损害着我们党的肌体，败坏党风、政风和社会风气，应该引起我们的高度重视，要求我们按照胡锦涛同志提出的社会主义荣辱观的要求，去大力提倡“以艰苦奋斗为荣、以骄奢淫逸为耻”。

历史经验表明，一个团体、一个政党、一个人在创业之初，面对艰难困苦、生死存亡，往往能做到克艰赴难、奋发图强。而在成功后，条件好起来了，日子好过了，就容易忘记创业初期的艰险和困难，就容易消磨那么一种不畏强敌的劲头，就容易丢掉那么一种顽强奋斗的拼搏精神。在实现中华民族伟大复兴和全面建设小康社会的今天，我们提倡“以艰苦奋斗为荣”，并不是主张清心寡欲，而是希望我们的同志牢记“两个务必”，时刻注意保持和发扬艰苦奋斗的革命精神、艰苦朴素的优良作风，由此带动全体人民保持好传统，抵制自私自利、骄奢淫逸的行为。正像邓小平同志所指出的：艰苦奋斗是我们的传统。艰苦朴素的教育今后要抓紧，一直要抓 60 年至 70 年。我们的国家越发展，越要抓艰苦创业。

能不能“以艰苦奋斗为荣、以骄奢淫逸为耻”，根本的问题还是树立什么样的世界观、人生观、价值观，树立什么样的权力观、利益观、地位观的问题。我们只有把自己的理想、信念和追求，与祖国和民族的命运紧密联系在一起，与最广大人民群众的根本利益紧密联系在一起，才能够吃苦在前、享受在后，才能够旗帜鲜明地树立和坚持“以艰苦奋斗为荣、以骄奢淫逸为耻”的荣辱观。

在建设行业职业道德建设中，要以“八荣八耻”为指导思想，树立有本行业特点的荣辱观：以爱护公物为荣，以损公肥私为耻；以踏实肯干、吃苦耐劳为荣，以只说不做、好逸恶劳为耻；以精益求精、讲究质量为荣，以粗制滥造、偷工减料为耻；以精心设计、尊重科学为荣，以粗枝大叶、自以为是为耻；以坚持标准、遵守规范为荣，以好人主义、徇私舞弊为耻；以团结协作、互相帮助为荣，以闹无原则纠纷、自私自利为耻；以好学上进、钻研技艺为荣，以不求上进、得过且过为耻；以解放思想、开拓创新为荣，以思想保守、墨守成规为耻；以诚信敬业为荣、以假冒伪劣为耻。

三、树立终身学习的观念，深入钻研专业技术知识，不断提高岗位工作质量

加强职业道德修养，并不是空洞的、抽象的，而是贯穿在职业实践活动的始终，以精湛的专业技术水平和优质、高效的岗位工作质量来体现的。一个从业人员，如果本职工作所必需的专业技术知识不具备，业务不过硬，那他的职业道德就是一句空话。而要不断提高本职工作质量，唯一的办法就是学习，学习，再学习；钻研，钻研，再钻研。

当代建设行业的干部和职工，有的没有受过系统的高等教育；也有相当一部分受过系统、正规的高等教育，具有本科、硕士研究生或博士研究生的学历，具备一定的专业技术知识和管理知识。不管哪种情况都需要继续学习，因为在科学技术日新月异、飞速发展的时代，在知识爆炸、信息爆炸的今天，知识老化的速度日益加快，企业所面对的环境在加速变化，以往学生时代所接受的教育及培养的能力，已不足以应付工作的挑战。尤其当我们处于企业再造的环境时，随时面对不确定的严峻挑战，就业竞争日益激烈，谁也不可能靠吃老本保持永恒的优势。这就需要从业人员不断学习、终身学习，活到老、学到老，与社会发展同步前进。

1994 年，首届全球终身学习大会（罗马会议）指出：“终身学习是通过一个不断支持过程来发挥潜能，它激励并使人们有权利去获得他们终身所需要的全部知识、价值、技能与理解，并在任何任务和环境中有信心、有创造性和愉快地应用它们。这正是终身学习的本义。”

终身学习有三种类型：正规学习、非正规学习、非正式学习。它们共同构成了终身学

习的体系。其中，正规学习多在青少年时期进行，非正规、非正式学习多为成人学习。这三种不同类型的学习，在不同时代、不同社会有不同的比例，不同个人也总有不同的经历，但成人学习总是占据了人生的大部分时间。当今社会学制体系前延后伸，学制年限有所延长，人的平均期望寿命也有所提高。因此，一生中还是以非正规和非正式的成人学习为主。因而，摆脱以学校为中心的传统观念，努力以成人教育、社会教育促进成人的学习，仍是终身学习体系的主旨。当然，正规学习的时间进度相对较小，但它为非正规和非正式学习奠定了基础，地位十分重要。事实上，一个未进行过正规学习的人，是很难有所作为的。即使是以自学成才著称于世的美国总统林肯，早年也曾上过 4 个月的小学。当今世界，知识经济时代已向人类扑面而来。而终身教育是知识经济的成功之本，学习型社会已是时代发展的大趋势。

不少国家、地区和国际组织都在积极探索有利于人们终身学习、促进学习型社会形成的具体方略。为保证所有的人有终身学习的机会，确保终身教育在 21 世纪更富有成效，1997 年，联合国教科文组织第五届国际成人教育会议作出了开展“每日学习一小时”运动的决定。欧盟各国通过建立“个人技能卡”制度，及时考核和记录个人除正式的学历文凭外所获得的其他各种技能学习成果，以对通过各种途径获得的学习成果进行客观、公正、合理的认定来形成鼓励学习的良好机制。日本文部省也正在考虑试行“终身学习卡”制度，以鼓励国民更加积极地参与各种学习活动。我国作为发展中的教育大国，也正在加快学习型社会的建设。《中共中央关于教育体制改革的决定》指出：“社会主义现代化建设不但需要高级科学技术专家，而且需要千百万受过良好职业教育的中、初级技术人员以及管理人员、技工和其他受过良好职业培训的城乡劳动者。没有这样一支劳动大军，先进的科学技术和先进的设备就不能成为现实的社会生产力。” 1991 年 1 月国务院批准了教育部《面向 21 世纪教育振兴行动计划》，提出了到 2010 年在全国基本建立起社会化的终身学习体系的目标。

当然，每个从业人员的个人情况和岗位要求不同，学习的目标和任务也不一样。建设行业的干部和职工要结合自己的不同岗位要求，确定自己的学习目标。

建筑行业的设计人员应通过进修和自学掌握建筑学的有关理论、知识与技能，如《建筑构造》、《结构力学》、《建筑力学》、《建筑设备》、《建筑材料》、《建筑物理》、《中国建筑史》、《外国建筑史》、《建筑规范》、《建筑表现》、《建筑设计及原理》、《建筑法规》等课程。

工程监理人员应通过进修或自学掌握有关工程管理的知识、理论和技能。如《管理学原理》、《工程图学基础》、《工程力学》、《财务管理》、《土力学》、《工程材料》、《会计学》、《工程经济学》、《测量学》、《建设项目管理》、《工程招标与合同管理》、《工程造价》、《工程项目投资管理》、《工程项目进度控制》、《工程项目质量控制》、《资产评估学》、《建设法规》、《工程建设监理概论》、《国际工程项目管理》、《经济学》、《管理信息系统》等课程。

建筑行业的施工人员应通过进修或自学掌握土木工程专业的有关课程知识和实践技能。如《工程图学基础》、《土木工程材料》、《结构力学》、《混凝土结构设计原理》、《测量学》、《土木工程施工》、《砌体结构》、《钢结构设计原理》、《房屋建筑学》、《基础工程》、《现代预应力混凝土》等课程。

市政工程设计、施工人员应通过进修或自学掌握有关城市规划、给排水、交通工程等专业课程的知识和技能。如《城市规划原理》、《中外城市建设史》、《城市设计概论》、《城市规划管理和法规》、《城市环境与城市生态学》、《城市道路与交通》、《工程地质与水文地质》、《桥梁工程》、《隧道勘察设计》、《现代桥梁结构》、《道路建筑材料》、《公路施工组织及概预算》、《路基路面工程》、《路桥检测技术》、《城市水工程概论》、《给水排水管网系统》等课程。

总之，不断学习、终身学习，不断提高专业技术水平和管理水平，把加强职业道德修养的要求落实在优质高效的岗位实践中，通过深入钻研业务，提高岗位工作质量，带动整个行业职业道德建设，树立行业新风。

四、学习优秀人物的高尚职业道德，发挥榜样的激励和带动作用

榜样的力量是无穷的，榜样的感召力是巨大的。党的十四届六中全会《中共中央关于加强社会主义精神文明建设若干重要问题的决议》指出："社会主义现代化建设中涌现出来的先进集体和先进人物，是实践社会主义精神文明的榜样。"在我国革命和建设的不同时期、不同行业，都涌现了层出不穷的模范人物，形成了不同时期、不同类型的先进精神，如雷锋精神、万众一心抗击非典精神、载人航天精神等，无不激励着全国人民奋发向上、立足岗位作贡献的斗志，对人们的职业道德修养产生了巨大的影响，激励了一代又一代的人前进。在加快改革开放和社会主义市场经济建设步伐，实现经济社会快速、持续、协调发展的今天，在全社会各行各业学习先进模范人物的高尚品德和崇高精神并使之在全社会发扬光大，成为激励和鼓舞广大群众前进的精神力量，是社会主义精神文明的重要内容，也是从业人员加强职业道德修养、提高自身职业道德水平的必由之路。

班杜拉在 20 世纪 60 年代提出了道德品质形成的社会学理论。他认为道德学习的过程包括四个方面：第一，注意过程，在这一过程中学习者注意到榜样的行为，获取有关的信息；第二，保持过程，在这一过程中学习者用言语和形象两种形式把所获得的信息转换成适当的表象保存起来；第三，运动再现过程，在这一过程中学习者把记忆中的表象转换成自己的行为，并根据反馈调整行为以做出正确的反应；第四，激发动机过程，在这一过程中学习者通过强化激发和维持行为。同时他指出，在这四个过程中的某一环节如果出现问题，如没有注意到示范行为，或是忘记了获得的信息，或是缺乏运动能力，或是缺少行为的动机，都会影响观察学习的效果。

班杜拉的这一理论告诉我们，在提高自己的职业道德修养时，必须注意向先进人物学习。我们可以通过先进人物的报告，观察他们的积极表现，来获取相应的知识和信息，搞清楚应该怎么做、如何做。这种学习必须发自内心，是真诚的，只有这样，我们才可能集中注意力，将要学习的行为保持在自己的头脑中。同时，要使耳闻目睹的榜样行为内化为自己的职业道德品质，必须重视这种行为的重现过程，要身体力行、亲自实践，在实践中不断修正自己的行为。当我们在学习一种具体的职业道德行为时，不要忘记自我激励。可以和先进人物交流，了解他们在做出相应行为时的内心体验。要在做出行动的过程中鼓励自己，以愉快的心情体验这样做会带来的利益，从而使自己的职业道德行为逐渐接近社会的要求和标准。

建设行业是艰苦行业，更需要在广大干部和职工中树立艰苦奋斗、爱岗敬业的典型，在全行业形成比先进、学先进、赶先进、超先进的正气。有人常常认为老典型已过时了；也有人常常感叹，先进人物离我们的工作和生活太远了，我们身边没有先进人物可学。其实，这些都是错误的认识。有无先进典型可学，关键看自己是否有正确的态度，是否能看到别人的长处。可以说，老典型没有过时，新典型不断涌现。也可以说，离我们远的典型有，在我们身边的典型也大有人在。

模范有两种，一是历史伟人、民族英雄、革命导师、科学家、思想家及我们时代的楷模；二是生活在我们身边的普普通通的人。

学习先进模范人物的优秀品质，主要有两个途径：一是多读名人的传记和模范人物的先进事迹。这些名人身上都具有优秀的道德品质，体现着高尚的道德情操，学习他们的事迹，以便受到感染和鼓舞，使自己的职业行为更符合职业道德原则和规范的要求。二是学习本行业的、身边的领导、师傅、同事、同学等，弥补自己的不足。他们生活在自己身边，看得见、摸得着，影响更直接、更深刻、更快捷。一个虚心上进的人，往往是一位热心向别人学习的人。孔子曾说："三人行，必有我师焉；择其善者而从之，其不善者则改之"。孔子这句话对我们今天仍然是有用的。可是在现实生活中，有些人眼中无人，不尊重领导、师傅、同事、同学，看不起弱于自己的人，这是极不谦虚的表现。一些人对别人总是百般苛求，不愿承认别人的优点，总拿自己的长处去比别人的短处，以显示自己比人家强，这些都是不对的。职业道德修养就是改造自己，提高自己的道德境界。只要别人比我们做得好，哪怕只是一方面，这一方面就值得我们学习。

学习先进模范人物要联系自己的职业活动和职业道德的实际，注重实效，不照抄照搬，不搞形式主义，要学习他们的世界观、人生观，学习他们的优秀品德，学习他们对待工作、生活的态度，学习他们敬业、乐业、勤业、精业的精神，在自己的本职工作中找差距，自觉抵制一切不道德的职业行为，自觉抵制拜金主义、享乐主义、极端个人主义等腐朽思想的侵袭，大力培育和弘扬新时期的创业精神，不断提高职业道德水平，立志在平凡的岗位上作出不平凡的贡献。

五、虚心学习中国传统职业道德的精华，借鉴外国职业道德的合理因素

（一）吸收我国传统职业道德的精华

我国是一个历史悠久、文化灿烂的文明古国，有许多优良道德传统。这与古人特别推崇道德修养是分不开的。早在两千多年前，古人就提出了"修身、齐家、治国、平天下"的名言，强调"修身"即加强个人道德修养的极端重要性，强调先做人，后做事，把做人看成是治家乃至治国的基础与前提。孔子的学生曾参说："古之欲明明德于天下者，先治其国；欲治其国者，先齐其家；欲齐其家者，先修其身；欲修其身者，先正其心；欲正其心者，先诚其意；欲诚其意者，先致其知；致知在格物。"这就不仅说明修身是做人、做事的前提，而且还总结了修身的方法，即必先正心、诚意。职业道德修养是道德修养的一部分，自然也符合道德修养的一般规律。中国古代优秀的职业道德传统如下：

（1）胸怀天下、爱国爱民，以国家、民族的利益为主，以天下兴亡为己任，把个人的生死荣辱与国家、民族的前途命运紧密联系起来，"先天下之忧而忧，后天下之乐而乐"，

"天下兴亡，匹夫有责"。

(2) 公忠为国、清正廉洁，认为"公私之交"是"存亡之本"，秉公执法，顾全大局，反对徇私枉法和以权谋私，不以私情害公利，反贪拒贿。

(3) 刚正不阿，把正义和真理看得高于一切，不拿真理作交易，坚守气节，崇尚"富贵不能淫，贫贱不能移，威武不能屈"的大丈夫精神。

(4) 自强不息、锲而不舍的顽强拼搏精神，"锲而舍之，朽木不折，锲而不舍，金石可镂"。

(5) 提倡礼仪仁爱，重视人际关系的和谐。"仁"是孔子全部思想的核心，"仁者，爱人"。在处理人际关系时，强调从"爱人"出发，"己欲立而立人，己欲达先达人"，"己所不欲，勿施于人"，"礼之用，和为贵"。把"人和"看做是事业兴旺发达的前提，"视人之国若视其国，视人之家若视其家，视人之身若视其身"，"强不执弱，众不劫寡，富不侮贫，贵不傲贱，诈不欺愚"(《墨子·兼爱中》)。

(6) 勤奋好学，尊师重教，笃志上进。

(7) 闻过则喜，知过自戒，改过不二，勇于做自我批评。

(8) 诚信待人，言而有信，言行一致，表里如一，把"言必信，行必果"看做处世立业的根本。

(9) 倡导见利思义、以义制利的道德价值取向。孔子提出"见利思义，义然后取"，视公利为大义，重大义而轻小利，荀子提出"以义制利"等。

(10) 胸怀宽广，以直报怨，以德报德，严以律己，宽以待人。

(11) 崇尚言行、欲望、情感的恰到好处，反对过和不及两种偏激行为。

(二) 借鉴外国职业道德中的合理因素

(1) 社会正义、天赋人权的平等思想。

(2) 崇尚独立自主，个性自由发展。

(3) 开拓创新，勇于探索，不因循守旧。

(4) 忠于职守，重视岗位责任。

(5) 勤奋刻苦，钻研科学技术，精益求精。

(6) 重视产品和服务的质量，讲究商业信誉。

无论是中国优良的传统职业道德，还是外国职业道德中可以借鉴的合理因素，都是人类优秀文明成果的组成部分，都应虚心地学习和吸收，任何闭关自守、敝帚自珍的思想和照抄照搬、全盘西化的思想都是不可取的。要按照毛泽东同志"古为今用"、"洋为中用"的要求，认真鉴别、分析、吸收、创新，为社会主义职业道德建设提供丰富的营养，不断提高职业道德修养水平。

六、经常内省，开展自我批评

职业道德修养是一种自省行为，即通过自我反省、自我检查、自我评价、自我批评的办法来检讨、规划和约束自己的言行，增强自己按照职业道德规范开展职业活动的自觉性。

内省是提高职业道德修养的有效方法，也是古人常用的方法。孔子说："内省不疚，夫何忧何惧?”意思是说，通过自我反省没有发现自我愧疚的事，就不会有什么忧虑和恐惧了，曾子说：“吾日三省吾身”，意思是他一天三次自我反省，表明古人认为要提高自身道德修养，就应该经常反省自己的行为。尽管他们所处的时代和今天已大不相同，他们的内省方法不可避免地带有自己阶级的局限和唯心主义的哲学倾向，但是他们所提出的这一方法，直到今天对我们仍然有一定的参考价值。

人的职业道德水平高低，与个体的主观能动性、主观认识水平有很大关系。这就要求我们在职业实践中经常进行深刻的反思，按照职业道德的高标准严格要求自己，否则就会自我满足、自我陶醉，达不到提高职业道德修养的目的。在职业活动中，经常联系自己思想、工作和生活中的实际进行自我反省、自我剖析、自我批评和总结，勇于无情地剖析自己，正视自己的弱点，通过自我内心的思想斗争，不断战胜落后的甚至错误的思想道德观念，自觉洗刷思想上的污点，改正不良行为，充分发扬积极、健康向上的因素，严格按照正确的道德意识开展职业活动，从而把自己锻炼成一个职业道德高尚的人。

七、积极投身实践，让敬业精神在职业实践中闪光

（一）职业道德实践的意义

实践是职业道德修养的关键环节，通过实践活动，职业道德认识和职业道德情感转化为职业道德动机和机能，在实践中体会职业道德行为，体验遵循职业道德规范的情感体验。通过职业道德的实践活动，可以使职业道德品质的知、情、意、行得到统一，可以完成职业道德知识和行为的辨别与选择，使职业道德原则和规范内化为坚定的道德信念。

重视实践对修养的作用，是我国一大优良传统。古人说：“纸上得来终觉浅，绝知此事要躬行”。还说“读万卷书，行万里路”。毛泽东在青少年时代的《讲堂录》中说：“闭门求学，其学无用”。他重视社会实践，重视调查研究，认为“不调查就没有发言权”，他不仅在理论上论述了社会实践的重要性，而且积极投身社会实践，深入工农，廾展革命，为中国革命的胜利立下了不朽的功勋。

加强职业道德修养是一个改造主观世界的过程，但又不是闭门思过，必须在职业实践中进行，才能取得效果，因此具有很强的实践性。它不是空洞的口号，必须落实到具体行动中。要抓住这一关键环节，切实提高自己的职业道德品质，要通过职业活动和其他社会实践活动，观察和分析人民群众对自己本职工作的迫切要求，树立正确的职业理想，形成端正的职业态度和高度的职业责任心，使社会主义职业道德得到具体落实，实现知行统一。

建设行业的干部和职工肩负着非常重要的建设任务，是实实在在的社会主义建设者。广大建设者或潜心研究，精心设计，为一个数据或一张图纸而废寝忘食、茶饭不香；或冒着酷暑严寒，昼夜奋战在机声隆隆的建筑工地上；或为了赶工期长期吃住在简陋的工棚，不得与家人团聚……大家奉献了自己的青春和智慧，留下了一座座雄伟的高楼大厦、一条条宽畅笔直的道路、一座座巧夺天工的桥梁与隧道……书写着艰苦奋斗的人生，进行着丰富多彩、生动活泼、战天斗地的职业实践。广大建设行业的从业人员应该自觉地、积极主动地投身到这种实践的熔炉中，锻炼自己、陶冶自己、检讨自己，用心去读懂本行业和其他行业的建设者们在职业实践中写就的“无字之书”。

(二) 职业道德修养实践的路径

一是从身边小事入手，培养吃苦耐劳精神。尤其是青年职工，缺乏生活阅历的磨炼，容易产生怕苦怕累的情绪。应该从管理自己的日常生活开始，从力所能及的小事做起，培养自己的独立生活能力和责任感。二是从最基层的工作干起，从粗笨的体力劳动干起，从最基础、最不起眼的工作干起，从而体会劳动的艰苦，体会工作的不易和劳动的光荣，激励自己形成一步一个脚印、务实肯干的品质。三是从遵守工作纪律入手，培养自己的职业纪律观念。培养职业纪律对培养职业道德具有非常重要的作用。建设行业对设计、施工、管理等工作的各项规章、规范，都要求严格遵守，一旦违犯，严肃处理，因此要努力培养遵纪守法的观念和岗位责任感。四是要尽可能参加本行业之外的社会实践活动，多方面了解其他行业的人民群众对建设行业的要求和呼声，更有针对性地检讨自己的职业行为，提高职业道德修养水平。

总之，社会是个大课堂，实践是面镜子，人民群众中蕴藏着巨大的智慧和力量，要想不断提高自己的职业道德修养水平，必须积极投身实践，自觉接受人民群众的检验，真正了解人民群众需要什么，自己还缺少什么。

[阅读案例]

记全国市政优秀项目经理邢洪杰

立足一方，稳扎稳打，是军人出身的邢洪杰最初的立身之本。

物竞择天、适者生存。邢洪杰经理凭借独特有效的管理取得了一项又一项北京市政工程的施工权。

自担任项目经理以来，邢洪杰先后承揽了北京海淀中街、长椿桥路、成府路、北清路一期工程、北清路二期工程、宝山中街工程、圆明园西路、温阳路、二龙闸路和永丰南一街等 10 项工程，不仅为单位赢得了可观的经济效益，而且为北京市建设了一条条方便快捷的大道，他自己也成为北京市市政建设大军中一员猛将。

成功者必有其独特的思想和市场运作手段，邢洪杰也不例外。

先浅后深　逆作法

2000 年他被北京城建二公司派到成府路道路改造工程担任项目经理，由于成府路地处北大、清华等著名高校之间，人口密度大，施工中交通不允许断流，加上拆迁不到位、地下水位高、地下管网复杂、工期紧等不利因素，邢洪杰根据工程现状等条件做了仔细分析。通过合理分工、明确目标，统一思想，编制交通导流方案、施工方案等，组织生产、技术、安全、交通等相关人员进行实地考察。在施工中，邢洪杰唯一采取"逆作法"，即"先浅后深、先辅后主"、"有面必开，有面就有人"的施工方法进行施工生产，使工程进度不断加快，保证了工期。在他的精心管理下，这条 870 米的道路不仅提前交工，还被评为北京市级文明安全工地，集团公司还在工地上召开了各二级公司参加的文明施工和行政管理现场会，经理部做了文明施工的经验介绍，并代表集团参加了北京市市政工程大检查，取得了质量安全的好成绩，得到了业主、监理、市政监督部门的较高评价。

坡口焊接　不嫌烦

2002年邢洪杰承接的北京市60项重点工程之一的万泉河高架桥工程，全长1.3公里，主桥面宽26米。该桥不仅施工难度大、施工现场狭小，还有许多技术在北京桥梁建设史上是第一次应用，即第一次采用Q235D和Q345E钢材，第一次采用坡口T形全溶透对焊接，焊接材料E5016－C在首都公路桥梁中第一次使用。新方法费工、费料，但邢洪杰为保证施工质量，坚持采用。

针对工地情况，邢洪杰及时地在职工中开展“五个一”管理法教育活动，使职工的质量意识、安全意识、效益意识、争一流意识等进一步得到增强。在施工中，邢洪杰组织了上千名专业施工人员，分成两个作业面，精心组织，合理安排，克服了拆迁不到位、施工工艺复杂、跨越颐和园南路与圆明园路两个交叉路口、交通导流困难等诸多不利因素，争分夺秒，大胆创新，应用新技术、新材料，保质保量地完成每一分项工程的施工。该工程获得北京市结构“长城杯”奖。

平安井盖　摘眼镜

经常开车的人知道，当汽车轧过路面井盖时，常常被凹陷的地面颠得难受，即所谓跳车现象。为攻克这一难题，邢洪杰率领经理部QC小组成员对市政工程井盖施工技术进行科技攻关，并取得了令人满意的成绩。5年来，凡经他们施工的道路，没有一个井盖周围出现下沉、“戴眼镜”的现象。这一成果得到了各级有关部门领导的赞扬和老百姓的好评。

边缘接头　多层板

以北京万泉河高架桥工程为例，该桥长1.3公里。经理部按工程生产计划需要购进2000块新多层板，在保证施工质量的同时，邢洪杰对多层板进行多次利用，依靠把使用后盖梁模板改制成边缘接头模板的方法，仅购进1500块新多层板就完全满足了施工要求，而且成型后的桥梁、桥墩的拼缝严密、无“穿靴戴帽”的现象，施工质量被评定为优良等级。

在购置多层板时，邢洪杰总是货比三家、择优选取，每一块多层板降低成本近30元，仅此一项就节约费用8万多元。工程施工模板进行重新利用取下的废旧钉子，有的歪歪扭扭、奇形怪状，邢洪杰就安排工人把钉子调直，进行二次利用，这一方法不仅减少对环境的污染，还节约费用5000多元。该工程两端引桥需要近3万方土进行回填，为降低工程成本，邢洪杰带领大家充分利用工地现有空地的优势，多方联系挖土方的单位，让拉运土方司机在这里免费卸土。仅此回填土一项就节约费用60万元。

成本精算　把好关

为了降低成本，邢洪杰采取一系列改革措施：在材料管理方面，加强采购透明度，完善手续，以计划为依据，减少采购的中间环节；在材料进场时，邢洪杰采取值班领导、值班员和试验员三方同时签字认可，方可生效，这一措施有效地控制大宗材料进场时间、数量，减少二次搬运，有效地控制了材料的浪费，对施工一线操作人员采取了限额发料，降低了工程成本。

为控制机械费支出，邢洪杰打破常规，采取累计 8 小时为一个台班的办法进行核算，这一措施的出台不仅充分提高了机械的使用效率，降低了机械费，也减少了不必要的费用支出。

在万泉河高架桥工程施工之前，为了工程创优，邢洪杰就按照工程质量保证体系的要求组织技术人员编制了工程创“鲁班”奖的工程质量控制验收标准；针对工程桥梁的特点编写了针对性强的施工组织设计方案，采取两级管理抓好工程测量，保证没有误差；经理部还配备了 4 名质量检查员，全力监督工程施工质量；为确保工程创优，经理部投入 10 多万元购买 1500 多平方米的多层板制作成桥梁模板，减少模板的拼缝，使整个工程桥梁、桥桩施工棱角分明、色泽均匀，无“流眼泪”、错台的现象。最终万泉河高架桥工程以高分的成绩顺利获得北京市结构“长城杯”奖。

几年来，邢洪杰负责施工工程优良品率达 100%，已竣工的 6 项工程中，1 项获北京市结构“长城杯”奖，2 项为局优工程，3 项为公司优质工程。

“干一项工程，树一项名牌，拓一方市场”，这是北京城建二公司项目经理邢洪杰一直奉为至宝的真经。在 6 年的工程实践中，不善言谈的他执着地坚守着这一信条。

靠名牌占领市场，凭信誉取信社会，邢洪杰正是由此赢得了一项又一项工程。面对愈来愈规范的市场，我们预祝他在更加广阔的市场空间里施展才华。

八、慎独

（一）慎独的涵义

“慎独”一词出自儒家进行自我修养的经典《中庸》一书，“道也者，不可须臾离也，可离非道也。是故君子戒慎乎其所不睹，恐惧乎其所不闻。莫见乎隐，莫显乎微，故君子慎其独也”。“慎”即谨慎；“独”就是独处，一个人单独在一个场所工作、生活。两者合起来的意思是，在只身一人没有任何监督的情况下，仍能严格要求自己，不放纵自己，不做不道德的事。在国外的修养思想中，尽管没有“慎独”这一概念，但也很讲究慎独精神。德谟克利特说过：“要当心，即使当你独自一人时，也不要说坏话或干坏事，而要学得在你自己面前比在别人面前更知耻”。毕达哥拉斯也说过：“不论是别人在跟前或者自己单独的时候，都不要做一点卑劣的事情”。传统的“慎独”思想不可避免地存在着时代的局限和阶级的局限性，但慎独的精神对加强职业道德修养仍然有一定的指导意义。马克思主义修养论认为，慎独是在“独立工作，无人监督”，有做各种坏事的可能时，仍能坚持自己的道德信念，自觉按照无产阶级道德原则和规范行动，而不做坏事。我们要时时处处用“慎独”二字来要求自己，使自己真正成为具有高尚职业道德修养的人。

（二）慎独的作用

慎独，是职业道德修养的精髓，它的核心是强调活动主体的自觉性。职业道德修养的目的是提高人们的职业道德品质，其核心就是要形成坚定的道德信念。而能否做到慎独，正是考验道德信念是否坚定的最好办法。一个人，在熟人圈里做些好事并不难，难的是在陌生环境里、在无人监督的情况下也做好事。最难做到的事，也正是最能考验人的事。如果一个人无法做到慎独，那么他的道德动机只是停留在遵从阶段，他的职业道德行为并没有成为他内在的道德品质的一部分，甚至可能是虚伪的。比如假冒伪劣商品的问题、偷工减料的问题等，都与这些人没有做到慎独有关。当老百姓对这些商品和工程质量没有足够的鉴别力，国家的标准又比较模糊时，若建设行业从业人员的职业道德动机还处于遵从阶段，当他发现人们无法识别自己不道德行为的时候，他内心的私欲就会暴露出来，从而做出损人利己的不法行为。因此，如果建设行业的干部和职工做不到慎独，工程的质量就要出问题。所以，要真正养成良好的职业道德品质，必须运用慎独的修养方法，时刻提醒自己不能有丝毫的松懈。

（三）做到慎独的方法

（1）可以把慎独作为自己的座右铭，随时提醒自己。

（2）要结合自己的工作实际，反复自省，除去不好的东西，保留良好的东西，对我们来说，就是用社会主义职业道德原则和规范经常检查、反省自己的言行，想想自己的职业行为符不符合要求，从而找出毛病，并下决心改正。

（3）独处时或在陌生的环境工作、生活时，主动远离诱惑，避免自己受到私欲的刺激。

（4）培养自己高雅的业余爱好，比如读书、下棋、体育锻炼、写作等，使自己在独处或环境陌生时，有事干，生活充实，不至于因空虚无聊而放松要求，误入歧途。

总之，慎独是一种修养的方法，也是修养的一种境界。每个从业人员都要重视这一修养方法，都应该达到这一修养的境界。

九、从完成修养的小目标做起，终生不辍

加强职业道德修养，是一个长期的过程，不可能一蹴而就，必须从一点一滴做起，完成一个又一个小的修养目标，积小善为大善。目标定得太高，一下子又实现不了，会使人丧失信心。只有从一个又一个小目标开始，才能树立信心，长期坚持，终生不辍，最终实现职业道德修养的总目标。

荀子云："积土成山，风雨兴焉；积水成渊，蛟龙生焉；积善成德，而神明自得，圣心备焉"。三国时期的刘备告诫他的儿子："勿以善小而不为，勿以恶小而为之"，指的就是这种防微杜渐的修养方法。平时不检点、不注意自己的职业道德修养，只幻想有朝一日碰上一个紧要关头，挺身而出，弃旧从新，一鸣惊人，一下子成为职业道德标兵，是根本不可能的。要养成良好的职业道德品质，必须意志坚强，立场坚定，不拒小善。善虽小，仍然不失其为善，我们都要积极去做。如在商业活动中，虽然问声好、面带微笑，走时说声"请走好"，都是服务中的细枝末节，但这都是顾客的正常需要，是人际关系的黏合剂，更是社会主义精神文明的要求，我们就应该自觉去做。相反，恶虽小，但也终究是恶，都应该将它们消灭在萌芽状态。所谓"千里之堤，溃于蚁穴"，讲的就是这个道理。比如许多贪污受贿的公职人员，一开始，也只是觉得盛情难却，为别人提供了服务，帮了忙，对方出于感激，给一点好处也在情理之中，但时间一长，就慢慢习惯了，对于不相识的、不给好处的，就开始吃拿卡要，最后走上犯罪的道路。

实现职业道德上的小目标，还要与平时生活中的点滴小事相联系。一个人不可能将他的职业道德修养完全孤立于他平时的为人、处事、立业之外，只在职业劳动中表现出谦谦

君子，这就是说，一个人要想在职业道德修养上提高水平，就必须注意在平时生活中的道德修养，平时的修养活动可以深化职业道德修养。比如，一个在家孝顺父母、善待兄弟的人，在学校一般也会尊重师长、关心同学，在工作中自然也会礼貌待人，热情服务他人。在与朋友、同事交往中，乐于助人、讲信用、诚实待人，在本职岗位上一般也会爱岗敬业、优质服务。一个在公共场所不文明的人，也很难在职业活动中变得规矩、自觉起来。总之，加强职业道德修养是一个系统工程，要从不同的方面努力。

从小事做起、做一两件善事并不难，难的是一辈子做好事，不做坏事。这又要求从业人员长期坚持、终生不辍。职业道德修养是一个长期曲折的实践过程，不可能在短期内一次完成。陈毅说："应知学问难，在乎点滴勤，尤其难上难，锻炼品质纯"（《陈毅诗词选》，第 272 页）。我国正处在改革开放和各项建设事业大发展的伟大历史时期，新的伟大时代给建设行业的干部和职工提出了新的职业道德要求。我们应该保持清醒的头脑，要认识到修养的道路是无止境的。要像周恩来那样，"活到老、学到老、改造到老"，坚持修养、终生不辍，使自己的职业道德境界不断升华，做一个品德高尚、无愧于时代要求、无愧于行业要求的优秀建设者。

[阅读案例]

掏粪工人时传祥

时传祥，20 世纪 50 至 60 年代北京市崇文区粪便清除工人，他以"一人脏换来万人净"，赢得了人们的普遍尊敬，并因此荣获"全国劳动模范"等光荣称号。出生在山东省齐河县赵官镇大胡庄的时传祥，15 岁逃荒流落到北京城郊，受生活所迫当上了掏粪工，从此在粪霸手下干了 20 年，受尽了欺凌。新中国成立后，党的阳光照耀着掏粪工人的生活，也照亮了时传祥的心，他决心用自己的双手为首都的干净美丽作出贡献。就这样，新中国成立后的十七八年里，他以"宁肯一人脏，换来万家净"的精神，无冬无夏、挨家挨户地为首都群众掏粪扫污。在那些年里，他几乎放弃了节假日休息，有时间就到处走走看看、问问闻闻，哪里该掏粪，不用人来找，他总是主动去。不管坑外多烂，不管坑底多深，他都想方设法掏干扫净。他一勺一勺地挖，一罐一罐地提，一桶一桶地背，每天掏粪背粪 5 吨多，背粪的右肩都磨出了老茧。毛泽东、刘少奇、周恩来、朱德等中央领导曾亲切接见了时传祥，刘少奇还对时传祥的事迹给予了高度评价，他说："我当国家主席是为人民服务，你当掏粪工人也是为人民服务，这只是分工不同。"

十、学会自我心理调节，增强心理适应能力

职业道德品质的形成与一个人的心理健康水平具有密切的关系。心理健康，情绪稳定，有利于良好职业道德品质的形成；心理不健康，情绪不稳定，会从负面影响良好职业道德品质的形成。

一个人的心理是否健康，对不同年龄、身份的人会有不同的标准，综合以上国内外学者的标准，心理健康的一般标准应包括：①智力正常，善于观察，注意力集中，富于想象，有创造性思维能力；②正视现实，有远大理想，不沉醉于幻想，积极进取；③了解自

己，有自知之明，能扬长避短，悦纳自身；④善于与人相处，乐于交往，态度积极，关系良好；⑤心胸开朗，热爱生活，情绪稳定；⑥自尊自制，谦而不卑，自强自立，不随心所欲；⑦乐于工作，责任感强烈，热情专注，发挥潜能，乐在其中。

由于当代中国正处在社会转型期，旧的体制、观念及生活方式正在向新的体制、观念、生活方式转变，许多体制的矛盾、产业结构性矛盾、供求之间的矛盾等，在改革开放不断深入的情况下日益突出和尖锐，行业之间的竞争、行业内部的竞争日益激烈，就业、晋职晋级、情感、人际关系、消费等各个方面的压力日益增大，这些必然对人们的心理产生诸多不利的影响，出现这样那样的心理问题，并进而影响职业道德水平。试想，一个过于自大或过于自卑的人，怎能在工作中与人平等友好相处？一个思想消极、充满负面态度的人，如何能在工作中热爱本职工作、乐观向上？

要增进心理健康、增强心理适应能力，应从以下几方面着手：

（1）培养良好的心理品质，提高心理境界；

（2）努力养成健康的生活方式，戒除不良嗜好；

（3）加强自我调节，保持心理平衡，比如转移法、补偿法（即此处失意彼处取得成绩）、幽默、合理宣泄、调整目标、升华等；

（4）若有心理疾病，及时参加心理咨询和心理治疗。

总之，职业道德品质的形成具有独特的心理机制、健康的心理对良好职业道德的培养具有非常重要的意义，要想不断加强职业道德修养，必须学会培养健康的心理，增强心理适应能力。

十一、加强领导，认真完善和落实有关制度，为加强职业道德修养提供有利的外部条件

加强职业道德修养，主要靠自己的主观努力，但是外部条件也是非常重要的。如果组织领导有力，各项制度都得以完善并认真执行，本行业各方面的积极性都调动起来了，那将会引导广大干部职工自觉遵守职业道德规范，提高职业道德修养水平。如果各项管理制度不健全或没有得到很好的执行，好人得不到好报，坏人反倒得志，长此以往，谁还愿意遵守职业道德？我们认为，结合建设行业的实际，至少应该抓好以下几个方面的工作。

（一）强化教育

人的行为是受思想支配的，要加强行风建设，必须从教育入手，因为教育是基础。除了个人的学习之外，单位也应有一套制度和措施。现在不少单位虽然建立了学习制度，但往往流于形式，有的对讲“大道理”不耐烦，觉得是老一套，这当然有认识的问题，同时也有方法的问题。应该改变“一人念，大家听”的老办法，不断探索新的有效形式和载体，并紧密结合本行业、本单位的工作实际和职工思想实际开展教育。

（二）完善制度并认真执行

每个部门、企业都要结合自己的工作实际完善有关管理制度并严格执行。家有家规，国有国法，没有规矩不成方圆。一个单位、一项工程，都要有健全的规章制度，明确责、权、利，责任到人，奖惩分明。比如质量与效益挂钩、监理责任终身制等。只要能从严执行各项规章制度，令行禁止，必然会堵塞漏洞，提高工作质量，树立正气、打击歪风。

（三）发挥领导表率作用

江泽民同志说：上梁不正下梁歪，中梁不正倒下来。领导的表率作用非常重要。己身正，不令亦行，己身不正，虽令不行。俗话说：喊破嗓子，不如做出样子。领导应该是各项规章制度的模范遵守者、执行者。要求群众做到的，自己首先做到，要求群众不做的，自己坚决不做。领导的一言一行、一举一动都在群众心目中产生着非常重要的示范和表率作用。

（四）做好政务公开

阳光是最好的防腐剂。目前，公开、透明原则已成为世界各国行政管理的一项重要原则，成为防止公共权利滥用的有力武器。在建设行业，也应重视这一原则，对本企业一些人、财、物等重要问题，要公开，对一些质量事故的处理，以及其他一些职工关心的问题，也要采取适当的方式让职工知情，以加强监督。

（五）搞好民主评议

民主评议行风活动，是让人民群众对部门或行业的工作作风进行评价，可采取问卷调查、工作考核等方法评议，结果向社会公布。还要在行业、企业内部开展好评优评先工作，以树立好的典型和差的典型。

总之，加强领导、认真完善和执行各项制度，把各项工作落到实处，形成人人敬业的优良行风，必将为加强职业道德修养提供一个非常有利的外部环境。

思考题：

1. 道德修养一般规律是什么？
2. 职业道德修养概念和特点是什么？
3. 加强行业职业道德修养有哪些途径和方法？

参考文献

［1］王际欣，赵豫林．思想道德修养．郑州：河南人民出版社，1997
［2］劳动部职业技能开发司．职业道德．北京：中国劳动出版社，1997
［3］高伟峰，张时春．职业道德与就业创业指导．北京：清华大学出版社，北京交通大学出版社，2005
［4］靳和连．职业道德与就业指导．北京：机械工业出版社，2005
［5］刘建民．职业道德与法律基础．上海：立信会计出版社，2005
［6］郝明勋．职业道德与行风建设．北京：中国方正出版社，2003
［7］汪中求．细节决定成败．北京：新华出版社，2004
［8］商振．职业精神．北京：电子工业出版社，2005
［9］朱江．敬业确实有道理．北京：电子工业出版社，2005